Svenja Hofert

Meine 100 besten Tools für Coaching und Beratung

SVENJA HOFERT

Meine 100 besten Tools für Coaching und Beratung

Insider-Tipps aus
der Coachingpraxis

GABAL

Bibliografische Informationen der Deutschen Nationalbibliothek

Die Deutsche Nationalbibliothek verzeichnet diese Publikation in der Deutschen Nationalbibliografie; detaillierte bibliografische Daten sind im Internet über http//dnb.d-nb.de abrufbar.

ISBN 978-3-86936-518-3

2. Auflage 2015

Programmleitung: Ute Flockenhaus, GABAL Verlag
Lektorat: Susanne von Ahn, Hasloh
Umschlaggestaltung: Martin Zech Design, Bremen | www.martinzech.de
Satz und Layout: Das Herstellungsbüro, Hamburg | www.buch-herstellungsbuero.de
Druck und Bindung: Salzland Druck, Staßfurt

www.gabal-verlag.de
www.twitter.com/gabalbuecher
www.facebook.com/Gabalbuecher

Inhalt

Berufs- und Studienwahl

Bewerbung

Existenzgründung und Wachstum

Führung und Management

Karriere entwickeln und planen

Persönlichkeit und ganzheitliches Jobcoaching

Tests

Vorwort

Liebe Leserin, lieber Leser,

wie sehr hätte ich mir früher ein schönes, bebildertes Nachschlagewerk gewünscht mit hilfreichen und kreativen Tools für Coachs und Berater, kurz beschrieben, aber dennoch konkret und mit Fallbeispielen. Nicht aus irgendeiner Coachingschule und / oder »Glaubensrichtung« stammend, sondern ein bewährter Querschnitt mit Fokus auf berufs- und persönlichkeitsbezogene Fragestellungen. Ganz wichtig wäre mir auch gewesen, dass mir jemand einmal offenlegt, wie man Coaching in Angeboten bündelt und verkauft. Wer Tools clever nutzt, hat nebenbei nämlich auch immer »Neues« für den Kunden in petto – wenn Sie selbstständig sind, werden Sie das zu schätzen wissen.

Hier finden Sie das Buch, das ich selbst vermisst habe – mit einer Mischung, die in dieser Form ganz gewiss einzigartig ist.

- Das Buch enthält sowohl etablierte Tools, Methoden und Tests
- als auch in vielen Jahren erprobte Weiter- und Eigenentwicklungen, die meine Praxis bereichern und professionalisieren.

Ich lüfte damit Konzepte für professionelle Vorgehensweisen in Coaching und Beratung und gebe Ihnen Zugang auf ein Know-how, das ich seit Mitte der 1990er-Jahre neben meinem damaligen Führungsjob und seit 2000 als in Vollzeit selbstständige Beraterin und Unternehmerin aufgebaut und permanent verfeinert habe.

Als ich startete, waren mein Portfolio und auch mein Handlungs- und Beratungsrahmen noch begrenzt. Ich kannte die Systemtheorie, hatte Kurse in Neurolinguistischem Programmieren belegt und Kommunikationstheorien wie die von Schultz von Thun erlernt. Das alles wandte ich vorsichtig an und konzentrierte mich zunächst auf Outplacement, Bewerbungsberatung und Beratung zum Selbstmarketing. Bis 2003 arbeitete ich auch für Personalberatungsunternehmen und kam in Kontakt mit weiteren Tools, die ich heute noch nutze – etwa den Karriereanker von Edgar Schein. Ich sammelte vor allem vielfältige Testerfahrungen. Diverse Akkreditierungen und Zertifizierungen folgten, auch solche, die heute nur Papier in meinem Zertifikate-Ordner sind.

Nach einiger Zeit als Coach und Beraterin entwickelte ich Fragebögen zur Vorbereitung von Coaching-Terminen und war damals noch nicht sicher, ob das funktionieren würde und ob es gut sei, den Prozess schon vor einem Termin anzuregen. Heute weiß ich: Es war super, und indem ich neue Erkenntnisse einbaute, wurden meine Fragebögen immer besser.

Ich merkte, was funktionierte, und was nicht. Dabei machte ich viele Fehler, aus denen ich lernte. Da ich Routine nicht besonders mag, neige ich dazu, einmalige Erfolgskonzepte nicht zu wiederholen, sondern ständig zu erneuern und zu erweitern. Einige zentrale Tools, etwa das Karrierequadrat, den Powerkreislauf und das Slow-Grow-Prinzip, habe ich im Laufe der Jahre weiter optimiert.

Ich vermittle mit diesem Buch allerdings keine Coaching-Basics, es geht mir um Professionalisierungs-Tools. Ich gehe davon aus, dass ich Menschen anspreche, die bereits eine Coachingausbildung haben, langjährige praktische Erfahrung oder in Ausbildung sind.

Schon mehrmals habe ich Bücher geschrieben, die Longseller wurden und mehr als zehn Jahre am Markt bestehen konnten und bestehen. Ich hoffe sehr, Sie ein weiteres Mal begeistern zu können mit einem Buch – und zwar als Einsteiger ganz genauso wie als erfahrenen Coach und Berater.

Bitte sehen Sie mir nach, dass ich mich aufgrund der besseren Leserlichkeit für die männliche Form entschieden habe. Natürlich adressiere ich auch und gerade Sie, liebe Leserin. Und wenn ich von Ihren Klienten, Coachees und Kunden spreche, dann meine ich damit auch die -innen.

Ihre Svenja Hofert

Mein Verständnis von Coaching und Beratung

Als ich dieses Buch schrieb, griff ich auf die Erfahrung aus etwa 9000 Sitzungen zurück. Anfangs handelte es sich oft um Ein- bis Zwei-Stunden-Termine. Inzwischen sind es fast nur noch halbe und ganze Tage. Manche Kunden kommen seit einem Jahrzehnt mindestens einmal jährlich. Viele lösen ein Outplacementbudget bei uns ein; diese begleiten wir über ein bis drei Jahre. Und manche waren sogar schon zwei Mal mit einem Outplacementbudget da – von unterschiedlichen Firmen geschickt. Für Firmen und Privatzahler biete ich weiterhin sogenannte »PerAssessments« über zwei Tage an. Das sind Assessments mit Fokus auf der Persönlichkeit und der individuellen Karrierestrategie.

Rund 3500 Kunden sind derzeit in unserer Datenbank, nicht dazu zählen Teilnehmer von Gruppencoachings oder Trainings und Kunden, die über mein Online-Beratungsportal Kexpa kommen.

Mir geht es nicht so sehr um die schnelle Anerkennung und flüchtiges Lob. Wichtiger als Applaus ist mir, Ergebnisse zu sehen, auch über einen längeren Zeitraum. So gibt es Kunden, die in zwölf Jahren vom Trainee zum Geschäftsführer aufgestiegen sind und immer noch zu mir kommen.

Kooperation gehört für mich immer dazu. Eine von mir ausgebildete Mitarbeiterin widmet sich Berufseinsteigern mit Anliegen wie Bewerbungsstrategie oder Vorstellungsgesprächstraining. Eine Diplom-Psychologin mit Therapieausbildung, die in meinem Büro einen Raum hat, übernimmt Kunden, die psychologisches Coaching brauchen. Viele Menschen betreuen wir gemeinsam. Zur Förderung von Austausch und Kooperation habe ich 2011 mein Portal Karriereexperten.com gegründet.

Hinter dieser Gründung steckt noch etwas anderes: Ich bin überzeugt, dass die Zeit eines nicht spezialisierten Coachings vorüber ist. Alle Tätigkeiten professionalisieren sich; auch Coaching muss das tun. Falls Sie also Ansätze aus der Systemtheorie, aus dem integralen Coaching oder NLP suchen – ich gehöre keiner Schule an, sondern nehme das Beste aus allen. Für mich gilt: Vorhandenes nehmen und mit frischen Ideen zu etwas Neuem mixen.

Dazu gehört es auch, in Ausbildungen vermittelte Glaubenssätze zu überprüfen und vielleicht neu zu deuten. Einer davon lautet: »Die Lösung liegt in dir selbst.« In diesem Sinn muss der Coach nur freilegen, was ohnehin da ist. Neulich sprachen wir in unserer Intervisionsgruppe, die seit acht Jahren besteht, über dieses Thema. Ein Psychoanalytiker stimmte mir zu: »Du hast recht, die Lösung liegt nicht immer in dir.« Ich habe Mut zur Beratung, zur klaren Aussage und auch zur Wissensvermittlung, dort, wo es für den Klienten sinnvoll ist. Die Persönlichkeit eines Coachs wird immer eine entscheidende Rolle spielen. Wie kommt es, dass der eine Coachee nach einem Termin mit Coach A den Entschluss fasst, zu kündigen, und der andere nach einem Termin mit Coach B sich noch einmal zusammenreißt? Weil er bei zwei verschiedenen Coachs mit gleicher Ausbildung, Fragetechnik und beruflichem Hintergrund war – aber mit unterschiedlicher Haltung.

»Die Lösung liegt in dir« ist ein verbreiteter Coaching-Glaubenssatz, aber ich halte ihn für falsch. Die Lösung liegt auch in Ihren Kunden, aber nicht nur. Man kann nur freilegen, was vorhanden ist. Und manchmal ist nichts da oder das, was da ist, sollte überdacht werden.

Ich meine: Die Ergebnisse des Coachings sind weit mehr durch Sie selbst als Coach-Persönlichkeit geprägt, als manche Coaching-Lobby, deren Interesse von Natur aus Standardisierung – und nicht Individualisierung – ist, zugeben mag.

Coaching-Erfolg basiert aber wesentlich auf Individualisierung und Professionalisierung zur Person passender Vorgehensweisen – und nicht etwa in der Anwendung allgemeingültiger Methoden. Diese sind nur Handwerkszeug, über das jeder verfügen sollte.

Erfolgsrelevant für Sie als Coach und für Ihr Coaching sind aus meiner Sicht in dieser Reihenfolge – ich nenne das »Coachoptimierung«:

1. Ihre Coach-Persönlichkeit,
2. Ihre Kundenansprache,

3. Ihre beruflichen Erfahrungen,
4. wie Sie diese darstellen,
5. wie Sie Kooperationen leben,
6. wie Sie Termine gestalten, füllen, vor- und nachbereiten,
7. auf welches und wie aktuelles Methodenwissen Sie zurückgreifen und
8. welche Tools Sie dabei nutzen.

Dieses Buch hilft Ihnen, sich in allen diesen Punkten zu professionalisieren, ohne Ihre Individualität zu verlieren. Sie lernen, mehr gut gefüllte und für den Klienten wertvolle Stunden zu verkaufen, und finden immer wieder neue Ansätze, die Sie für sich selbst variieren können. Ein professionelles Niveau wird sich vor allem mittel- und langfristig auf Ihren Erfolg auswirken. Vergessen Sie nicht: Erfolgreiches Coaching ist mehr als kurzfristige Kosmetik und schneller Aha-Effekt. Gute Gefühle beim Coachingpartner zu erzeugen, ist einfach. Gute Ergebnisse zu erzielen – das steht auf einem ganz anderen Blatt. Gute Ergebnisse sieht manch ein Coachee mitunter erst mit etwas Abstand – an einer nachhaltigen Wirkung und echtem Fortschritt. Schon allein aus unternehmerischer Notwendigkeit und um sich einen Wettbewerbsvorteil zu verschaffen, ist Coachoptimierung angebracht.

Ein detailliertes Selbstlernprogramm dazu können Sie gerne über mein Portal Kexpa bestellen. Sie erhalten mit diesem Buch einen Gutschein über 5 Euro. Geben Sie dafür den folgenden Code bei Ihrer Bestellung ein:

Coachingtools2013-X

Profi-Tools für Sie als Berater oder Coach

Was sind die Professionalisierungs-Basics für Sie als Coach? Wie können Sie Ihre Termine methodisch und professionell organisieren? In diesem Kapitel stehen Expertentools im Vordergrund, die sich für die Professionalisierung Ihres Angebots anbieten. Sie helfen Ihnen, Ihre Angebote klarer zu fassen und das Coaching nachhaltiger zu gestalten.

Immer wieder kommen zu mir Klienten, die bereits Coachingerfahrung haben. Was dabei oft beklagt wird: Es gibt keine Dokumentation, keine Erinnerungsfotos, keine schriftlichen Ausarbeitungen und Notizen. Das empfinden diese Klienten als schade, viele können sich auch gar nicht mehr an die Inhalte erinnern. Im besten Fall war es »irgendwie hilfreich«, aber was genau das Ergebnis war? Schulterzucken. Im schlechtesten Fall hat der Coach nicht einmal das Gespräch strukturiert und einfach ohne Rückfrage drei Stunden berechnet. Das bleibt sicher in schlechter Erinnerung.

Doch auch wenn die Gesprächsführung gut und die Auftrags- und Zeitrahmenklärung professionell war: Ohne Dokumentation ist die Langzeitwirkung gering. Schade, denn mit ganz wenigen Handgriffen können Sie diese deutlich erhöhen – etwa durch die hier vorstellte Post-it-Methode. Sie schaffen sich damit selbst einen Leitfaden und geben dem Kunden etwas Handfestes mit, das den Termin überdauert.

Dass ich Ersttermine seit vielen Jahren dokumentiere und über alle Termine Aufzeichnungen führe, hat sich sehr bewährt. Ich kann so nach Jahren noch ganz genau sagen, was damals Thema war. Ein besseres Kundenbindungsinstrument gibt es nicht. Denn selbst wenn ein anderer Coach ein gleiches oder ähnliches Ergebnis erzielen würde, was oft der Fall sein dürfte: Das Resultat mit dem nachhaltigeren »Rahmenprogramm« verankert sich besser.

1. Berateranalyse nach Spiral Dynamics

Typ	Quelle / Urheber	Einsatzbereich	Aufwand	Nutzen
Modell sowie Analysetool zur Bewusstmachung, was die ideale Kundengruppe für Sie ist	Clare W. Graves, Ron Beck, Christopher Cowan, Fragebogen Svenja Hofert, Anbieterempfehlung für 9Levels: 9levels.de	Zur klareren Fokussierung auf Kundengruppen und zur besseren Ansprache	Zwei bis drei Stunden Analyse und Gespräch	Mehr Klarheit für Sie, mehr Erfolg im Coaching

Was ist das?

Wissen Sie, wie Ihre Werte mit denen Ihrer Kunden harmonieren? Ist die Wellenlänge ähnlich? Mit *Spiral Dynamics* finden Sie es heraus.

Spiral Dynamics wird Ihnen später noch einmal im Kapitel »Führung und Management« begegnen, dort erhalten Sie einen passenden Fragebogen, der sich auf Unternehmen bezieht. Hier möchte ich Ihnen einen Analysefragebogen für sich selbst und Einzelpersonen präsentieren.

Er macht Ihnen zunächst einmal bewusst, in welchem Entwicklungszustand Sie selbst sind und welche Werte darin zentral verankert sind.

Mit diesem Bewusstsein können Sie Kunden gezielter ansprechen. Denn: Sie werden, so meine Erfahrung, immer die Kunden bekommen, die auf einem ähnlichen Werte-Level sind wie Sie selbst oder maximal ein bis zwei Stufen vor Ihnen stehen. Auf keinen Fall jedoch werden Sie jemanden erreichen, der auf einem anderen Level denkt als Sie.

Ich sehe Spiral Dynamics als Erklärungsmodell, nicht als absolute Wahrheit und somit auch nicht als deterministisch. Es macht Dinge und Zusammenhänge deutlich und ist deswegen ideal, um Entwicklungsprozesse zu sehen und auch zu fördern – bei sich selbst und anderen.

Den Fragebogen können Sie für Ihre eigene unternehmerische Positionierung und natürlich auch in der Arbeit mit Ihren Kunden einsetzen.

kexpa

Personenanalyse „Wertepass“

Was sind Ihre Werte als Mensch – Mitarbeiter oder Bewerber? Welche Aussagen treffen am meisten auf Sie zu? Vergeben Sie pro Block bis zu 100 %, also bis zu 20 % pro Frage. Beispiel: Sie stimmen 2 Fragen voll zu = 40 %. Markieren Sie dann die entsprechende Zahl an Kästchen. Der Wertepass ist ein Fragebogen, der Sie anhalten will, über eigene Präferenzen nachzudenken. Er beruht auf der Idee von Spiral Dynamics®/9Levels®. Ein valider, wissenschaftlicher Test kann auf Wunsch von der zertifizierten 9Levels®-Beraterin Svenja Hofert durchgeführt werden.

Türkis

- ☐ Mein Arbeitgeber sollte sich ehrlich für eine bessere Welt einsetzen. Er sollte wirklich nachhaltig, ökologisch bewusst und / oder sozial verantwortlich handeln.
- ☐ Das Produkt oder die Dienstleistung sollte dazu dienen, ein gesellschaftlich relevantes Thema voranzubringen (Klimaschutz, Folgen der Globalisierung o. Ä.).
- ☐ Mein Arbeitgeber sollte online und offline authentisch kommunizieren, wie „es eben ist“.
- ☐ Holistisches Denken und systemisches Handeln sollten selbstverständlich sein.
- ☐ Spirituelles Bewusstsein und Weitsichtigkeit sollten das unternehmerische Denken und Handeln bestimmen.

%

Gelb

- ☐ Ich schätze es, wenn ein Unternehmen mein Wissen als Experte flexibel und projektorientiert einsetzt.
- ☐ Persönliche Entwicklung und Weiterbildung (lebenslanges Lernen) sind mir wichtig.
- ☐ Interdisziplinarität sollte eine große Rolle spielen.
- ☐ Ich möchte gern Freiraum für eigene Ideen und Projekte, auch wenn diese nicht unbedingt mit der Arbeit zu tun haben.
- ☐ Es sollte selbstverständlich sein, flexibel und selbstbestimmt arbeiten zu können.

%

Grün

- ☐ Teamwork sollte selbstverständlich sein.
- ☐ Kooperation und Gemeinschaft sind hohe gelebte Werte.
- ☐ Ich möchte mich gern viel mit Kollegen austauschen.
- ☐ Die Räumlichkeiten sollten so gestaltet sein, dass sie bestmöglich Austausch und Wohlbefinden fördern.
- ☐ Work-Life-Balance sollte keine Worthülse sein, sondern gelebter Alltag.

%

Orange

- ☐ Mir ist es wichtig, in einem Unternehmen zu arbeiten, in dem Leistungs-, Ziel- und Erfolgsvereinbarungen großgeschrieben werden.
- ☐ Ich möchte weiterkommen, wenn ich viel für das Unternehmen leiste.
- ☐ Es gibt variable Vergütungen, die sich an Leistung und Nachhaltigkeit orientieren.
- ☐ Es sollte klare Up-or-out-Richtlinien geben.
- ☐ Die Performance des Unternehmens und seiner Bereiche sollte gemessen und Maßnahmen sollten konsequent daran ausgerichtet werden.

%

Blau

- ☐ Ich schätze es, wenn alle sich an Vorschriften und Regeln halten.
- ☐ Es sollte jeder einen klar definierten und abgesteckten Aufgabenbereich haben.
- ☐ Bevor man etwas machen kann, muss man festgelegte Wege einhalten und zuständige Verantwortliche fragen.
- ☐ Es sollte ganz klare Hierarchien und Zuständigkeiten geben.
- ☐ Vorgesetzte geben einen engen Rahmen vor und kontrollieren die Einhaltung der Richtlinien.

%

Rot

- ☐ Es gibt bei uns viele ungeschriebene Gesetze ohne allgemeine Gültigkeit.
- ☐ Wer wirklich weiterkommt, sollte auch als Held gefeiert werden.
- ☐ Öffentliche Selbstdarstellung und Ansehen sollten eine große Rolle spielen.
- ☐ Machtzirkel und Seilschaften gehören dazu.
- ☐ Man sollte auch an den Autos auf dem Firmenparkplatz erkennen, wer wirklich etwas zu sagen hat.

%

Purpur

- ☐ Der Chef sollte wie ein strenger, gerechter Vater zu uns sein, der im Zweifelsfall das letzte Wort hat.
- ☐ Die Firma sollte wie eine Familie sein, bei der man nicht kündigt.
- ☐ Verbundenheit unter den Kollegen sollte eine große Rolle spielen.
- ☐ Regionale Verwurzelung und Rituale sind meinem Unternehmen wichtiger als Marktführerschaft.
- ☐ Es sollte alles sehr familiär und persönlich sein. Treue sollte geschätzt und erwidert werden.

%

Mit dem Fragebogen können Sie sich selbst und Ihre Kunden zum Nachdenken bringen.

Was Sie dazu wissen sollten

Die Maslow'sche Bedürfnispyramide ist Ihnen wahrscheinlich ein Begriff. Dr. Clare Graves erschien das Modell der Bedürfnispyramide, das Abraham Maslow in den 40er-Jahren des letzten Jahrhunderts erstellte, zu unflexibel. Er war der Meinung, dass die menschliche Entwicklung kontinuierlich und nie beendet sei, dass also ständig neue Stufen auf den alten aufbauen.

Graves behauptet, dass der Mensch als Reaktion auf neue äußere Reize neue auftretende existenzielle Probleme lösen kann. Sein Gehirn und die Psyche bilden neue Denk- und Verhaltensweisen, die sich sozial verankern und immer weiter ausbreiten. So zeigt sich Fortschritt. Doch nicht nur dieser, auch Rückschritt ist auf den einzelnen Ebenen in diesem Modell möglich.

Von Graves' Theorie ließen sich Chris Cowan und Don Beck inspirieren und nutzten sie als Basis für ihr Buch *Spiral Dynamics*. Sowohl Graves' Theorie als auch Becks Modell beeinflussten den amerikanischen Philosophen Ken Wilber, der seine Integrale Theorie daraus entwickelte. Die Graves-Stufen wurden von Don Beck und Chris Cowan weiterentwickelt und verfeinert zu Spiral Dynamics. Spiral Dynamics stützt sich auf die Annahme, dass der Mensch über eine komplexe, anpassungsfähige, kontextabhängige Intelligenz verfügt. Danach verläuft die menschliche Entwicklung über neun Stufen oder auch Levels, die sich auf Persönlichkeit, Gruppen, Organisationen und auch Gesellschaften beziehen. Die Levels spiegeln Bewusstseinszustände und Wertesysteme, sind aber keine Typologie.

Bei Spiral Dynamics handelt sich um eine nach oben offene Spirale, die eine stetige Weiterentwicklung des Wertesystems spiegelt – auf personaler Ebene, aber auch auf der Ebene von Organisationen und Gesellschaften.

Der Gedanke hinter Spiral Dynamics ist, dass jeder Mensch, jede Gruppe, Organisation oder auch Gesellschaft alle Stufen – Levels – nacheinander durchläuft. Nur sehr schwer kann eine übergangen werden. Jeden Level prägen Meme – also zentrale Gedanken und Ideen.

Zentral in dem Modell ist die Unterscheidung zwischen First und Second Tier. Im *First Tier* lebt der Mensch (die Gruppe, Gesellschaft) in dem Bewusstsein, sein Level, also z.B. der »rote« oder »blaue«, sei der einzig richtige. Im *Second Tier* geht es in einen erweiterten Be-

Die nach oben offene Spirale nach Spiral Dynamics, die ich vereinfacht »Wertespirale« nenne.

wusstseinszustand. Dessen Besonderheit liegt in dem Vermögen, alle vorherigen Stufen in sich zu vereinen. Es geht nicht mehr um Falsch oder Richtig, um Wahr oder Unwahr. Im gelben Level, der ersten Stufe des Second Tier, entsteht vielmehr eine Multiperspektivität, die Fähigkeit, alle vorherigen Stufen zu sehen und zu integrieren. Die aktuellste Stufe ist die türkisfarbene, die sich etwa im Gedanken der Schwarmintelligenz zeigt. Neu aufgetaucht in den letzten Jahren ist Koralle, das durch eine höhere Achtung vor allen Lebewesen gekennzeichnet ist, aber in seiner Ausprägung noch recht unklar ist.

Wie anwenden?

Spiral Dynamics eignet sich für die personale Beratung und die Beratung von Organisationen. Vor allem aber ist es ideal, wenn Sie beides zusammenbringen möchten. Ich selbst bin zertifizierte gLevels-Beraterin (www.glevels.de), die Methodik beruht auf dem Graves-Modell. Mein Analysefragebogen und der Wertepass sind auf den Berater- und Berufskontext bezogene Eigenentwicklungen. Ziel ist, keine Einordnung zu schaffen, sondern eine Grundlage, über diese Dinge nachzudenken. Bitte bedenken Sie dabei: In jedem von uns sind alle vorherigen Level aktiv.

Meinen Kunden gehen oft die Augen auf, wenn sie zum Beispiel erkennen, dass sie in einem Umfeld arbeiten, das eine Prägung aufweist, die ihrer eigenen widerspricht. Beispiel: Der gelbe Manager in einem blau dominierten Unternehmen wird dort recht sicher nicht erfolgreich wirken. Oder: Die grüne Teamarbeiterin ist unglücklich, weil sie rotes Machtgehabe erlebt und missbilligt.

Für Sie selbst ist wichtig, wo Sie stehen, denn Sie werden nur mit Klienten auf einer Wellenlänge funken, die in der Spirale vor Ihnen oder auf gleicher Stufe stehen. Dazu mehr im nächsten Abschnitt.

Fallbeispiele

A) Sie sind auf Bewerbungsberatung spezialisiert und denken formalistisch. In Spiral Dynamics ist das die »blaue« Denkweise: »Das macht man so.« Kommt zu Ihnen ein »gelber« Kunde, wird er mit ziemlicher Sicherheit unzufrieden nach Hause gehen, denn diese regelorientierte Denkweise kennt er, hält sie aber für veraltet oder nicht ausreichend.

B) Sie sind in Ihrem Denken auf der gelben Entwicklungsstufe, das heißt, Sie sehen die Dinge multiperspektivisch. Nun kommt jemand zu Ihnen, der »blaue«, also formalistische Tipps haben möchte. Wenn Sie sich nicht darauf einstellen, werden Sie diesen Klienten mit Ihrer Komplexität überfordern.

C) Als Coach sind Sie selbst im Grünen verankert, also kooperativ und netzwerkorientiert. Nun kommt zu Ihnen jemand, der in seinem Unternehmen als Führungskraft weiterkommen möchte und vor allem an einem Zugewinn an Status orientiert ist, also z. B. einem schicken Auto oder einem wichtig klingenden Titel. Dieser Mensch ist eindeutig von orangefarbenen Werten geprägt. Das Unternehmen, in dem er arbeitet, ist noch sehr blau. Das heißt, er arbeitet in einem Kontext, der sich erst langsam für Karrieregedanken, »Leistung wird belohnt«, öffnet. Dieser Kunde will »orangenen« Rat, also Empfehlungen, die Sie selbst so möglicherweise gar nicht vertreten können / wollen. Sie werden mit Ihrer Dienstleistung nicht ankommen, wenn Ihnen das nicht bewusst ist, und möglicherweise sogar falsche Hinweise geben bzw. den Coachingprozess in eine Richtung lenken, für die der Kunde (noch) nicht reif ist und die dieser gar nicht will.

Bedenken Sie bei solchen Themen allerdings auch: Die Passgenauigkeit können Sie durch Aussagen auf Ihrer Website mitbestimmen. Wenn Sie hier anbieten, bei der »Karriereplanung« zu helfen, wird dies eher Orange-Denker anziehen, wenn Sie sagen: »Mein Ansatz ist Coaching mit ganzheitlichem Blick«, locken Sie »Grüne« an.

Meine Empfehlung für Sie

Mein Analysefragebogen hilft Ihnen, Klienten gezielt zu fragen; er ist eine Gesprächsbasis. Natürlich gibt es hier nicht nur die eine Zuordnung. Insofern ist eher die Frage, mit welchem Level Sie sich derzeit am meisten identifizieren, alle vorherigen sind hier zu einem gewissen Grad eingespeist:

Der *beigefarbene Level* ist ein Ich-Level und fokussiert auf die Existenzsicherung; hier geht es um das nackte Überleben. Beige Berater gibt es nicht wirklich. Wenn Sie einem Kunden, der seinen Job kündigen will, um ins Ungewisse zu starten, sagen würden, »tun Sie das nicht, denken Sie an Ihre Existenz«, wäre dies am ehesten ein beigefarbener Gedanke, aus ganzheitlicher und Coachingsicht aber auch keine gute Empfehlung.

Im *Purpurroten* sieht sich der Mensch als Teil einer Gemeinschaft, die ein natürliches Oberhaupt und gewachsene Strukturen hat. Traditionen spielen eine wichtige Rolle und damit ein fürsorgliches »das macht man so, das ist gegeben«. Haben Sie als Berater viel Purpur in sich, sind Sie vielleicht spirituell ausgerichtet. Sachliche Erklärungen und das »Warum« spielen in diesem Kontext keine Rolle, Beweise sind überflüssig. Allein der Glaube ist das Wissen. Auch das wird niemand in Reinkultur sein, aber vertreten ist es durchaus.

Im *roten Level* geht es um Eroberung und Macht, vielleicht auch Innovation. Der rote Berater will Einfluss haben und möchte seine gute Idee – etwa eine Methode – weltweit etablieren. Konkurrenten sticht er aus. Auch das wird vermutlich niemand absolut sein, aber die rote Haltung als vorherrschende ist durchaus verbreitet.

Der *blaue Level* kultiviert das »Wir«, so wie die gesamte Spirale einen Wechsel zwischen »Ich«- und »Wir«-Levels abbildet. Der blaue Berater arbeitet gern in Kooperation und ist dabei korrekt und formalistisch. War Purpur ein »macht man so, ist gegeben«, ist das Blau »macht man so, wir haben es reglementiert«. Der blaue Berater gibt Empfehlungen mit dem Fokus auf das Einhalten von Regeln und standardisierten Vorgehensweisen. Vielleicht arbeitet er als Bewerbungsberater, vielleicht als KfW-Gründungsberater.

Der Berater mit Schwerpunkt im *orangefarbenen Level* schätzt Leistung und Karriereorientierung. Deshalb richtet sich sein Angebot bevorzugt an Führungskräfte oder Topmanager, kommerzielles Interesse ist wichtig. Als Karriereberater empfiehlt er eher Schritte, die sinnvoll für den Lebenslauf sind und den Kunden im Unternehmen voranbringen.

Der *grüne* Berater wird nicht allein sein wollen und findet sich deshalb bevorzugt in Bürogemeinschaften, Netzwerken und Co-Working-Spaces. Er hat eine natürliche Abneigung gegen zu viel Selbstdarstellung. Oranges Konkurrenzdenken ist verpönt, die ganzheitliche Sicht auf die Person beginnt hier, beinhaltet aber noch nicht so sehr die Entwicklung von Kompetenz wie auf dem gelben Level. Der grüne Coach meint, die Lösung liege in jedem Menschen, und glaubt an die Kraft der Kooperation.

Der *gelbe Level* ist der erste, der eine neue Bewusstseinsstufe repräsentiert, den *Second Tier*. Alle anderen Levels agieren in der Überzeugung, mit ihrer jeweiligen Ausrichtung richtigzuliegen. Gelb nicht – er weiß, dass in ihm alle vorherigen Levels vereint sind. Deshalb kann er sich auch auf alle einstellen und auf Augenhöhe kommunizieren. Der gelbe Berater weiß, dass die Welt die Unterschiede in Mensch, Gruppe, Organisation und Kultur braucht. Wissen ist sein Ego-Motor, Kompetenz geht ihm über alles. Er postuliert Offenheit, Kreativität, lebenslanges Lernen und Autonomie. Ratschläge gibt er, wenn er es für richtig und angebracht hält – ausgewogen und mit Blick auf den Level seines Klienten, da er weiß, dass er maximale Impulse für den nächsten Level geben kann, aber niemals für den übernächsten. In einem orangen Karrieristen kann er so etwa die beginnende Begeisterung für das grüne Kollektiv freilegen.

Der Berater, Trainer, Coach im *türkisen Level* hat einen ganzheitlichen Ansatz mit Fokus darauf, die Ressourcen der Welt zu wahren. Schwarmintelligenz nutzt er, eine höhere Spiritualität und die Achtung vor allen Lebewesen steuert ihn. Er sucht nach Geschäftsmodellen der Zukunft, z.B. Crowdfunding oder Spendenbasis.

Diese Typologie mit Beratertypen-Zuordnung ist überspitzt und sollte mit einer gewissen Portion Humor gesehen werden – nicht ganz ernst gemeint.

2. Angebotswürze mit Beratungsfokus und Phasenmodell

Typ	Quelle/Urheber	Einsatzbereich	Aufwand	Nutzen
Modell zur Angebots-schärfung	Svenja Hofert	Zur klareren Fokussierung des Angebots	–	Mehr Klarheit für Sie, mehr Erfolg im Coaching

Was ist das?

Es handelt sich um zwei Modelle, die Ihnen helfen, Ihren eigenen Standpunkt klarer einzuschätzen: Der *Beratungsfokus* hilft Ihnen zu sehen, wo Sie Ihre Schwerpunkte setzen. Ob Sie sich im Bereich berufliches Coaching bewegen oder aus der Beratung kommen, Sie werden sich inhaltlich fokussieren und Schwerpunkte setzen müssen. Es ist wichtig zur Abgrenzung Ihres Angebots von anderen, der Beratungsfokus ergänzt hier das Tool Positionierungshelfer (Tool 11).

Das *Phasenmodell* soll Sie anregen zu reflektieren, wo Sie selbst stehen in Ihrer Entwicklung als Coach. So gehören zu gewissen Phasen bestimmte Verhaltensweisen:

- Nach zwei, drei Jahren schärft sich das Angebot.
- Ein echter Kompetenzschub ergibt sich im dritten bis sechsten Jahr.
- Eigene Methoden bilden sich danach heraus. Vielleicht schreibt man ein Buch, vielleicht Fachartikel.
- Etwa nach zehn Jahren beginnen viele ihr Wissen weiterzugeben, etwa als Speaker.

Manch einer versucht, früher Phasen zu erreichen, die eigentlich erst später kommen. Beispiel: Ein Coach, der schon während der Gründung ein Buch schreibt. Da sich in dieser Phase oft keine Verlage gewinnen lassen, erscheinen nicht selten E-Books – mitunter minderer Qualität.

Mein Rat: Lassen Sie sich Zeit, sehen Sie – wenn Sie am Anfang stehen –, dass auch andere lange brauchten, bis sie dahin gekommen sind, wo sie nun stehen. Es mag Berater und Coachs geben, die sich schneller entwickeln, aber ich habe selten gesehen, dass sich einer davon länger gehalten hätte.

Das Phasenmodell: Typische Entwicklungszyklen von Coachs, Beratern, Trainern

Wie anwenden?

Das Phasenmodell liefert Ihnen einen Denkanstoß – auch für den Beratungsfokus. Kreuzen Sie an, ob Sie sich eher für einen marktbezogenen, einen fachbezogenen oder einen selbstmarketingbezogenen Ansatz begeistern können – das sollte auch abhängig von Ihrem Vorwissen sein. Versuchen Sie Ihren Ansatz zu konkretisieren. Je spezieller, desto besser ist es (meist).

- *Persönlichkeitsbezogene Beratung* ist insofern die einfachste, als sie wenig konkretes Know-how voraussetzt. Allerdings und vielleicht gerade deshalb finden sich hier auch die meisten Coachs wieder. Ich halte eine gewisse Spezialisierung und eigene Ansätze für wichtig, z. B. die Kombination von Selbstmarketing mit Theater- und Körperarbeit. Selbstmarketingbezogene Beratung kann auch Angebote für Introvertierte, Hochsensible oder Hochintelligente umfassen. Ich bin allerdings der Meinung, dass diese Bereiche schon etwas überstrapaziert sind, und finde etwa, dass ein Coach für Hochintelligente selbst hochintelligent sein muss, um Denken und Handeln wirklich nachvollziehen zu können.

- *Fachbezogene Beratung* kann sich auf alle möglichen Bereiche beziehen. Ich erlebe, dass sich die allermeisten Berater auf das Thema Marketing stürzen, die wenigsten auf Controlling, Vertrieb, der über Akquise hinausgeht, oder Spezialbereiche. Wer sich fachbezogen positioniert, sollte aus meiner Sicht Coaching eher als Ergänzungsdisziplin verstehen. Hier gibt es eindeutig einen Mangel. So habe ich bisher noch keinen Controllingexperten mit wirklich gutem Coachingansatz gefunden.

- *Marktbezogene Beratung* setzt Erfahrungswissen in Teilbereichen von Wirtschaft, Verwaltung oder Politik voraus. Sie ist besser mit Coaching kombinierbar, weil es hier um breiteres, bereichsübergreifendes Wissen geht. Beispiele: der Coach, der sich auf Geisteswissenschaftler spezialisiert hat, oder der medienerfahrene Coach. Ich mache immer wieder die Erfahrung, dass es einigen Kunden sehr wichtig ist, dass ich eine belastbare Vorerfahrung im Bereich Medien und IT habe. Diese ist aber nicht zentral für meine Beratung, sondern eher ein Sahnehäubchen. Jemand aus der Verwaltung greift auf ganz andere Erfahrungen zurück und hat vermutlich auch andere Denkweisen ausgebildet.

Der Beratungsfokus

Meine Empfehlung für Sie

Meist ist es nicht sinnvoll, mehr als zwei Ansätze zu kombinieren,

- also entweder fach- und marktbezogen (z.B. Vertrieb im Einzelhandel); das ergibt einen relativ starken Beratungsansatz;
- oder markt- und persönlichkeitsbezogen. Das ergibt einen etwas stärkeren Coachingansatz.

3. Coaching-Beratungs-Kontinuum (a) mit Bilderrahmen (b)

Typ	Quelle/Urheber	Einsatzbereich	Aufwand	Nutzen
Modell zur eigenen Standortbestimmung und folgenden Auftragsklärung	Begriff des Kontinuums von Enigma QPlus Beraterqualifikation, weitergedacht und Bilderrahmen von Svenja Hofert	Standort, Auftragsklärung	–	Professionalisierung

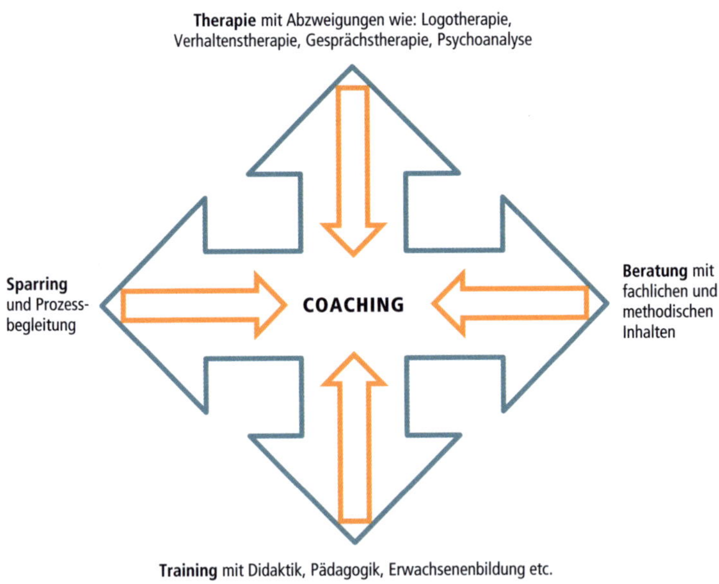

Die verschiedenen Berührungspunkte des Coachings

a) Coaching-Beratungs-Kontinuum

Was ist das?

Coaching hat Berührungspunkte zu anderen Bereichen. Die Definitionen sind nicht immer eindeutig und teilweise »verbandspolitisch« geprägt. Meine Sichtweise der Schnittstellen sehen Sie oben auf dem Bild. Typischerweise erfolgt die Abgrenzung vor allem zwischen Coaching und Beratung. Darauf bezieht sich das Coaching-Beratungs-Kontinuum. Es stellt die Frage: »Coachen Sie noch oder beraten Sie schon?« Dieses Tool hilft Ihnen, besser zu verstehen, wo Sie sich gerade befinden – oder besser: befinden sollten. Es hilft Ihnen auch, Ihr Beratungsangebot insgesamt zielgerichteter zu gestalten: mal mehr auf der einen, mal mehr auf der anderen Seite.

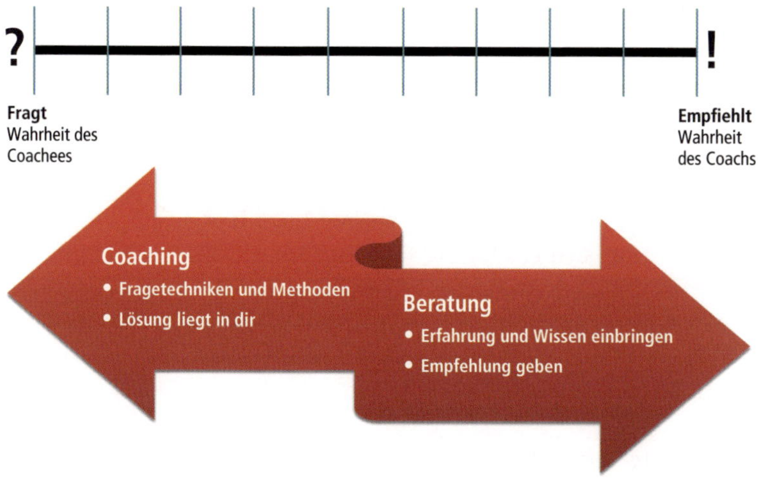

Das Coaching-Beratungs-Kontinuum: Im Coaching stehen Sie bildlich gesprochen hinter Ihrem Klienten, der sein Boot selbst steuert. Beratend greifen Sie im Extremfall ins Lenkrad. Dazwischen gibt es einige Variationen. Die Kunst ist es, sich der eigenen Positionierung entsprechend gekonnt zwischen diesen Polen zu bewegen.

Was Sie dazu wissen sollten

Das Selbstbild einiger Coachs schließt es aus, ihre Klienten zu beraten. Ich halte dies bei selbstständigen Coachs für schwierig, ökonomisch nicht sinnvoll und auch nicht mehr zeitgemäß. Selbst im psychologischen Coaching wird die Schwelle zur Beratung überschritten, wenn der Coach zum Beispiel davon abrät, zum jetzigen Zeitpunkt auf Jobsuche zu gehen.

Sehen Sie sich einmal folgenden Dialog an:

»Frau Hofert, wie sehen Sie das, was wir jetzt hier ausgearbeitet haben? Hört sich das für Sie schlüssig an?«
»Ich sehe Sie auf dem richtigen Weg, für mich klingt das sehr nachvollziehbar und wie ein guter Plan.«
»Wo sehen Sie meine Risiken? Worauf muss ich achten?«

Hier bin ich als fürsorgliches Eltern-Ich gefragt, wenn man das transaktionsanalytisch sehen will. Mich fragt ein Kind, das gelobt werden will. Ich nehme diese Rolle an, weil – so meine Überzeugung – es dem Kunden mehr hilft, als wenn der Dialog so aussähe:

»Frau Hofert, wie sehen Sie das, was wir jetzt hier ausgearbeitet haben? Hört sich das für Sie schlüssig an?«
»Wie hört es sich denn für Sie an?«
(Denkt: Ich will aber Ihre Meinung), sagt: »Ich weiß nicht …«
»Was würde Ihnen Sicherheit geben?«
»Wenn Sie das schlüssig finden.«

Ich erinnere mich, dass ich vor Jahren einmal bei einem systemischen Coach war und mich seine Weigerung, eine eigene Einschätzung zu geben, ganz extrem gestört hat. Ich wollte ein Feedback, eine klare Meinung hören, weil ich ganz sicher war, dass in dem Fall die Lösung keineswegs in mir selbst lag. Genauso geht es meinen und ziemlich sicher auch vielen Ihrer Kunden: Fast alle wollen Feedback. Die erfahrenen Coachs, die ich kenne, sagen das ebenso. Sie werden unter denen, die mehr als zehn Jahre am Markt sind, kaum jemand finden, der nicht auch bereitwillig Ratgeber sein kann und will.

Der nicht ganz einfache Balanceakt liegt darin, die Schwelle an der richtigen Stelle zu überschreiten. Wann sollten Sie »rübergehen« zur Beratung? Wenn Sie mit Fragen und Interventionen feststecken und in sich spüren, dass der Klient ein Korrektiv braucht, weil er sich sonst im Kreis dreht! Es geht dann schlicht und ergreifend um Wissen, um die Einschätzung von Situationen, von Hintergründen oder Verläufen.

Manchmal gehe ich bewusst nichts ins Eltern-Ich, sondern spiele ich den Ball zurück: »Wie sehen Sie das denn?« Und darüber hinaus ist alles stark situationsbedingt und personenabhängig. Der eine Kunde braucht mehr Führung (Beratung), der andere mehr Coaching.

Wie anwenden?

Seien Sie sich ständig bewusst, wo Sie sich gerade befinden und mit welcher Haltung Sie Ihrem Klienten gegenüberstehen: Steht der Klient noch am Steuer (Frage) oder haben Sie bereits ins Lenkrad gegriffen (Ratschlag)? Sie sollten so wenig wie möglich ins Lenkrad greifen, es aber beherzt tun, wenn es notwendig ist – allein im Interesse des Kunden. Es ist überall da legitim, wo Sie einen deutlichen Wissens- und Erfahrungsvorsprung haben und Sie sehen, dass Ihr Klient ohne Ihr Eingreifen in die falsche Richtung laufen würde.

Das setzt auch voraus, dass Sie Situationen sicher einschätzen können. Können Sie das noch nicht, bleiben Sie im Zweifel auf der Coachingseite.

Fallbeispiele

Ein Klient war in der mündlichen Prüfung zum Steuerberater durchgefallen. Mein Eindruck war, dass der Kunde aufgrund seiner kleinen Bewegungen und leisen Stimme nicht genügend »gewirkt« hatte. Ich fragte, wie er sich in der Situation vor dem Prüfungskomitee gefühlt habe (klar im Coachingbereich). Als ihm nur einfiel: »Gut, ich war inhaltlich sicher«, fragte ich, ob es auch an der Körpersprache gelegen haben könnte, mir falle auf, dass er unter Anspannung in sich zusammenfalle (Feedback, Intervention, rückte etwas weiter in die Beratung, aber noch Coaching). Ich wusste, dass das Prüfungsgre-

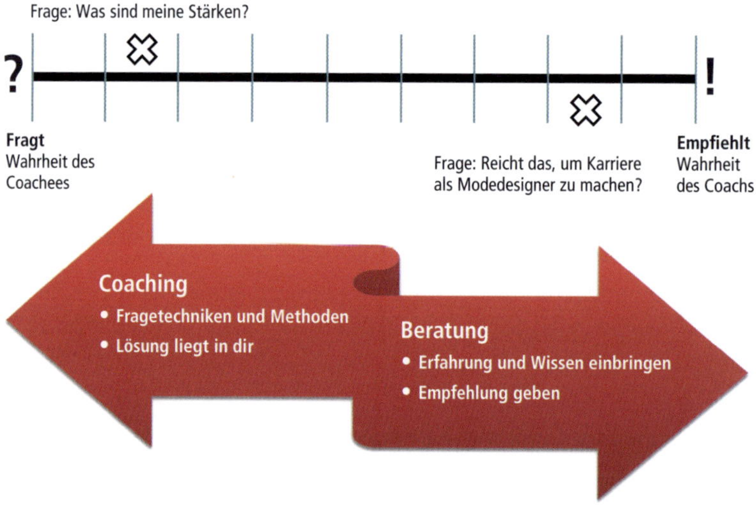

Stellen Sie sich vor, Sie beraten einen Friseur, der Modeskizzen erstellt, mit denen er sich bei Dior bewerben will. Es ist auch für Sie als Laie sofort zu erkennen, dass er wenig Talent hat. Im Beispiel sehen Sie zwei Fragestellungen, von denen eine mehr Coachingmethoden, die andere Beratungskompetenz fordert. Ob Sie Fragen wie »Reicht das, um Karriere als Modedesigner zu machen?« direkt beantworten oder Ihren Klienten auf den Weg bringen, dies selbst herauszufinden, hängt von Ihren Vorkenntnissen und Ihrer Positionierung ab – und davon, wie offensichtlich hier die Fehleinschätzung ist.

mium mit standardisierten Bewertungssystemen arbeitete. Es *musste* also auch eine inhaltliche Ebene gegeben haben, die Note konnte nicht gewürfelt worden sein (Information, Rat, auf dem Kontinuum weit mehr in Richtung Beratung gehend) – das sagte ich. Es zeigte sich, dass nur 0,2 Punkte zum Bestehen gefehlt hatten. Wir fanden heraus: Mein Klient hatte sich aufgrund der bestandenen schriftlichen Prüfung zu sicher gefühlt (die meisten fallen hier schon durch) *und* der Körpersprache keine Beachtung gezollt. Ich empfahl ein Feilen an der Selbstdarstellung in einem speziellen Training (auf dem Kontinuum ganz rechts bei der Beratung).

Anna hatte das Physikum im Rahmen ihres Medizinstudiums geschafft und war danach nur noch krank. Sie wollte abbrechen, nicht abbrechen, doch abbrechen. Das Ganze zog sich über anderthalb Jahre, bis ihr Vater sie zu uns schickte. Meine Kollegin sagte nach drei Stunden, dass Anna nicht entscheidungsfähig sei. Also empfahl sie, die Entscheidung zu vertagen und erst einmal eine Therapie zu machen. Anna hätte das so nicht von sich aus gesagt, dazu war sie viel zu durcheinander. Nach Rücksprache mit Anna entschieden wir uns für ein Gespräch mit den Eltern, die hier das Zünglein an der Waage waren. Hier ins Lenkrad zu greifen war notwendig.

Harald wollte den MBA machen, um auf diese Weise seine Chancen auf die Übernahme von Projektleitungen zu erhöhen. Nachdem ich seine Motivationen erfragt hatte, war klar, dass das Studium hier unsinnig wäre und ganz andere Maßnahmen erforderlich waren. Ihn hier zur Selbsterkenntnis oder durch einen Prozess des Selbst-Herausfindens zu führen, würde ich für Unsinn halten. Hier war das Coaching ganz klar Beratung und musste es auch sein.

b) Bilderrahmen

Was ist das?

Ein Bild verdeutlicht, wo Sie Ihren eigenen Anteil im Coaching sehen. Stellen Sie den Rahmen oder mehr? Das ist für die grundsätzliche Auftragsklärung zentral.

Was Sie dazu wissen sollten

Coachs mit stark »systemischer« Prägung sagen gewöhnlich, sie würden im Coaching nur den Rahmen bieten, das Bild müsse der Kunde selbst malen. Die Erwartungshaltung Ihrer Kunden ist diesbezüglich aber höchst unterschiedlich. Viele Klienten erwarten, dass der Coach beim Malen ihres Bildes hilft. Sie wünschen sich, dass ihr Berater auch auf eine Fehlfarbe hinweist, und sind enttäuscht, wenn das nicht passiert.

Wer stellt den Rahmen, wer malt das Bild?

Wie anwenden?

Manchmal formuliere ich etwas in dieser Art: »Sie möchten also Ihre Karriere planen. Wie wünschen Sie sich unsere Zusammenarbeit? Was sehen Sie als Ihren Teil, was als meinen?«

Je nachdem, was hier kommt oder nicht, beschreibe ich nun meine Möglichkeiten, etwa so: »Stellen Sie sich vor, Ihre Karriereplanung ist ein Bild. Mein Hauptaugenmerk wird darauf liegen, Ihnen einen Rahmen zu bieten, um Ihr Thema zu finden. Ich würde aber auch Hinweise zur Ausgestaltung des Bildes und Feedback zu Ihren Ideen geben, wenn Sie das wünschen.« So arbeite ich – mit dem Fokus auf den Prozess, aber eben bis zu einem gewissen Grad auch inhaltlich.

Meine Empfehlung für Sie

Es gibt fünf Varianten zur Ausgestaltung:

- Sie bieten nur den Rahmen (Coaching).
- Sie helfen beim Malen (Beratung).
- Sie malen zusammen (Sparring).
- Sie geben ein Feedback zum Bild (Coaching und Beratung).
- Sie bieten den Rahmen, malen zusammen und geben ein Feedback zum Bild (Coaching, Sparring und Beratung).

4. Coaching- und Beratungs-Formulierungshelfer

Typ	Quelle / Urheber	Einsatzbereich	Aufwand	Nutzen
Formulierungshilfen, 20 weitere Beispiele auf DVD	Svenja Hofert	Im Coaching	–	Die passenden Worte finden

Was ist das?

Ein Set aus Fragen hilft Ihnen, am Übergang zur Beratung sicherer zu werden. Sie sind so formuliert, dass der »Griff ins Steuer« nicht zu abrupt geschieht.

Ich unterscheide vor allem zwei Situationen:

a) Ich weiß ganz genau, dass der Klient auf einem falschen Weg ist, falsche Schlüsse zieht oder von sich aus nicht auf die Lösung kommt, die ich kenne.
b) Irgendetwas in mir sagt »Stopp«, mir scheint etwas nicht schlüssig, aber hundertprozentig sicher bin ich nicht.

Fallbeispiele

Bei a) sage ich z. B.:

- »Darf ich Ihnen einmal ein ehrliches Feedback geben (Erlaubnis einholen)? Das geht so nicht.«
- »Ich bin mir recht sicher, dass das der falsche Weg ist.«
- »Ich rate davon ab.«

Bin ich selbst nicht absolut sicher, formuliere das so:

- »Meine Intuition sagt mir …«
- »Mir macht das Sorgen, weil …«
- »Für mich hört sich das an, als ob …«
- »Mein erster Gedanke war …«
- »Ich will Ihnen mal eine Geschichte erzählen, da war es so …«

5. Designthinking

Typ	Quelle / Urheber	Einsatzbereich	Aufwand	Nutzen
Methode	Terry Winograd, Larry Leifer, David Kelley, die das Konzept seit 1991 vermarkten	Zur Strukturierung und Förderung eines Out-of-the-Box-Denkens	–	Sinnvolle Prozessschritte und Visualisierung

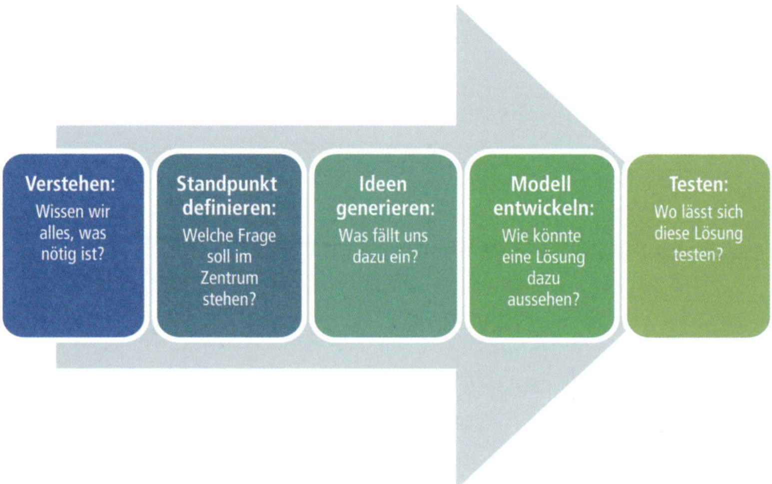

Die Phasen in einem Designthinking-Prozess. Anwendungsfelder: Finden von Lösungen für verzwickte Probleme, Entwickeln von Karriereplänen, Geschäftsideen etc.

Was ist das?

Designthinking ist eine Methode, die Sie für jede komplexere Problemlösung heranziehen können. Sie strukturiert und visualisiert Prozesse in fünf verschiedene Phasen, die auf Englisch heißen: *understand, define, ideate, prototype* und *test*.

Designthinking wird bisher vor allem im Kontext der kreativen Problemlösung und Innovation verwendet. An diesem Prozess sind

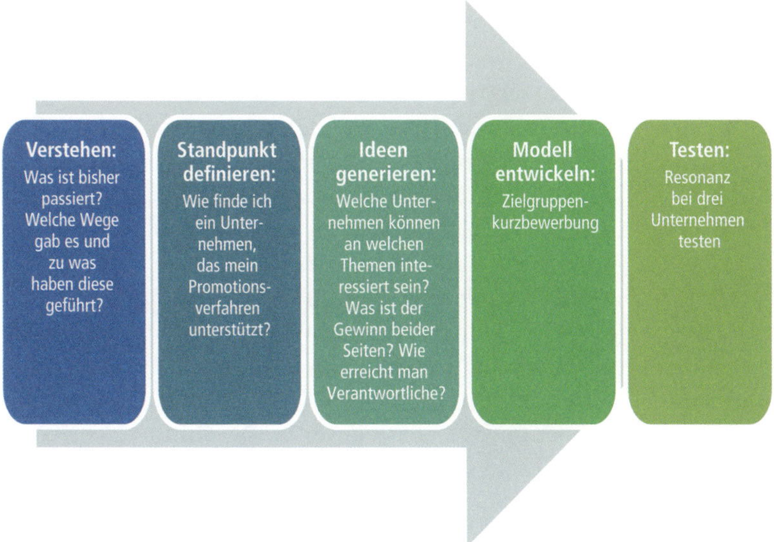

Die Phasen in einem Designthinking-Prozess mit Fragen dazu

immer mehrere Experten beteiligt, da Designthinking schnittstellenübergreifendes Denken fördert.

Im Coaching ist es nicht bekannt – aber ebenso einsetzbar. Ich nutze es auch im Eins-zu-eins-Kontext, wenn es um Problemlösungen geht, die ein Out-of-the-box-Denken erfordern, etwa im Rahmen ungewöhnlicher Bewerbungsvorhaben, bei der Entwicklung von Geschäftsideen oder beim Finden von Lösungen zu beruflichen Einbahnstraßen. Ganz besonders eignet sich Designthinking für die Anwendung in einem Teamcoaching.

Wie anwenden?

In der ersten Phase geht es darum, den Kenntnisstand aller Beteiligten zu vereinheitlichen.

Ihr Wissensstand muss also derselbe sein wie der des Klienten. Sie sollten wissen, was bisher passiert ist, wenn es um ein Bewerbungsthema geht, oder welche Gedanken zu einer Geschäftsidee bereits auf dem Tisch liegen.

Nun definieren Sie Ihren gemeinsamen Standpunkt: Was ist das zentrale Problem? Mit welcher Frage kann man es zusammenfassen? Mit »ideate« beginnt dann der Ideenfindungsprozess.

Im klassischen Coaching würde jetzt der Coachee im Zentrum stehen, in der Fachberatung redet der Berater. Im Designthinking sind Sie beide dran, es fördert also eine Art Sparring, bei dem Sie eine neue Perspektive bieten. Dieser Prozess kann auch erweitert werden, indem Sie oder Ihr Klient andere Personen dazu einladen, die die Perspektivenvielfalt erhöhen. Vor allem im Gründungscoaching ist Letzteres eine interessante Vorgehensweise, gerade wenn Sie sich als Prozessbegleiter und Prozessmoderator sehen. Die Lösung wird schließlich in einem Prototyp umgesetzt. Das kann ein Rollenspiel, eine Zeichnung oder etwas Gebasteltes sein. Der Prototyp darf auch ein Gedankenmodell sein oder eine optimale Vorgehensweise.

Fallbeispiel / Meine Empfehlung für Sie

Arbeiten Sie zur Visualisierung mit Post-its. Ich habe hier ein Beispiel für die Phase »Ideate«, also den Ideenfindungsprozess, erstellt. Hier geht es um einen Quereinsteiger, der ein Unternehmen sucht, das sein Promotionsvorhaben fördert und gleichzeitig seine Expertise bei erneuerbaren Energien nutzt.

Die Ausgangsfrage lautet: »Wie schaffe ich es, Unternehmen für mein Vorhaben zu finden und zu gewinnen?«

Im Ideenfindungsprozess entwickeln wir zunächst drei Stränge, die Sie auf dem Bild sehen.

Das Modell zeigt schließlich eine Projektplanung für ein halbes Jahr, die Schritt für Schritt umgesetzt wird (Test). In solche Projektplanungen baue ich normalerweise Zwischenschritte ein, um zu besprechen, ob der bisherige Weg richtig war und wie man Erfahrungen in eine Verbesserung des Prototypen einfließen lassen kann. Das ist auch die Idee des Designthinking: Man ist nie fertig, sondern hinterfragt und korrigiert laufend. Ist die Ausgangsfrage noch passend? Gibt es neue Ideen? Der Pfeil beginnt immer wieder neu. So entsteht ein Kreislauf.

Designthinking: Anwendungsbeispiel

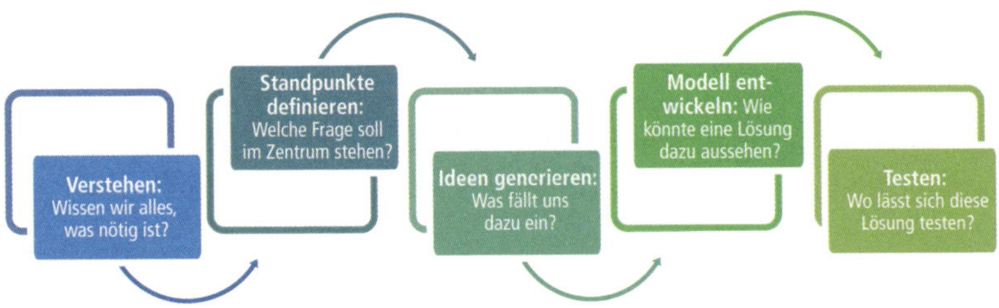

Designthinking ist ein Kreislauf.

6. Kundenbedarfserkenner

Typ	Quelle/Urheber	Einsatzbereich	Aufwand	Nutzen
Fragebogen	Svenja Hofert	Ihre Angebotsgestaltung	–	Gestaltung Ihres Angebots

Was ist das?

Mit diesem Fragebogen können Sie ein Vorgespräch systematischer führen und gezieltere Angebote machen. Außerdem hilft er bei der Auftragsklärung.

Was Sie dazu wissen sollten

Vielleicht haben auch Sie sich schon über einen Rechtsanwalt geärgert, der ohne vorherige Honorarbesprechung einfach seine Rechnung schickte. Ich höre von Kunden immer wieder, dass das auch im Coaching passiert. »Ich habe einen Termin vereinbart und war drei Stunden da. Am Ende bekam ich eine Rechnung über 450 Euro netto. Der Coach hat das nicht mit mir besprochen und auch den Termin nicht gegliedert oder strukturiert.« Eine solche Vorgehensweise mehrt zwar Ihr Einkommen, aber sie wird Ihren Ruf über kurz oder lang beschädigen. Handeln Sie bitte wie ein Profi.

Wie anwenden?

Nutzen Sie das Tool, um Ihr Angebot individuell zu gestalten. Ein »Weg-von-Typ« braucht etwas komplett anderes als ein »Hin-zu-Typ«, auch der Stundenaufwand unterscheidet sich immens. In diesem Zusammenhang empfehle ich auch das RUBIKON-Modell (s. S. 44), das Sie vielleicht in Ihrer Coachingausbildung kennengelernt haben. Es klärt die Frage, ob das unbewusste Bedürfnis zum bewussten Motiv, das der Kunde als Coachinganlass äußert, harmoniert – also ob Wunsch und Wollen zusammenpassen. Sie können dazu zum Beispiel sehr schön mit dem System »ZRM« (Zürcher Ressourcen-Modell) von Maja Storch arbeiten (s. dazu Fazit und Literaturverzeichnis).

kexpa SOLUTION

Kundenbedarfserkennung und Auftragsklärung für Berater und Coachs

- Was hat den Ausschlag gegeben, sich bei mir zu melden?

....

....

....

- Wobei genau benötigen Sie Unterstützung?

....

....

....

- Wie lange beschäftigen Sie sich bereits mit dem Thema?

....

....

....

- Haben Sie bereits eine Vorstellung, in welche Richtung Sie sich orientieren möchten? Wie konkret sind Ihre Ideen?

....

....

....

- Was erwarten Sie sich von einer Beratung/einem Coaching?

....

....

....

- Was wünschen Sie sich von mir als Coach?
    - Begleitung/Sparring
    - Motivation
    - Feedback
    - Klärung
    - Eine Einschätzung/Meinung
    - Sonstiges: ....

- Was wäre für Sie ein idealer Ablauf?
    - Erst einmal ein Termin für eine Standortbestimmung
    - Regelmäßige Treffen
    - Ich weiß es noch nicht

kexpa SOLUTION

- Was wäre für Sie ein gutes Ziel?

……………………………………………………………………………………………………

……………………………………………………………………………………………………

……………………………………………………………………………………………………

- Haben Sie sich auf der Website (falls es dort steht) über Kosten informiert?

(Falls nein, informieren Sie den Kunden an dieser Stelle über Kosten und Ihren Abrechnungsmodus. Wenn Sie den Termin bestätigen, schreiben Sie auch noch einmal den Stundensatz hinein.)

- Haben Sie ein Budget zur Verfügung (wenn ja, wie hoch)? Bezahlen Sie oder ein Unternehmen?

……………………………………………………………………………………………………

……………………………………………………………………………………………………

Der Kundenbedarfserkenner

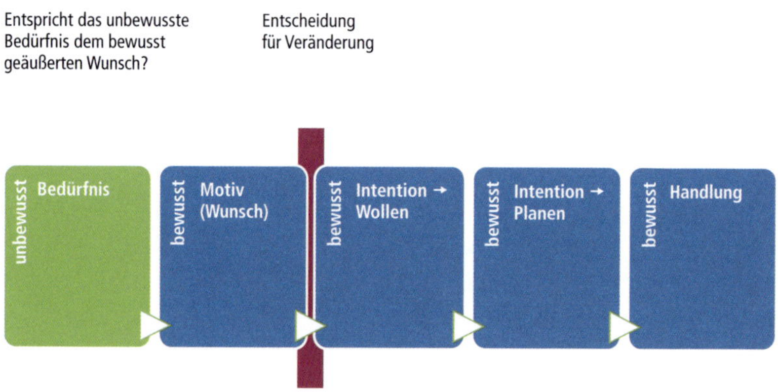

Das Rubikon-Modell

7. Merkzettel

Typ	Quelle/Urheber	Einsatzbereich	Aufwand	Nutzen
Formular	Svenja Hofert	Professionalisierung der Organisation	–	Klarerer Auftritt, einfache Nachbereitung

Was ist das?

Es handelt sich um ein Formular, das mir meine Assistentin vor einigen Jahren entwickelt hat. Hier kann ich einfach Notizen zum Gespräch machen und zugleich per Kreuz eine Rechnungsvorlage geben. Alle Termine lassen sich so sauber dokumentieren. Ich weiß zu jeder Zeit, was – auch vor Jahren – Thema im Coaching war.

Meine Empfehlung für Sie

Passen Sie das Formular entsprechend an. Notieren Sie Stichpunkte und zentrale Aussagen des Kunden. Der Effekt ist immer positiv, wenn Sie z.B. erwähnen: »Vor drei Jahren haben Sie ABC gesagt.« Sie schaffen so auch einen Effizienznachweis für Ihr Coaching. Denn: Viele Klienten erinnern sich nach längerer Zeit nicht mehr, wo sie standen, als sie das erste Mal bei Ihnen waren. Ihnen ist deshalb auch nicht bewusst, wie groß die Schritte sind, die sie gegangen sind. Indem Sie das dokumentieren, realisieren sie es.

Kunde: ______________________ Datum: __________

☐ Telef. Vorgespräch
☐ Nächster Schritt f. Fach- Führungskraft ☐ mit Reiss-Profil
☐ 360° ☐ mit Reiss-Profil
☐ Strategietag ☐ mit Reiss-Profil
☐ SlowGrow-Coaching
☐ Outplacement Anzahl Stunden: _____
☐ Sonstiges Angebot: ______________

☐ Rechnung Schreiben ☐ Warten ☐

Gute Dokumentation ist sehr hilfreich.

8. »Mit oder ohne Fragebogen«-Entscheidungshelfer

Typ	Quelle/Urheber	Einsatzbereich	Aufwand	Nutzen
Entscheidungshilfe	Svenja Hofert	Im Coaching	–	Klarheit über die eigene Angebotsgestaltung

Was ist das?

»Hat es wirklich Sinn, mit Fragebögen zu arbeiten?«, fragen Sie sich. Die Antwort kann nicht pauschal sein, sondern nur fallbezogen. Oft ja, manchmal nein. In diesem Abschnitt erhalten Sie eine Entscheidungshilfe in Fragebogenform.

Was Sie dazu wissen sollten

Fragebögen gestalten das Coaching sehr viel effizienter. Ich selbst kann mich damit besser vorbereiten. Sie werden lachen, aber sogar die Umgebung stelle ich auf das Gegenüber ein, intuitiv. Kommt da jemand, der sehr ordentlich ist? Ich achte selbst auf Ordnung und schaue noch einmal nach, ob der Seifenspender gefüllt ist. Auch die Vorgehensweise passe ich an. Schon an der Art der Terminvereinbarung, erst recht aber an Stil und Inhalt der Antworten erkenne ich, ob jemand eher eine strukturierte oder eine flexible Vorgehensweise bevorzugt. Ich denke darüber gar nicht nach, ich mache das einfach.

Sind Fragebögen auch für Sie sinnvoll? Das hängt davon ab, wie Sie arbeiten. Da ich keine oder nur kurze telefonische Vorgespräche abhalte und bei Neukunden nur halbe und ganze Beratungstage verkaufe, ist es in meinem Fall sinnvoll. Fragebögen sind Teil des Coachingprozesses. Man muss sich klar sein, dass sie ihn auch verkürzen – das heißt, Sie können dadurch letztendlich weniger Coachingstunden verkaufen.

Fragebögen setzen einen Denkprozess beim Kunden in Gang. Sie funktionieren wie ein Vorab-Coaching. Das kann im beruflichen Kontext sehr sinnvoll sein, aber auch heikel, wenn es um persönlichere Anliegen geht. So kann die Frage »In welchem Bereich haben Sie wirklich überdurchschnittliche Kenntnisse?« Frustrationen auslösen und vorhandene Minderwertigkeitsgefühle verstärken. Im Einzelfall können bestimmte Fragen dafür sorgen, dass der Kunde sich aus dem Prozess zurückzieht. Ich händige keine Fragebögen aus, wenn ich merke, dass der Klient das im Vorgespräch nicht positiv aufnimmt, was selten vorkommt. Ich erlebe das vor allem dann, wenn Menschen nicht gewohnt sind, ihre Gedanken auf den Punkt zu bringen, und diese vornehmlich im Gespräch entwickeln.

So habe ich nie auch nur einen einzigen problematischen Fall erlebt – habe aber auch eine reflektierte, gebildete und in ihrer Persönlichkeitsentwicklung überwiegend weiter fortgeschrittene Zielgruppe. Eine Rolle spielt mit Sicherheit auch der Einstieg ins Coaching: Bei mir kommen fast alle mit beruflichen Themen. Im beruflichen Kontext bieten sich Fragebögen ganz besonders an, weil es vielfach um Sachinformationen geht.

Meine Empfehlung für Sie

Wägen Sie Chancen und Risiken des Fragebogeneinsatzes selbst ab.

	Fragebogen eher ja	Fragebogen eher nein
Ich sehe mich auf dem Kontinuum eher als Coach denn als Experte.		X
Ich arbeite auf Stundenbasis und habe ein Interesse daran, möglichst viele Einzelstunden abzuhalten.		X
Mein Angebot verkauft auch Effizienz und Expertise.	X	
Ich arbeite halbe Tage oder tageweise.	X	
Ich muss/will mich thematisch auf Termine vorbereiten.	X	
Ich führe intensive Vorgespräche.		X
Ich möchte keine/nur kurze Vorgespräche führen.	X	

9. Post-it-Methode

Typ	Quelle/Urheber	Einsatzbereich	Aufwand	Nutzen
Methode	Makigami, Svenja Hofert	Visualisierung in allen möglichen Zusammenhängen, z. B. Soll-Ist-Analysen oder Powerkreislauf (Tool 22)	Ab einer Stunde	Technik, die es erlaubt, zusammen mit dem Kunden zu arbeiten

Meine Post-its. Ich bevorzuge die Z-Notes Recycle von Post-it®. Die kleben gut. Und wenn mal nicht, einfach Tesafilm nutzen.

Was ist das?

»Übrigens, wir machen das im Konzern genauso wie Sie«, freute sich mein Klient. Ich arbeite mit bunten Post-its. Ohne es zu wissen, zu lange bin ich aus dem Konzernumfeld raus, habe ich eine Methode gewählt, die inzwischen sehr verbreitet sein muss, um Prozesse zu visualisieren. Genau das mache ich auch. Ich dokumentiere wesentliche Aussagen auf den bunten Vierecken und klebe sie dann gemeinsam mit dem Kunden auf ein Flipchartblatt. Hier lassen sie sich hin- und herbewegen, man kann damit richtig schön und flexibel arbeiten.

Diese für mich grundlegende Vorgehensweise nutze ich vor allem bei Neukunden in meinen 4- bis 8-Stunden-Settings. Nach drei Stunden ist oft der ganze Tisch voller bunter Zettel. Dabei schreibe ich auf unterschiedliche Farben: Kriterien für die Jobsuche kommen beispielsweise auf gelbe, Werte auf grüne und Stärken auf hellblaue Zettel.

Was Sie dazu wissen sollten

Oft habe ich Kunden, die vorher bei anderen Coachs waren, und frage sie nach Unterlagen. Meist gibt es keine, was die Klienten sehr bedauern. Denn ein Jahr später erinnert sich kaum noch jemand an Inhalte; es bleibt nur ein vages Gefühl wie »war gut«, »war okay« oder »hat mich weitergebracht«. Ich würde gern an Vorhandenem anknüpfen, aber das geht selten. Deshalb mache ich es seit etwa acht Jahren anders als meine Kollegen, seit zwei Jahren weiß ich, dass das Makigami heißt. Damit habe ich nur positive Erfahrungen gemacht: Klienten lieben visuelle Erlebnisse, diese machen Coaching nachhaltiger. Letztendlich ist es also auch eine Verkaufsförderungsmaßnahme.

Wie anwenden?

Die Anwendung ist multifunktional. Das ursprüngliche Makigami besteht aus drei Phasen:

- Analyse des Ist und Visualisieren: Wie geht es uns jetzt?
- Was ist die Vision? Visualisieren des idealen Zustands.
- Was sind erste Schritte in Richtung unserer Vision? Umsetzungsplan zur Erreichung des Soll-Zustands!

Das können Sie auf alle beruflichen Themen übertragen. Für den Umsetzungsplan mache ich meist eine separate Treppe (siehe Projekttreppe, Tool 52).

Auch für Persönlichkeitsanalysen lässt sich die Technik nutzen: Wenn ich eine Persönlichkeitsanalyse erstelle, schreibe ich, während ich Fragen stelle, die Essenz daraus auf. Möglichst konkret und spezifisch. Post-its nutze ich auch, um Jobsuchkriterien auf den Punkt zu bringen. Weiter schreibe ich darauf Prozessschritte, konstruiere damit Verläufe, ideale Tage, die wichtigsten Meilensteine im Lebenslauf, nächste Schritte, Stärken und vieles mehr. Durch die Beweglichkeit der Post-its können Ergebnisse im Nachhinein gewichtet und neu zusammengestellt werden. Sie können Kreise erstellen, Zyklen nachbauen oder auch Abläufe simulieren. Auch Übungen sind denkbar: So kann man zwei Gründer auffordern, ihre wichtigsten Ziele unabhängig voneinander aufzuschreiben, Vater und Sohn Wünsche ans Leben aufschreiben lassen und Ähnliches. Erst wenn das »Bild«

fertig ist, schreibe ich Dinge hinzu. Die Ausarbeitungen fotografiere ich und schicke sie den Kunden als Nachbereitung. So hat jeder immer Fotos von den Terminen, was sie wertiger macht.

Meine Empfehlung für Sie

Ergebnisse festzuhalten, die der Coachee auch Jahre später noch zur Verfügung hat und weitergeben kann, ist in gewisser Hinsicht auch ein Risiko. Ich habe Coachs gesprochen, die sich hier noch nicht sicher genug fühlten, zumal das Aufschreiben parallel zum Sprechen bei Halten des Blickkontakts etwas Übung erfordert. Wenn Sie neuer im Geschäft sind, rate ich Ihnen, erst einmal »klassisch« fragend zu arbeiten und vielleicht nur kleine Aufschreibe-Übungen einzubauen. Etwa: »Welche Handlungsoptionen sehen Sie für sich?« Binden Sie den Klienten so gut es geht ein. Manche haben selbst Riesenspaß, zu kleben und zu schreiben. Manche überfordert das. Ermuntern Sie sie. Helfen Sie aber auch mit, wenn einer sich das nicht zutraut.

10. Prozessbeschleuniger-Fragebogen

Typ	Quelle / Urheber	Einsatzbereich	Aufwand	Nutzen
Fragebogen	Svenja Hofert	Vorbereitung des Coachings	–	Prozess-optimierung

Was ist das?

Es handelt sich um einen von mehreren Fragebögen, die ich situativ verwende, wenn die berufliche Entwicklung im Mittelpunkt steht.

Was Sie dazu wissen sollten

Diesen Fragebogen verschicke ich nach einem Vorgespräch und vor einem Termin, wenn es um Fragen zur Weiterentwicklung der Karriere geht. Typische Situation: Ein Kunde weiß nicht, welche berufliche Richtung er einschlagen soll. Manchmal geht es um Fragen wie Führung ja / nein oder Selbstständigkeit als Alternative. Mir leistet der Fragebogen eine wertvolle Hilfe, um eventuell auch in fachlichen Themen gewappnet zu sein, in denen ich mich noch nicht gut auskenne. Beispiel: Ein Kunde steht vor der Entscheidung zwischen einer Methodenzertifizierung und einem MBA und hat dabei ein sehr klares berufliches Ziel. Auch wenn ich den Kunden zu seiner eigenen Erkenntnis führe, gehört es für mich dazu, sein Anliegen fachlich einordnen zu können. Das kann ich manchmal aufgrund meiner Erfahrung in vielen Disziplinen, manchmal muss ich aber erst recherchieren. Weiter habe ich die Möglichkeit, aktuelle Jobangebote zu prüfen, um mir ein Bild von auf dem offenen Stellenmarkt verfügbaren Stellen zu machen.

Noch viel wichtiger ist aber, dass ich in dem Fragebogen schon eine Menge über die Persönlichkeit des Menschen sehe, z. B. darin, wie dieser ausgefüllt ist. Eher ordentlich und handgeschrieben, sauber formuliert oder skizzenhaft? Sie werden lachen, aber mehr oder weniger intuitiv stimme ich darauf nicht nur meine äußere Ordnung und Vorgehensweise, sondern manchmal sogar meine Art zu sprechen ab.

Wie anwenden?

Ich lasse mir den ausgefüllten Fragebogen bis drei Tage vor dem Termin zuschicken und lese mir die Antworten durch. Irgendetwas merke ich mir meist spontan, z. B.: »Mir ist aufgefallen, dass Sie unglaublich ordentlich schreiben und sehr detailliert sind. Sind Sie auch sonst so?« Oder: »Sie vergleichen sich gern mit anderen. Ist das so?« (Wenn jemand schreibt, er bewundert A, B und C.) So steige ich Fragen stellend oder Thesen formulierend in das Gespräch ein, nach Small Talk in einer zu der jeweiligen Person passenden Dosierung. Ich erwische dabei meist den entscheidenden Punkt.

Meine Empfehlung für Sie

Außer zur Vorbereitung und zum Einstieg nutze ich den Fragebogen nicht, denke aber, Sie als Coach könnten dies mit anderer Herangehensweise sehr wohl tun. Denn wirtschaftlich betrachtet kostet die Besprechung der Antworten eine bis anderthalb Stunden. Das lässt sich im Allgemeinen nicht per Rechnung weitergeben, es sei denn, Sie schnüren ein Pauschalpaket aus Fragebogen und Coaching. Arbeiten Sie auf Stundenbasis zu einem niedrigeren Stundensatz und kommen die Klienten eher aus dem regionalen Umfeld, empfehle ich, die Zeit lieber für bezahltes Eins-zu-eins-Coaching zu nutzen (siehe Tool 5). Die Klienten können dann gern öfter zu Ihnen kommen. Schließlich füllt das Ihren Geldbeutel.

Svenja Hofert

Karriere & Entwicklung

Frage	Ihre Antwort	Beispiel? Konkretisierung?
Das sind die Karriere-/ Joboptionen, die ich derzeit für mich sehe:		
Diese Sorgen / Fragen / Bedenken habe ich:		
Als meine Stärken sehe ich selbst:		
Weniger gefällt mir an mir, dass ...		
Wenn ich das tue, erreiche ich einen »Flow« (ich vergesse die Zeit):		
Wenn ich das tue, geht es mir schlecht oder strengt mich das an:		

Prozessbeschleuniger-Fragebogen: Beispiel

11. Positionierungshelfer

Typ	Quelle / Urheber	Einsatzbereich	Aufwand	Nutzen
Formular	Svenja Hofert	Eigene Positionierung und Sichtbarkeit für den Kunden	–	Professionalisierung für Sie als Coach

Was ist das?

Positionierung ist die Kunst, für seine Kunden sichtbar zu sein. Ich verstehe sie als Abgrenzung zum Wettbewerb mit Blick auf die Zielgruppe. Fragen Sie sich dazu zunächst: Wen sprechen Sie an? Wer konkurriert in diesem Feld mit Ihnen? Dieses Formular hilft Ihnen, die eigenen Argumente zu finden. Das ist wichtig für Ihre Selbstdarstellung, aber auch für Kundengespräche.

Wie anwenden?

Wenn Sie bereits Kunden haben, aber nicht genau wissen, was diese wichtig finden, empfehle ich Ihnen, Ihre Lieblingskunden dazu zu befragen. Bereiten Sie dazu einen Fragebogen vor, der sich am unten stehenden Formular orientieren kann. Natürlich darf es immer und überall die Position »Sonstiges« geben. So gibt es Coachs, die sich über ein Haustier oder ein pinkfarbenes Sofa positionieren. Das kann sehr schlau sein, weil es die Merkfähigkeit erhöht.

Fallbeispiel

Hier sehe ich mich	Positionierung über	Wie? Wann?	Beispiel	Risiken
	Ausbildung	Wenn Sie bei einer Koryphäe gelernt haben	z. B. bei Richard Nelson Bolles	Trend, zu viele machen das, Image des Ausbilders sinkt
	Buch/E-Book	Neues Thema oder altes neu verpackt	Dieses Buch	Braucht Erfahrung und ist allein oft nicht ausreichend
	Erfahrung	Lange in einer bestimmten Branche oder Position gearbeitet	Personalberater, Ex-Führungskraft	Allein oft nicht ausreichend
	Methode	Am Anfang am besten Fremdmethode, z. B. Test, später eigene	Reiss, Spiral Dynamics	Wenn zu viele auf einen neuen Zug aufspringen, ist der Markt bald gesättigt.
	Thema	Das Thema ist noch nicht oder noch nicht von einer Koryphäe besetzt.	Zeitmanagementpapst Lothar Seiwert	Die Nische wird zu klein oder langweilig, Veränderung schwer
	Persönlichkeit	Abgrenzung über eine besondere Art	Sabine Asgodom	Braucht eine gewisse Auffälligkeit, in dem Fall z. B. auch physisch
	Räume	Besonders zentral, schön	Räume direkt neben dem Regierungsviertel, an der Alster	Zieht bestimmte Klientel an
	Region	Wenn es eine Spezialisierung bei Ihnen noch nicht gibt	Innovations-Coaching an der Schweizer Grenze	Zieht Wettbewerb an

Hier sehe ich mich	Positionierung über	Wie? Wann?	Beispiel	Risiken
	Service	Mehr machen als andere, z. B. in einem eigenen Online-Bereich	Überall möglich	Schwer kommunizierbar
	Team	Wenn Sie z. B. zu zweit sind oder als Gemeinschaft auftreten	Bewerberpäpste Jürgen Hesse und Hans-Joachim Schrader	Zerwürfnis
	Unternehmens-größe	Als GmbH professioneller	Einige Coaching-institute	Hohe Gründungs- und Markt-erschließungs-kosten
	Zertifizierungen	Die »richtige« Zertifizierung	Supervisoren des DGSV	Gefahr von nachwachsender Konkurrenz durch Vergleichbarkeit, Druck auf Preise möglich

12. Prozess-Evaluierung

Typ	Quelle/Urheber	Einsatzbereich	Aufwand	Nutzen
Formular	Svenja Hofert	In längeren Coaching-prozessen	30 Minuten	Professionalisierung

Was ist das?

Ein Fragebogen, mit dem Sie Ihr Coaching oder das Ihrer Mitarbeiter evaluieren können.

Wie anwenden?

Evaluierungen sind sehr wichtig, um Hinweise zu bekommen und blinde Flecken zu entdecken. Deshalb empfehle ich, vor allem am Anfang und bei neuen Kunden damit zu arbeiten. Auch wenn Sie Mitarbeiter oder Subunternehmer einsetzen, ist eine Evaluierung in der ersten Zeit sehr sinnvoll. Nach einigen Jahren sind Stichproben angebracht. Entwickeln Sie neue Angebote, sollten Sie auch diese evaluieren. Ich würde den Fragebogen nicht im Coaching selbst, sondern erst danach einsetzen. Sagen Sie Ihrem Klienten, dass er Ihnen mit dem Ausfüllen sehr helfen würde.

Meine Empfehlung für Sie

Warten Sie nicht erst einen Coachingprozess ab, sondern fragen Sie immer wieder zwischendurch: »Ist das so in Ordnung für Sie?« Oder: »Wie geht es Ihnen jetzt damit?« Thematisieren Sie, wenn Ihnen etwas auffällt: »Sie sehen etwas müde aus.« Fragen Sie den Kunden, ob er die Evaluierung lieber mit Ihnen persönlich durchsprechen will oder zu Hause in Ruhe ausfüllen möchte.

Das alles sollte zum oder eine gewisse Zeit nach dem Coachingtermin kommen. Nehmen Sie kritisches Feedback an. Halten Sie sich aber auch vor Augen, dass Menschen höchst unterschiedlich bewerten. Manche sind sehr begeistert und überschwänglich und andere verhalten – schon von Natur aus. Über Ihre Arbeit sagt das nur bedingt etwas aus – vor allem wenn man den Fokus auf Wirksamkeit setzt. Und diese ist nicht immer identisch mit »Gefallen«. Mitunter fällt auch erst Wochen oder Monate später auf, dass ein Coaching seine Wirkung entfaltet oder eben nicht. Deshalb bitte ich meine Kunden immer, sich gerne nach etwas Abstand wieder zu melden. Dann geht es vor allem um die Frage, ob es sie weitergebracht hat.

kexpa SOLUTION

Evaluierung für den Coaching-Prozess

1. ***Die Auftragsklärung (Umfang, Vorgehensweise, Honorar, Rechnungsstellung)***
   - ☐ war klar und eindeutig
   - ☐ war teils klar
   - ☐ war unklar

2. ***Mit der Dauer des Coachings bin ich***
   - ☐ sehr zufrieden
   - ☐ zufrieden
   - ☐ nicht zufrieden

3. ***Meine Erwartungen***
   - ☐ sind erfüllt
   - ☐ sind teils erfüllt
   - ☐ sind nicht erfüllt

4. ***Mit dem Ergebnis***
   - ☐ kann ich gut weiterarbeiten
   - ☐ kann ich teilweise weiterarbeiten
   - ☐ Ich sehe kein Ergebnis

5. ***Menschlich fühlte ich mich***
   - ☐ sehr gut aufgehoben
   - ☐ teils gut aufgehoben
   - ☐ am falschen Platz

6. ***Fachlich sehe ich (wenn relevant)***
   - ☐ sehr fundierte Kenntnisse
   - ☐ teilweise Kenntnisse
   - ☐ keine Kenntnisse

7. ***Die methodische Vorgehensweise war***
   - ☐ sehr angemessen
   - ☐ nicht immer nachvollziehbar
   - ☐ für mich nicht erkennbar

Besonders herausheben möchte ich positiv:

Folgenden Hinweis möchte ich dem Coach gern mitgeben:

Ein Beispiel-Fragebogen zur Prozess-Evaluierung

13. Stundensatz-Kalkulationshelfer

Typ	Quelle / Urheber	Einsatzbereich	Aufwand	Nutzen
Modell und Checkliste	Svenja Hofert	Eigene Honorarfindung	–	Professionalisierung

Was ist das?

Dieses Tool hilft Ihnen, Ihre Honorare sicherer zu kalkulieren. Ich stelle fest, dass hier – vor allem bei Privatkunden – große Unsicherheit herrscht. Längst wissen die meisten Neu-Coachs, dass die von Verbänden genannten Honorare unrealistisch sind. Gerade in den Städten herrscht eine dichte Konkurrenz und damit auch erheblicher Honorardruck, auch durch Nebenberufler, etwa Personaler, die »auch« coachen.

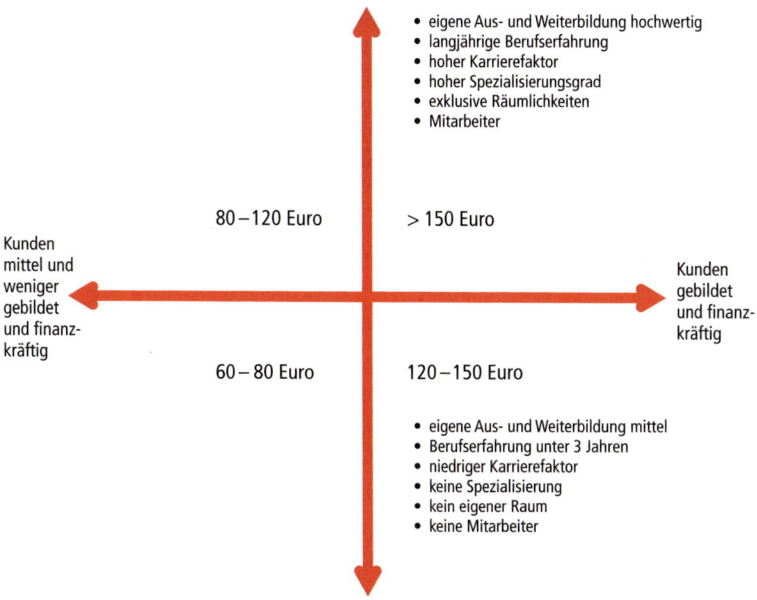

Stundensatz-Kalkulationshilfe

Was Sie dazu wissen sollten

Im Karrierecoaching lassen sich aus meiner Erfahrung die in der Matrix genannten Netto-Honorare (gelten jeweils für eine Stunde à 60 Minuten) durchsetzen, allerdings sehr stark abhängig von persönlichen Voraussetzungen und Ziel- bzw. Kundengruppen. Ihre eigene Vita spielt eine erhebliche Rolle. So wird eine Bürokauffrau mit Coachingausbildung mit etwas Geschick und Networking-Skills ihre Zielgruppe finden, jedoch eher nicht bei erfahrenen Fach- und Führungskräften, sondern mehr bei Menschen, die einen ähnlichen Karrierefaktor haben (zum Karrierefaktor siehe auch entsprechendes Tool 65). Augenhöhe durch einen ähnlichen Karrierefaktor spielt im Coaching eine oft unterschätzte Rolle. Zwar gibt es immer einige Coachs ohne eigenen Managementhintergrund, die sich aufs Topmanagement spezialisiert haben, jedoch ist das die Ausnahme. Es erfordert ein ausgesprochen starkes Selbstbewusstsein, ganz nach oben zu coachen, wenn man diesen Stallgeruch nicht hat.

150 Euro netto sind relativ schwer durchzusetzen bei einer Normalklientel. Erst recht sind sie nicht realistisch für Teilbereiche des Karrierecoachings, z. B. wenn es um Bewerbung oder Existenzgründung geht. Gerade in diesem Themenfeld gibt es viele staatliche Fördermittel, die privatem Wettbewerb das Leben schwer machen. Hier liegen die geförderten Summen normalerweise bei bis zu 100 Euro netto. Hinzu kommen regionale Unterschiede. So scheint es in Bayern oder Baden-Württemberg mehr Luft nach oben zu geben als in Hamburg oder Berlin.

Natürlich gibt es Spitzencoachs, die 350 Euro in der Stunde und mehr nehmen. Jedoch werden diese in der Regel keine Prozesse von zehn Stunden und mehr begleiten. Auch die Auslastung dürfte sich auf wenige Stunden pro Woche beschränken. Damit relativieren sich diese zunächst hoch wirkenden Honorare. Ich nutze hier gern das Bild des Chefarztes: Er operiert selten und bekommt dafür viel Geld. Ob er besser operiert? Zweifelhaft, womöglich ist das Gegenteil der Fall. Zum Chefarzt gehen statusorientierte Menschen. Ich selbst würde einen Arzt bevorzugen, der viel Praxis hat, sein Status ist mir aber egal. Ganz sicher: Solche Entscheidungen sind höchst subjektiv.

Wenige Stunden Coaching in der Woche sind übrigens auch für Coachs, die sich länger als drei Jahre am Markt bewährt haben, eher die Norm. Falls Sie erst am Anfang Ihrer Selbstständigkeit stehen:

Rechnen Sie nie mit achtmal z.B. 120 Euro am Tag, sondern in den ersten drei Jahren besser mit ein bis zwei, später mit acht bis zehn Terminen die Woche. Über diese Dinge wird selten gesprochen, weil Coachs wie die meisten selbstständigen Berufsgruppen ihren Wettbewerbern gegenüber ungern die Karten offenlegen und die eigene Auslastung gerne übertreiben oder diffus halten.

Sind mittlere oder größere Firmen Ihre Kunden, legen Sie 30 bis 100 Prozent auf Ihre privaten Honorare drauf. 150 Euro sind im öffentlichen Bereich bisweilen möglich, 250 bis 350 Euro bei größeren Firmen durchsetzbar.

Meine Empfehlung für Sie

Experimentieren Sie bei Ihren Anfragen und schreiben Sie Honorare in den ersten Jahren bloß nicht auf die Website. Wir machen das zwar seit zehn Jahren, aber auch erst, nachdem genügend Erfahrungswerte vorlagen und nach ausreichendem Abwägen von Chancen und Risiken. Bei uns führt die Offenlegung dazu, dass jeder Anruf auch schon eine Terminvereinbarung ist. Vorgespräche führen zu 99 Prozent zu einem bezahlten Termin. Das ist erst seit etwa sechs Jahren so; vorher war diese Quote geringer. Am Anfang ist es deshalb vollkommen normal, wenn nur jeder Zweite oder Dritte sich nach einem Vorgespräch für Sie entscheidet. Bei der Entscheidung werden auch Räumlichkeiten, Erreichbarkeit und Honorar eine Rolle spielen. Achten Sie also auf diese Dinge.

- [ ] eigene Aus- und Weiterbildung hochwertig
- [ ] langjährige Berufserfahrung
- [ ] hoher Karrierefaktor
- [ ] exklusive Räumlichkeiten
- [ ] Mitarbeiter

Kriterien für einen hohen Stundensatz

Berufliche Neuorientierung

Was ist für mich drin? Gibt es einen Job oder ein Lebensmodell für mich, das besser zu mir passt als das derzeitige? Das sind Fragen, die Ihre Kunden im Bereich der beruflichen Neuorientierung antreiben.

Kaum ein Bereich des »Career Counselings« dürfte für Kunden so anziehend sein wie dieser. In kaum einem anderen Bereich gibt es aber auch so viel Wettbewerb für Sie. Ein Coach, der früher Führungskraft war, nimmt berufliche Neuorientierung genauso in sein Programm auf wie eine ehemalige Arzthelferin – wohingegen nur wenige ehemalige Arzthelferinnen ein Topmanagement-Coaching anbieten.

Für Kunden ist es schwer, die Spreu vom Weizen der Anbieter zu trennen: Wer ist seriös? Wer versteht sein Geschäft? Das kann man von außen nur sehr bedingt erkennen. Oft sind es Buchautoren, die den Markt zu beherrschen scheinen. Durch ihre Präsenz locken sie allerdings auch viele Neulinge an, die glauben, dass auch sie ein funktionierendes und kommerziell erfolgreiches Privatkundenangebot auf die Beine stellen können.

Und das ist der Knackpunkt: Nur von Privatkunden leben eine Handvoll Coachs.

Um auf diesem Markt zu bestehen, ist es nötig, eigene Zugänge und Methoden zu entwickeln und sich entweder auf bestimmte Zielgruppen oder / und Herangehensweisen zu fokussieren. Aus meiner Sicht gibt es hier weitgehend unbesetzte Marktlücken, etwa im Bereich der Zielgruppenfokussierung: Neuorientierung für Beamte, Ärzte, Lehrer oder auch ehemalige Leistungssportler.

Bei der Angebotserstellung spielt natürlich Ihre eigene Persönlichkeit mit hinein. Was wollen und können Sie bieten? So kenne ich Coachs, die keine Lust haben, in die oft anstrengende Prozessarbeit mit Neuorientierern zu gehen. Denn klar ist: So ein Prozess fordert viel mehr von Ihnen, als ein Seminar abzuhalten, Prozesskompetenz zum Beispiel.

Man muss als Coach gerade in diesem Bereich Rückschläge steuern können, stockende Prozesse erkennen und managen. Es reicht nicht, das Buch von Richard Nelson Bolles *Ihr Weg zum Traumjob* durchzuarbeiten.

Größere Veränderungen bei einem berufserfahrenen Menschen brauchen immer sehr viel Zeit, drei bis fünf Jahre sind nicht zu niedrig angesetzt. Das muss man als Coach wissen und wollen. Es ist deshalb ein Unterschied, ob es um Coaching zur Klärung von verschiedenen Joboptionen oder eine grundlegende Neuorientierung geht. Wie auch das in diesem Kapitel vorgestellte Tool »Heldenreise« (Tool 16) zeigt, geht es bei Letzterer selten geradlinig durch die Veränderung. Sie müssen sich auch auf den Gedanken einstellen, in diesem Prozess vermutlich nicht der einzige Coach zu sein. Ich halte Wechsel bei längeren Prozessen, vor allem, wenn sie stagnieren – was dazugehört –, für wichtig, sonst besteht die Gefahr festzufahren.

Wie gestalten Sie Ihr Angebot, wenn Sie hier tätig werden? Der kleinste Nenner für ein Angebot in diesem Bereich ist ein Selbsterfahrungs- und / oder Berufsfindungsseminar, in dem in der Gruppe passende Berufsalternativen und Ideen gefunden werden. Hier gehen die Teilnehmer in aller Regel zufrieden nach Hause – dass die Idee dann oft versandet oder erst Jahre später wieder aufgegriffen wird, ist eine andere Geschichte (und der Job anderer Coachs).

Ein Seminar kann allenfalls einen Impuls bieten. Machen Sie also keine Kurzzeitangebote, werden Sie als Coach Moderator des Veränderungsprozesses sein. Sie brauchen hier eher wenige Fach- und Arbeitsmarktkenntnisse, sondern vor allem Einfühlungsvermögen und Motivationsgeschick. Finden Sie also Ihren Ansatz – und die Tools, die dazu passen.

14. Berg-Tal-Lebenslauf

Typ	Quelle/Urheber	Einsatzbereich	Aufwand	Nutzen
Methode	Svenja Hofert	Berufliche Neuorientierung, Standort, Karriere-entwicklung	Zwei bis vier Stunden	Entdecken von Mustern für Zufriedenheit/Unzufriedenheit

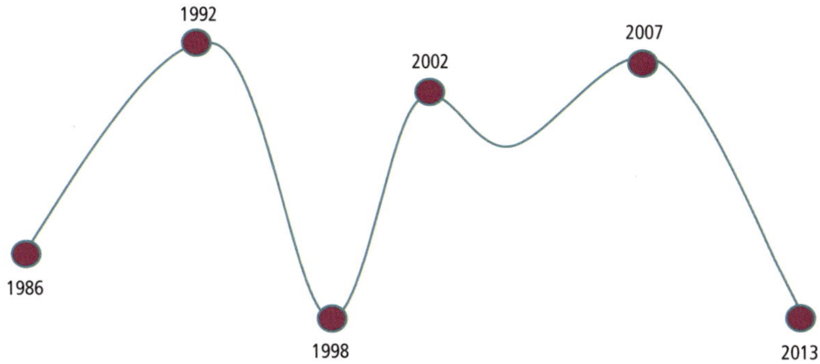

Berg-Tal-Lebenslauf: Lassen Sie eine Landschaft aus Bergen und Tälern zeichnen, die den Lebenslauf repräsentiert. Daten kennzeichnen Tiefen und Höhen. Besprechen Sie, was diese Stationen gekennzeichnet hat, und schreiben Sie das wesentliche Learning zum jeweiligen Punkt.

Was ist das?

Es handelt sich um eine Methode, um Muster für Zufriedenheit zu erkennen sowie Motivationsquellen des Klienten. Sie können konkret mit dem Lebenslauf arbeiten und haben dabei einen breiten Fokus, weit über die ausgeübten Tätigkeiten hinaus. Möglicherweise hilft die Methode Ihnen, das Bewusstsein zu schärfen, dass nicht der Job falsch ist oder war, sondern der Rahmen nicht in allem passte. Das ist häufiger der Fall, als viele denken, die Unzufriedenheit zunächst auf ihre Tätigkeit schieben.

Wie anwenden?

Geben Sie Ihrem Klienten einen Arbeitsauftrag. Auf einem Zettel oder Flipchartblatt soll der Kunde sein bisheriges Berufsleben als Berg- und Talfahrt darstellen. Am besten liegt das Papier auf dem Boden ausgebreitet oder auf einem Tisch. Berge stehen für Höhen, Täler für Tiefen. In die Berge und Täler soll Ihr Kunde die jeweiligen ungefähren Daten setzen, weiterhin ein Stichwort, das die Phase beschreibt. Gehen Sie dann alles gemeinsam durch und beginnen Sie mir dem tiefsten Tal und der größten Höhe. Fragen Sie: »Was war im Tal oder in der Höhe kennzeichnend?« Vielleicht fließt es aus Ihrem Klienten heraus, vielleicht müssen Sie nachhaken:

- »Was genau war hier (nicht) gut?«
- »Woran lag das?«
- »Was hat Ihnen besonders gefallen (missfallen)?«
- »Wie waren die Tätigkeiten? (Was gefiel daran? Was gefiel daran nicht?)«
- »Wie waren die Anforderungen vom Unternehmen, vom Vorgesetzten?«
- »Wie verhielt sich der Vorgesetzte, wie die Kollegen? Welche Beziehungen gab es?«
- »Woran erinnern Sie sich bezogen auf weitere Rahmenbedingungen?«
- »Welches Learning ziehen Sie aus der Etappe?«
- »Was bedeutet dieses Learning für die Zukunft?«

Fallbeispiel / Meine Empfehlung für Sie

Nehmen wir an, Berge sind bei Ihrem Kunden auffallend oft dann zu sehen, wenn er autonom und flexibel arbeiten konnte, Täler überall dort, wo Prozesse vorgeschrieben waren und die Führung eng war. Regen Sie zur Reflexion an: Könnte es sein, dass also gar nicht die Tätigkeit infrage gestellt werden muss, sondern vielmehr das Umfeld? Wie genau war ein »gutes« Umfeld (Berg), was kennzeichnete ein »schlechtes« (Tal)? Was bedeutet das für die nächste Tätigkeit? Halten Sie fest, was Ihr Kunde dazu sagt.

15. 15-Fragen-Kaffee-Interview

Typ	Quelle/Urheber	Einsatzbereich	Aufwand	Nutzen
Fragebogen	Svenja Hofert	Work-Life-Planning, Berufszielfindung, berufliche Neuorientierung	Für Sie keiner	Systematisierung der Recherche zu Jobs

Was ist das?

Diesen Fragebogen können Sie Ihren Kunden ausgeben, wenn diese sich über Tätigkeiten und Branchen informieren wollen. Er gibt ihnen einen hilfreichen Überblick, denn meine Erfahrung ist, dass sich die meisten schwertun, so etwas selbst zu konzipieren.

Was Sie dazu wissen sollten

Schon in den 1970er-Jahren wurde Life-Work-Planning von Richard Nelson Bolles erfunden. Danach erschließen sich Jobsuchende systematisch Bereiche, die sie interessieren, indem sie mit Menschen sprechen, die im Umfeld oder direkt im Beruf und der Branche arbeiten. So erhalten sie Informationen, die es nirgendwo sonst gibt – etwa: Wie kommt man in Jobs, was sind wichtige Schlüsselpersonen, wo trifft »man« sich? Diese Vorgehensweise kann man auch zu einem »systematischen Kaffeetrinken« vereinfachen, denn im Wesentlichen geht es um Gespräche und Kontakte (und zwar solche, die man nicht hat).

Wie anwenden?

Geben Sie den Fragebogen aus, nachdem Sie eine Strategie zur Erkundung eines oder mehrerer Berufsfelder entwickelt haben (nicht mehr als drei sollten es sein, die am besten nacheinander bearbeitet werden). Fordern Sie dazu auf, Notizen zu machen oder die Interviews aufzuzeichnen. Briefen Sie Ihren Klienten, dass er von den

Interviewpartnern das Okay für die Aufzeichnung für diese privaten Zwecke erfragen muss. Ganz wichtig ist das Feld für weitere Empfehlungen, um so immer näher an die relevante Thematik heranzukommen.

Fallbeispiel

Dieter hatte das Hotel seiner Eltern übernommen und führte es gemeinsam mit seinem Bruder seit 20 Jahren. Es machte ihm längst keine Freude mehr – in letzter Zeit hatte er das Verkaufen für sich entdeckt, das er gern mit seiner Leidenschaft für Küche und Planung verbinden wollte. Könnte die Arbeit in einem Küchenstudio etwas sein? Wie wurde man Mitarbeiter eines Küchenstudios? Welche Weiterbildungen brauchte man dazu? Seine Interviews wurden immer spezieller. Lieselotte K. verwies ihn an Heiner G., der wieder an ein kleines Weiterbildungsinstitut, das an einen Hersteller individueller Küchen. Irgendwann bekam er ein Jobangebot. Das ist übrigens ein nicht seltener Nebeneffekt einer intensiven Recherche.

Meine Empfehlung für Sie

Gerade Introvertierte sträuben sich oft gegen diese Vorgehensweise. Sie fühlen sich unsicher und halten es für unschicklich, einfach wildfremde Menschen anzusprechen. Immer wieder kommt das Argument: »Würde mich so jemand anrufen, würde ich mich auch verleugnen lassen.« Ermutigen Sie Ihre Kunden, den Schweinehund auf den Arm zu nehmen. Je unsicherer der Kunde, desto engmaschiger sollte am Anfang die Rücksprache mit Ihnen sein. Meistens werden gute Erfahrungen gemacht, aber es gibt natürlich auch Situationen, in denen »Interviewer« bloßgestellt werden. Üben Sie die Gespräche mit Rollenspielen, um mehr Sicherheit zu erzeugen.

kexpa SOLUTION

Das 15-Fragen-Kaffee-Interview

Sie wollen sich verändern? Neue Branchen und Berufe erschließen, interessante Tätigkeiten finden? Gehen Sie wie ein Journalist vor und befragen Sie Personen, die dort arbeiten, wo Sie hinwollen. Sie finden diese über eigene Kontakte, Xing, andere Netzwerke oder auch Personalabteilungen.

Befragte Person:

Empfohlen von:

Befragt, weil:

Empfiehlt als drei weitere Gesprächspartner:

1.
2.
3.

Los geht's! (Machen Sie sich Notizen oder zeichnen Sie die Antworten mit dem iPhone auf!)

Persönliche Fragen

1. Wie sind Sie zu dem gekommen, was Sie heute tun?
2. Was gefällt Ihnen an dieser Tätigkeit?
3. Würden Sie diesen Weg heute noch einmal gehen?
4. Wenn ja, warum?
5. Wenn nein, was würden Sie anders machen?

Aufgaben- und branchenbezogene Fragen

6. Was genau machen Sie den Tag über?
7. Wie viel arbeiten Sie?
8. Welche Fachkenntnisse setzen Sie dazu ein?
9. Welche Soft Skills nutzen Sie?
10. Welche Methodenkenntnisse haben/brauchen Sie?

Einstiegs- und ausbildungsbezogene Fragen

11. Welche Qualifikation braucht man aus Ihrer Sicht auf jeden Fall?
12. Gibt es viele Quereinsteiger in dieser Tätigkeit? Wie haben diese es geschafft, „reinzukommen"?
13. In welchen Unternehmen kann man diesen Job sonst noch ausüben?
14. Wie wird sich der Job oder die Tätigkeit Ihrer Meinung nach in Zukunft entwickeln?
15. Welche Eigenschaft sorgt aus Ihrer Sicht dafür, dass man in diesem Job langfristig erfolgreich ist?

Zum Abschluss: Haben Sie noch einen guten Tipp für mich?

Fragebogen zum Work-Life-Planning

16. Heldenreise

Typ	Quelle/Urheber	Einsatzbereich	Aufwand	Nutzen
Modell	Joseph Campbell	Berufliche Neuorientierung	Erkennen des eigenen Standorts	Entdeckung der Phasen der eigenen Veränderung

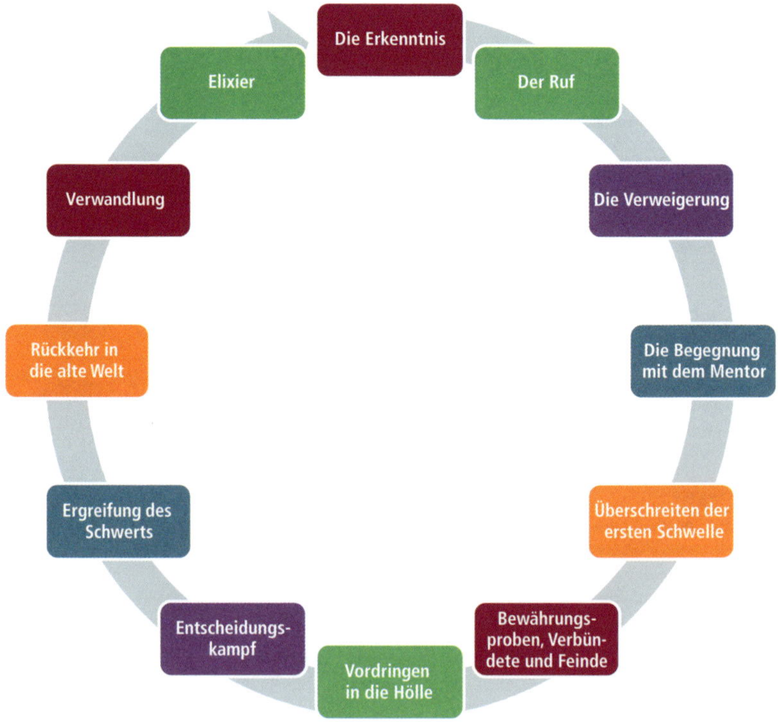

Heldenreise

Was ist das?

Ein Modell, das einerseits den Ablauf bei beruflichen Neuorientierungen mit einem Drehbuch vergleicht und andererseits eine komplexere Vorlage für das Lebensdrehbuch (Tool 18) sein kann.

Was Sie dazu wissen sollten

Der Mythologist Joseph Campbell entdeckte in der ersten Hälfte des 20. Jahrhunderts, dass erfolgreiche Drehbücher und Filme immer nach dem gleichen Muster gestrickt sind. Der Held durchläuft immer gleiche Phasen und Wandlungen.

Daraus entwickelte er eine Art Rezeptur für kreatives Schreiben. Diese Muster finden sich bei der beruflichen Neuorientierung so ähnlich wieder. Je stärker die Veränderungen, je »länger« das Leben vorher, desto länger dauert auch die Veränderung. So kommen zu mir Menschen, an denen die erste leise Unzufriedenheit nagt, genauso wie solche, die schon Jahre über ihre Veränderung nachdenken. Ihnen bewusst zu machen, an welchem Punkt sie stehen, ist immer hilfreich. Ein Kunde, der am Anfang steht und sich zum großen Schritt nicht durchringen kann, sich erst einmal für Sicherheit entscheidet, wird sich an Sie erinnern, wenn Sie ihm schon vor Jahren gesagt haben, dass der »Rückzug« in das Gewohnte eine ganz normale Phase ist. Vielleicht wird ihn das Wissen um die Phasen auch davor bewahren, zu lange stecken zu bleiben.

Der Ablauf des Veränderungsprozesses ist folgender:

1. *Die Erkenntnis.* Der Held erkennt: Die gewohnte Welt passt nicht mehr. Nehmen wir als Beispiel den Key-Account-Manager Peter, der 150 000 Euro verdient, ein Reihenhaus und eine Familie finanziert, aber seinem Traum hinterherhängt, ein eigenes Restaurant zu eröffnen.

2. Er folgt gedanklich dem *Ruf zum Abenteuer* (und was ist eine Veränderung anderes als ein Abenteuer?), spielt alles durch, rechnet, ist erst begeistert, dann kommt die Angst.

3. Bis sie kommt: *die Verweigerung* … Schnell stellt sich heraus, dass das Neue auch die Aufgabe des Alten erfordert. Sie müssen den Ort wechseln, auf Sicherheit und Geld verzichten oder auf lieb gewonnene Bindungen. »Lieber doch nicht« ist die natürliche Reaktion. Wenn Peter erkennt, dass sein Traum in finanzielle Unsicherheit führt, gibt er ihn erst einmal auf.

4. Diese Aufgabe ist selten endgültig. Irgendwann begegnet unser Held seinem *Mentor*. Bei jeder Veränderung spielt eine Person eine tragende Rolle, manchmal ohne es zu wissen. Sie hat Mut gemacht, auf eine Idee gebracht, gefördert … war zum richtigen Zeitpunkt da. Aber sie kann nur wirken, wenn vorher schon etwas passiert ist, die Idee schon Form hatte.

5. Beim *Überschreiten der ersten Schwelle* kommt es zur Begegnung mit dem Neuen. Peter findet den Ort, an dem er sein Restaurant eröffnen möchte, und er findet Räumlichkeiten, die passen.

6. *Bewährungsproben, Verbündete und Feinde.* Das Verflixte an der Veränderung ist, dass sie nie reibungslos abläuft. Im ersten Anlauf scheitern Helden, im Film, aber auch in der Realität. Deshalb schnappt Peter jemand anderes das Restaurant vor der Nase weg. Er war nicht schnell genug.

7. *Vordringen in die Hölle.* Der wahre Held lässt sich von all den Widerständen nicht erschüttern und stellt sich auch weiteren Schwierigkeiten. Peter sucht also weiter, an einem anderen Ort.

8. *Der Entscheidungskampf.* Auch die schwierigste Herausforderung wird genommen. Etwas, das man sich früher selbst nicht zugetraut hätte. Peter trennt sich von seiner Frau, die seinen Traum nicht mitträumen will. Der Kredit platzt. Aber Peter bleibt dran, jetzt will er unbedingt.

9. *Belohnung und Ergreifung des Schwerts.* Der Held scheint nun alles und jeden besiegen zu können. Er überzeugt die Banken mit einem neuen Konzept.

10. Doch sucht er die *Rückkehr in die alte Welt,* denn er hat sich noch nicht ganz losgelöst, das Vertraute lockt. Er bekommt ein tolles Jobangebot, und eine Liebesnacht mit der Exfrau gibt ihm das altvertraute Gefühl zurück.

11. Doch das Vertraute ist irgendwie fremd geworden. Es folgt deshalb die *Verwandlung:* erneute Hinwendung zur Veränderung. Peter kehrt in die neue Welt zurück und stellt seine Exfrau vor die Entscheidung, mitzukommen oder nicht.

12. Rückkehr in die neue Welt mit dem *Elixier:* Der Held hat nun die Mittel, in seiner neuen Umgebung aufzugehen. Es gibt kein Zurück mehr. Peter arbeitet in seinem Restaurant und ist sehr erfolgreich.

Wie anwenden?

Berufliche Neuorientierung ist ein Prozess, der sich über Jahre, manchmal Jahrzehnte hinzieht. Zeigen und erklären Sie Ihrem Klienten die Heldenreise. Bitten Sie ihn, sich in dem Prozess zu orten. Dabei helfen Fragen wie:

- Wenn Sie das so vor sich sehen, was denken Sie, in welcher Phase Sie derzeit stehen?
- Haben Sie bereits einen Mentor gefunden? Wer könnte Ihrer werden oder wo finden Sie ihn?
- Was könnte Sie von Ihrem Vorhaben abbringen?
- Was war Ihr bisher größter »Drache«?

Fragen Sie dann, was helfen würde, die derzeitige Phase leichter zu bewältigen.

Die Heldenreise ist ermutigend, denn sie verdeutlicht Ihrem Klienten, dass Veränderung ein Prozess ist, der dauert, und dass Rückzüge dazugehören. Er kann es so als normal akzeptieren, dass innere und äußere Widerstände nötig sind als Teil der persönlichen Reise. Das macht einerseits Mut und bringt andererseits Schwärmer, die sich gar nicht ernsthaft »bewegen« wollen, auf den Boden zurück.

Die Heldenreise kann auch Leitfaden für das Lebensdrehbuch

sein. Das bietet sich vor allem an, wenn der Klient schon Versuche der Neuorientierung unternommen und Rückschläge erlebt hat.

Eine Variante ist, die Phase, in der sich Ihr Coachee sieht, malen zu lassen und durch eine Collage zu visualisieren. Es kann auch eine gute Übung sein, sich die Phasen, die in der Zukunft liegen, vorzustellen und sich Maßnahmen auszudenken. Beispiel: Eine Kundin wollte promovieren, um danach eine Professur anzustreben. Wir besprachen, was das bedeutete und mit welchen Drachen Sie zu rechnen hatte (z. B. die Einsamkeit) und was sie dagegen unternehmen könnte. In dem Fall war die Gründung einer Promotionsgruppe, die sich alle sechs Wochen traf, Teil einer Lösung.

Manche Klienten schreiben auch gern. Dann könnten Sie sie bitten, eine Heldenreise zu beschreiben, die exakt die genannten Etappen enthält. Diese Reise sollte sich auf den eigenen Veränderungswunsch beziehen und in jedem Fall ein Happy End haben.

Dennoch kann es sein, dass die Texte zu negativ sind. Dann liegt der nächste Schritt darin, diese leichter und positiver umzudeuten:

Fragen, die Sie einem Allzu-negativ-Schreiber stellen könnten:

- Könnte es auch eine andere Version der Geschichte geben?
- Wie könnte der Entscheidungskampf leichter sein?
- Wenn Sie hier so viele Feinde sehen, könnte es auch Verbündete geben?
- Wie können Sie Feinde zu Verbündeten machen?

Natürlich gibt es auch die andere Variante, bei der alles verdächtig leicht geht und selbst der Drache nur in Form der Notwendigkeit, einen Business-Plan zu schreiben, auftritt. Einem Kunden, der seine Heldenreise rosig dichtet, stellen Sie Fragen wie:

- Könnte es doch noch Schwierigkeiten geben?
- Gibt es gar keine sechsköpfigen Drachen in Ihrem Drehbuch?
- Wenn Sie der Geschichte als Drehbuchautor mehr Tragik geben müssten, was würden Sie schreiben?

17. Interessenreise

Typ	Quelle/Urheber	Einsatzbereich	Aufwand	Nutzen
Methode	Svenja Hofert	Erste Phase einer beruflichen Neuorientierung, wenn Perspektiven (noch) nicht gesehen werden	14 bis 30 Tage Übung für den Klienten, etwa zwei bis vier Stunden zum Besprechen der Ergebnisse	Entdeckung von frühen Interessen, die heute vergessen sind

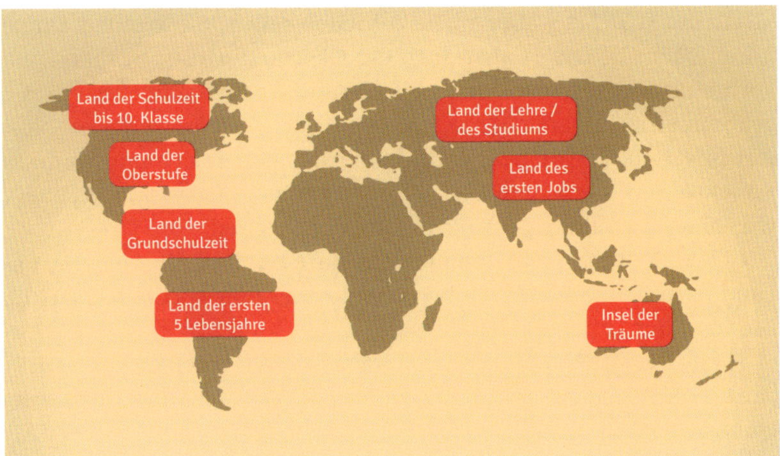

Interessenreise: Was waren Ihre Träume und womit haben Sie sich beschäftigt?

Was ist das?

Eine Methode, die Suche nach Interessen zu systematisieren. Anhand einer Reiseroute fährt Ihr Klient durch Länder, zuerst in das Land der ersten fünf Lebensjahre. Hier lässt er sich gedanklich nieder, um darüber nachzudenken, was ihm aus jener Zeit in Erinnerung geblieben ist, welche Interessen er damals hatte. Mindestens zwei Tage soll er sich in dem Land aufhalten, sich Fotos ansehen und mit

Vertrauten sprechen, die ihn kennen, Sandkastenfreunden oder den Eltern. Auf diese Weise erhält er Zugang zu verschütteten Ideen und Träumen, die normalerweise durch einfache Befragung nicht auf den Tisch kommen. Oder erinnern Sie sich, was Sie in den ersten fünf Lebensjahren bewegt hat?

Wie anwenden?

Das Gute liegt so nah, sagt man. Aber das stimmt oft nicht, wenn es um berufliche Neuorientierung geht. Oft kommen Ihre Kunden nur auf die Ideen, die sie schon eine Weile hin- und hergewälzt haben, also auf das Naheliegende.

Bei tiefer Unzufriedenheit und deutlicher Suche nach etwas »Neuem« wird dies aber nicht zufriedenstellen. Sie werden Dinge hören wie: »Ja, das ist aber doch das Gleiche in Grün, was ich auch vorher gemacht habe.« Dann ist der Zeitpunkt für die Interessenreise gekommen. Ich wende sie selten beim ersten Termin, sondern meist erst später an. Es ist eine gute Hausaufgabe, vor allem dann, wenn es »stockt«. Die Interessenreise sollte über mindestens 14 Tage gehen, wie eine echte Reise, gern auch über vier Wochen.

Geben Sie Ihrem Kunden die Landkarte mit und die Aufgabe, ein Land nach dem anderen zu besuchen – aber bitte nicht gleichzeitig. Die Insel der Träume kommt zuletzt.

Parallel verschiedene Länder zu bereisen, das klappt ja auch nicht bei echten Reisen – und hier schon gar nicht. Allerdings ist es erlaubt, kurz zurückzukehren, wenn einem noch etwas einfällt. Erklären Sie Ihren Kunden, dass sie sich die bereisten Länder vorstellen mögen, z.B. ob es dort kalt ist oder warm, gemütlich oder ungemütlich, abenteuerlich oder langweilig. Gewissenhaften und geografiefesten Menschen, die sofort erkennen, dass die »Insel der Träume« auf dem australischen Kontinent liegt (und die das bei der Lösung dieser Aufgabe beeinträchtigt), sagen Sie, sie könnten sich durchaus mit Australien identifizieren, wenn sie es als Land mögen – sie könnten sich aber auch eine andere Lieblingsinsel vorstellen. Das ist gerade bei der Insel der Träume sehr wichtig: Hier muss man sich einfach wohlfühlen. Wenn Sie Ihren Klienten anleiten, weisen Sie ihn darauf hin, dass er sich nicht an Begriffen wie »Interessen« festhalten muss. Er soll aufschreiben, was ihm einfällt, und kann ruhig ganze oder halbe Sätze formulieren. »Indische Tempel aus Lego bauen« ist eben aussagekräftiger als »Lego«.

Geben Sie die Karte als Vorlage in DIN A4 heraus. Ihr Kunde soll aber nicht darauf schreiben. Besser ist es, sich ein Flipchartpapier zu nehmen oder ein DIN-A4-Papier mindestens zu DIN A3 zu kleben – für jedes Land, wobei man das Papier natürlich doppelseitig verwenden kann. Ihr Klient kann dann das Land, in dem er gerade lebt, darüberschreiben und über zwei bis drei Tage darin gedanklich verweilen. Dafür ist es wichtig, das Poster zentral aufzuhängen, damit es immer im Blick ist. Ich händige manchmal ein Paket grüne Recycling-Post-its aus, da ich sehr viel und gern mit den kleinen viereckigen Zetteln arbeite. Man kann diese Klebezettel so schön verschieben und gewichten. Wenn Sie direkt auf das Papier schreiben, geht das nicht. So können Sie als Coach auch im Nachhinein mit den Karten arbeiten. Nehmen Sie sich Land für Land vor und besprechen Sie, welche Relevanz das Erarbeitete für die Zukunft hat.

Fallbeispiel

Silke, PR-Sekretärin, hatte im Land der ersten fünf Lebensjahre stehen:

- Allein mit den Zinnfiguren des Opas spielen und Kriege beenden
- Schokobrei essen
- Haare kämmen (von Puppen und Geschwistern)
- Gestreichelt werden und streicheln

In der Grundschulzeit kam hinzu:

- Den Schwachen helfen
- Lieb sein zu einem behinderten Jungen
- Ihn auf eine Wiese fahren und die Blumen zeigen
- Streit schlichten

All das hatte Silke vergessen. Die Idee, »soziale Arbeit« zu studieren, kam durch die Beschäftigung mit den Interessen in ihr hoch, etwas, das nie auf ihrem Plan gestanden hatte. Je mehr sie sich damit beschäftigte, desto klarer wurde ihre Entscheidung, Sozialpädagogik zu studieren. Von der ersten Übung bis zur Entscheidung dauerte es gut ein Jahr. Es müssen oft weitere schlechte Joberfahrungen gemacht werden, bis der große Schritt gewagt wird. Sagen Sie Ihrem Klienten, dass das »normal« ist. Oft stehen sie unter einem Veränderungsdruck, nehmen sich zu wenig Zeit, vergleichen sich mit anderen, denen die Dinge vermeintlich leichter fallen. Ich habe die Erfahrung gemacht, dass es vielen sehr hilft, wenn sie wissen, dass auch andere lange Zeit brauchen, ihre Perspektiven zu klären und dann auch umzusetzen.

Meine Empfehlung für Sie

Diese Übung sollten Sie nur machen, wenn Ihr Klient psychisch gesund ist, andernfalls könnte durch die Beschäftigung mit der frühen Kindheit etwas aufbrechen, das eher kontraproduktiv ist. Ist Ihr Klient parallel in therapeutischer Behandlung, bitten Sie ihn, den Therapeuten um eine Einschätzung zu fragen.

18. Lebensdrehbuch

Typ	Quelle / Urheber	Einsatzbereich	Aufwand	Nutzen
Methode	Svenja Hofert	Zur Visionsentwicklung und zum fantasievollen Durchdenken von Handlungsoptionen	Zwischen zwei Coaching-Sitzungen oder im Dialog	Zulassen von Träumen

Lebensdrehbuch

Was ist das?

Je konkreter sich Ihr Klient die Zukunft vorstellt, desto eher wird er die Motivation entwickeln, diese zu realisieren. Deshalb hat eine erfolgreiche Neuorientierung sehr viel mit der Vorstellung zu tun, die vom neuen Leben entwickelt werden kann. Vielen fällt das »freestyle« sehr schwer. Deshalb empfehle ich, Anhaltspunkte für das

Verfassen des Drehbuchs zu geben. Die Grafik zeigt einen solchen Leitfaden, der Ihrem Klienten hilft, sein Drehbuch für die Zukunft zu schreiben.

Wie anwenden?

Ihr Klient kann sich zwischen zwei oder drei Handlungsoptionen nicht entscheiden? Schreiben hilft bei der Entwicklung von Ideen. Manchen Menschen fällt schreiben leichter als sprechen. Allerdings werden Sie auch Klienten kennenlernen, die das ablehnen, weil sie glauben, nicht schreiben zu können, und das Formulieren vielleicht nicht gewohnt sind. Lassen Sie diesen die Option, ihr Drehbuch zu planen und dann anhand von Stichwörtern mündlich zu beschreiben. Das geht mit jedem guten Smartphone oder mit Podcast-Programmen wie Audacity. Auch als Video funktioniert das Lebensdrehbuch wunderbar. Geben Sie Ihrem Kunden die Aufgabe, ein Drehbuch für zwei bis drei Entscheidungen zu skizzieren und dafür eine Präsentation zu gestalten. Diese soll dann von Video begleitet gehalten werden. Beim Sprechen (spätestens) wird Ihr Klient normalerweise merken, welches Drehbuch das attraktivste ist.

Fallbeispiel

Anja war eine höchst unglückliche und unzufriedene ehemalige kaufmännische Angestellte mit Abitur. Jahre hatte sie von einem Erbe gelebt, bevor sie sich entschied, noch einmal neu anzufangen. Doch was? Mit Anja, die sehr introvertiert und überaus genau und ordentlich ist, erarbeitete ich drei berufliche Wege: eine Lehre zur Hörgeräteakustikerin, zur Konditorin oder zur Chemielaborantin. Ich half hier bei der Konstruktion von Szenarien: Wo arbeitet man da, was tut man? Den Rest sollte sie sich durch Gespräche mit Menschen erschließen, die in diesen Berufen arbeiten. Dafür nutzte sie den »Systematisch Kaffeetrinken«-Fragebogen (Tool 15).

Als genügend Informationen vorlagen, war Anja in der Lage, sich drei Szenarien vorzustellen. Ich gab ihr die Aufgabe, drei Lebensdrehbücher zu schreiben. Dabei wurde ihr bewusst, dass die Leidenschaft zur Konditorin nicht reichte und sie sich am ehesten im Beruf der Hörgeräteakustikerin wiederfand: Arbeiten in einem kleinen, überschaubaren Rahmen, reagieren auf Kundenanfragen (agieren passte nicht), sehr genau sein und das gute Gehör nutzen.

Meine Empfehlung für Sie

Um sich über ein Berufsfeld klar zu werden, muss man eine realistische Vorstellung davon haben, sonst wird das Ganze Spinnerei. Die ist auch ganz nett, aber nicht zielführend. Das Lebensdrehbuch sollte deshalb erst dann geschrieben werden, wenn diese Informationen ausreichen, um sich ein Bild zu machen. Ich habe viele Visionsentwicklungen gesehen, die auf Spinnerei beruhten. Damit fühlt sich der Klient eine Weile wohl, aber weiter bringt es ihn nicht. Wenn Sie ernsthaft mit Ihrem Kunden in einen Prozess gehen möchten, lassen Sie ihn nur auf der Basis von Informationen träumen.

19. Kompetenzreise

Typ	Quelle/Urheber	Einsatzbereich	Aufwand	Nutzen
Methode	Svenja Hofert	Lebenslauf-analyse, Neu-orientierung, Studien- und Berufs-orientierung	14 bis 30 Tage Übung für den Klienten, etwa zwei bis vier Stunden zum Besprechen der Ergebnisse	Sich der eigenen Kompetenzen bewusst werden

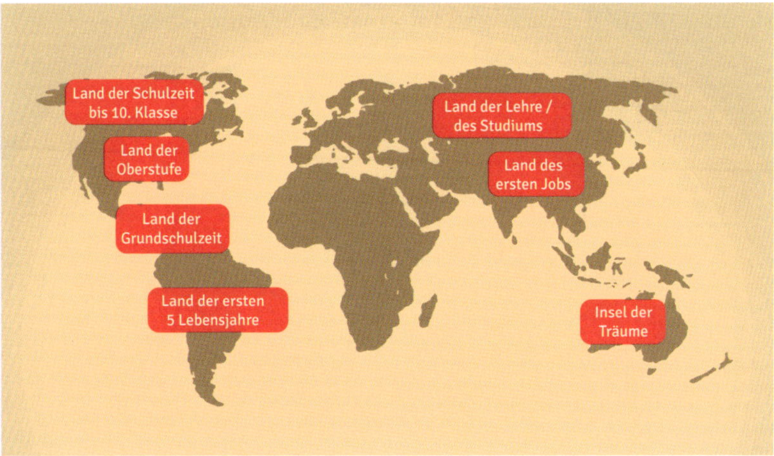

Kompetenzreise: Was habe ich gelernt?

Was ist das?

Diese Übung funktioniert ähnlich wie die Interessenreise, ist aber häufiger anwendbar, da Kompetenzen auch außerhalb einer grundlegenden Neuorientierung relevant sind, etwa für die Karriereplanung. Anhand einer Reiseroute fährt Ihr Klient wiederum durch Länder, z.B. das Land der ersten fünf Lebensjahre. Hier lässt er sich gedanklich nieder, um darüber nachzudenken, was ihm aus jener

Zeit in Erinnerung geblieben ist, welche Kompetenzen er erworben hat.

Ansonsten gilt die gleiche Verfahrensanweisung wie bei der Interessenreise: Mindestens zwei Tage soll er sich in dem Land aufhalten, sich Fotos ansehen und mit Vertrauten sprechen, die ihn kennen und Erinnerungen wachküssen können. Auf diese Weise erhält er Zugang zu verschütteten Kompetenzen und Erlerntem, auch solchem, das er vielleicht gar nicht als wichtig erachtet.

Wie anwenden?

Diese Übung hilft vor allem bei Klienten, die wenig Gespür für eigenes Können haben oder vieles negativ bewerten (mit typischen Aussagen wie »können andere besser«, »ist ja nichts Besonderes«). Geben Sie die Karte als Vorlage in DIN A4 heraus. Ihr Kunde soll aber nicht darauf schreiben. Besser ist es, sich ein Flipchartpapier zu nehmen oder ein DIN-A4-Papier mindestens zu DIN A3 zu kleben – für jedes Land, wobei man das Papier natürlich doppelseitig verwenden kann. Ihr Klient soll dann in dem Land, in dem er gerade lebt, zwei bis drei Tage gedanklich verweilen. In dieser Zeit soll er in die Landkarte die Kompetenzen eintragen, die ihm einfallen. Dafür ist es wichtig, das Poster zentral aufzuhängen, sodass es immer im Blick ist. Empfehlen Sie Post-its, um leichter damit zu arbeiten.

Fallbeispiel / Meine Empfehlung für Sie

Oft sagt unser erstes Lebensjahrfünft besonders viel aus – mehr noch über Kompetenzen als über Interessen. Nehmen wir dieses Mal mich selbst als Beispiel: Ich bin als kleines Mädchen von zwei, drei Jahren immer wieder hingefallen, weil ich das Laufen spät und schlecht gelernt hatte und Koordinationsschwierigkeiten hatte –, aber jedes Mal ohne Murren wieder aufgestanden. Das ist mir erst wieder eingefallen, als ich ein Foto sah und mit meiner Mutter darüber sprach. Diese Kompetenz habe ich mir bewahrt. Wenn ich etwas lernen will, was ich nicht kann, bleibe ich dran. So war mein erster Yogakurs ein anspruchsvolles Power-Yoga. Ich konnte keine all dieser schnellen Asana-Folgen, aber ich habe trotzdem mitgemacht – und bin wieder hingegangen. Im Laufe der Jahre habe ich immer wieder Leute beobachtet, die aus diesem Kurs nach fünf Minuten rausgegangen sind und niemals wiedergekommen sind.

Auch bei sich und Ihren Kunden werden Sie solche früh erworbenen Kompetenzen entdecken, die auch heute noch relevant und für die Durchführung eines Veränderungsvorhabens sehr wichtig sind. Aber natürlich sind auch später erworbene Kompetenzen wichtig. Je weniger der Akzent auf »radikaler« Neuorientierung liegt und je mehr auf Karriereplanung, desto wichtiger sind spätere Lebensphasen.

Bei der Karriereplanung können Sie die Landkarte auch modifizieren: Dann verkörpert jedes Land eine berufliche Station der letzten Jahre.

20. Standortfinder

Typ	Quelle/Urheber	Einsatzbereich	Aufwand	Nutzen
Einschätzungs-hilfe	Svenja Hofert	Einschätzung des Standorts	–	Passende Angebote unterbreiten, Prozess kompetent begleiten

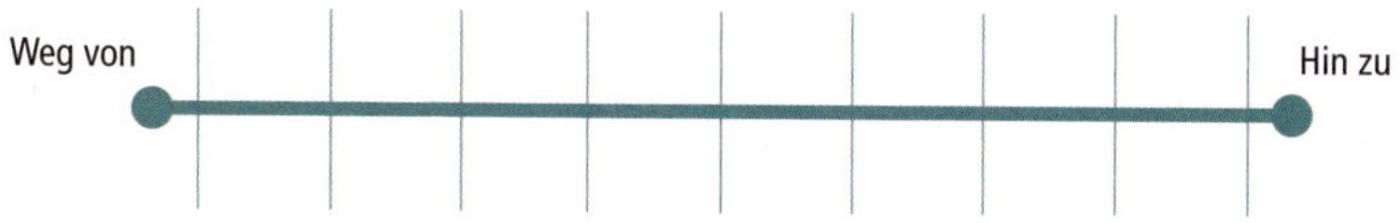

Wo steht Ihr Kunde, dem es um Neuorientierung geht? Je näher am »Hin zu«, desto kürzer und konkreter wird Ihr Coaching sein. Je näher am »Weg von«, desto längere Zeiträume sollten Sie einkalkulieren – und den erhöhten Bedarf auch kommunizieren.

Was ist das?

Zeigen Sie Ihrem Kunden dieses Tool oder malen Sie es an das Flipchart und fragen Sie ihn, wo er sich sieht. Ist er dem Ziel bereits zugewandt oder noch sehr in seinem momentanen »Passt nicht mehr« gefangen? Je klarer das Ziel bereits ist, desto mehr ist Ihre Aufgabe eine motivatorische und pragmatische. Je weniger klar, desto länger kann es dauern, bis Klarheit da ist. Dabei gibt es vor allem drei Typen, die Ihre Beratung aufsuchen werden:

- Weg-von-Typ = längerer Prozess mit intensiver Aufarbeitung der Vergangenheit und langsamer Zuwendung zu Zielen und Zukunft. Er weiß, was er nicht mehr will, aber noch nicht, was er will. Er benötigt mindestens ein Coaching über acht Wochen, wahrscheinlich länger.

- »Was ist für mich drin«-Mensch = kurze Beratung (Coaching), denn dieser Typ ist meist luxusunzufrieden und will nur mal schauen, ob es noch etwas Besseres gibt. Er wird wahrscheinlich nur ein oder zwei Mal kommen.

- Hin-zu-Typ = kürzerer Prozess, da hier schon sehr viel klar ist und nur noch die letzte Bestätigung fehlt, wohin es gehen soll.

Was Sie dazu wissen sollten

Hin zu oder Weg von? Das ist oft eine ganz zentrale Frage. Bei den Weg-von-Motivierten braucht es oft eine lange Reise bis zur Klärung und Lösung. Es muss erst einiges aufgearbeitet werden. Die Beschäftigung mit der Vergangenheit, mit Interessen und Kompetenzen steht im Vordergrund.

Eine Ausnahme gibt es. Mit einer Weg-von-Motivation kommt auch sein Subtyp, der »Was ist für mich drin«-Mensch. Dieser Subtyp erwartet eine Art Zauberdoktor, der ihm berufliche Möglichkeiten präsentiert, die es nicht gibt. Zumal nicht für Personen wie den »Was ist für mich drin«-Typ, der nicht bereit ist, für eine Veränderung auch auf etwas zu verzichten.

Man kann mit diesen Leuten zwei bis vier Stunden Geld verdienen, denn öfter werden sie nicht kommen, oder man entscheidet sich dagegen, mit ihnen zu arbeiten. Es ist natürlich durchaus möglich, dass Sie den Knopf des »Was ist für mich drin«-Typen umschalten können und sodann gut und lange mit ihm arbeiten. Dem »Was-ist-für-mich-drin«-Typ bieten Sie am besten erst einen Zwei-Stunden-Termin, an dem Sie vor allem der Frage auf den Grund gehen, was genau am derzeitigen Beruf nicht gefällt und was denn die Kriterien für einen Berufswechsel sind. Konfrontieren Sie ihn mit Ihrer Einschätzung, etwa: »Ich nehme wahr, dass Sie ein Luxusproblem haben.« Oder wählen Sie andere provokative Interventionen.

Der unkompliziertere Typ ist der, der bereits ein »Hin zu« in sich trägt, also ganz konkrete Ideen hat. Er braucht oft nur noch einen Anstoß und Bestätigung, manchmal auch eine Einschätzung oder Sortierung der Möglichkeiten. Viele wollen sich auch einfach über ihre Ideen austauschen oder brauchen eine andere Stimme, weil die

Familie gegen die Veränderung ist. Ihnen allen kann ein Kompaktcoaching viel bringen. Oft wird es auf ein, zwei Termine hinauslaufen. Manche wünschen aber auch Begleitung bei ihrer Veränderung. Fragen Sie am Ende eines Termins, was der Klient als angenehm empfindet. Ich stelle dazu immer die verschiedenen Möglichkeiten einer Prozessbegleitung vor. Kann der Klient sich nicht spontan entscheiden, empfehle ich die weitere Vorgehensweise und frage: »Wäre das in Ihrem Sinn?«

Wie anwenden?

Bitten Sie Ihren Klienten um eine Selbsteinschätzung auf der Skala Weg-von – Hin-zu. Fragen Sie:

- »Wissen Sie genau, warum Sie sich etwas Neues wünschen?«
- »Kennen Sie Ihre Beweggründe, aus denen Sie sich verändern möchten?«
- »Welche Handlungsmöglichkeiten sehen Sie für sich?«
- »Wie klar ist Ihr Bild von möglichen Alternativen?«

21. Neustart-Reflexion

Typ	Quelle/Urheber	Einsatzbereich	Aufwand	Nutzen
Fragebogen zur Reflexion	Svenja Hofert	Zur Selbstreflexion oder für gezielte Fragen im Coaching	Keiner oder ca. 20 Minuten im Coaching	Einschätzen, wo Ihr Klient steht

Was ist das? Wie anwenden?

Ein Fragebogen, der Ihrem Klienten hilft, seine Gedanken zu ordnen, oder für Sie ein Leitfaden in einem Erstgespräch ist. Sie können ihn auch in Seminaren zur Neuorientierung einsetzen. Die Gedanken können dann mit einem Partner diskutiert werden.

Meine Empfehlung an Sie

Wenn Sie Klienten fragen, ob sie bereit sind, auf Geld zu verzichten oder eine längere Weiterbildung in Angriff zu nehmen, so können die spontane Antwort darauf und die Gedanken, die kommen, schon einmal eine Richtung für das weitere Coaching anzeigen. Wer sich bereits länger mit dem Gedanken der Neuorientierung trägt, weiß, dass Verzicht (oft) zu einer Veränderung gehört, und hat häufig schon verschiedene Wege durchdacht. Wer aber erst gerade damit beginnt, sich die Frage nach dem »Anderen« zu stellen, lehnt den Verzicht, etwa auf Gehalt, typischerweise zunächst ab. Erst im Laufe eines, normalerweise längeren, Prozesses kann sich das ändern. Wenn Sie das Gefühl haben, Veränderungswunsch und Verzichtsbereitschaft stünden in einem ungesunden Verhältnis, thematisieren Sie das. »Aus meiner Sicht ist das unrealistisch: Sie werden mit großer Wahrscheinlichkeit weniger verdienen, vielleicht sogar eine Zeit lang gar nichts, wenn Sie so einen radikalen Bruch vorhaben.« Gerade Menschen, die sehr lange im selben Job waren, sind sich oft nicht bewusst, dass Veränderung immer auch Verzicht bedeutet.

Selbstreflexion: Sind Sie reif für einen Neuanfang – und was würden Sie tun?

1. Wie bewerten Sie Ihre derzeitige berufliche und private Lebensqualität auf einer Skala von 0 („Was für eine Lebensqualität? Ich habe keine!") bis 10 („Super! Mir geht es gut").

Gedanken dazu:

2. Unterstützen Sie Kinder, Partner und alle, die Ihre Veränderung betreffen wird?

Gedanken dazu:

3. Sehen Sie vor allem, was Sie alles NICHT wollen, oder haben Sie schon ein Bild von Ihrem Neuanfang? Können Sie dieses Bild sehen und konkret beschreiben?

Gedanken dazu:

4. Wären Sie bereit, für einen Neustart finanziell auch langfristig kleinere Brötchen zu backen?

Gedanken dazu:

5. Wie viel Zeit, zum Beispiel für Recherche, Weiterbildung und Kontaktpflege, würden Sie für einen Neustart investieren?

Gedanken dazu:

6. Würden Sie für einen Neuanfang noch einmal lernen und sich weiterbilden?

Gedanken dazu:

7. Würden Sie für einen Neuanfang auf neue Menschen zugehen und sich andere Netzwerke erschließen als die vertrauten?

Gedanken dazu:

Fragebogen zur Reflexion

22. Powerkreislauf

Typ	Quelle / Urheber	Einsatzbereich	Aufwand	Nutzen
Methode	Svenja Hofert	Strukturiertes Coaching zu persönlichen Motivationen, Interessen etc.	Zwei bis drei Stunden	Visualisierung, bildlich etwas auf den Punkt bringen

Was ist das?

Der Powerkreislauf ist eine Methode zur Visualisierung, die ich sehr oft als Grundlage für weiteres Coaching einsetze. Er ermöglicht ein strukturiertes Gespräch über die eigene Persönlichkeit und die Definition von Zielen, die im Zusammenhang mit der Neuorientierung stehen.

Was Sie dazu wissen sollten

In der Theorie von Mihaly Czikszentmihalyi ist Flow der optimale Zustand zwischen Unter- und Überforderung. In diesem Bereich gehen einem Tätigkeiten leicht von der Hand, man vergisst die Zeit und wenn Stress aufkommt, ist dieser positiv: Eustress statt Distress.

Flow-Zustände leiten sich aus dem Motivationsprofil einer Person ab. Wenn ein Mensch beispielsweise leidenschaftlich gern liest und Informationen zusammenträgt, so wird er oft getrieben vom Motor Wissen. Daraus können sich Stärken ableiten. In meiner Definition zeigt jemand eine Stärke, wenn er in etwas überdurchschnittlich gut ist. Derjenige, der gern liest und Wissen zusammenträgt, hat möglicherweise eine Stärke darin, die Essenz in der Fülle der Informationen zu sehen und Widersprüche aufzudecken. Das kann er sowohl schriftlich als auch mündlich – und auch in Zahlen.

Aus den Motivationen und Interessen leiten sich Ziele ab. Jemand möchte vielleicht einmal ein Fachbuch schreiben. Allerdings fehlt ihm dazu die Stärke, Prozesse zu visualisieren. Diese zu entwickeln ist ein Ziel.

Wie anwenden?

Der Powerkreislauf ist ideal einzusetzen, wenn ein Kunde sich bewusster werden möchte, was er kann und was wesentlich ist in seiner Persönlichkeit – auch hinsichtlich künftiger Vorhaben. Sie können den Powerkreislauf gemeinsam erarbeiten oder Sie schreiben im Gespräch mit und kleben die Zettel dann zusammen in ein Kreuz. Entscheidend ist, dass Sie Ihren Klienten dahingehend briefen, dass es nicht wichtig ist, die einzelnen Bereiche ganz genau abzugrenzen, was manchmal schwerfällt. Es geht auch nicht darum, perfekte Eigenschaften aufzuschreiben oder der Weisheit letzten Schluss zu liefern. Die Beschreibungen sollten möglichst konkret sein, wobei die Post-its natürlich den Platz begrenzen.

Wenn ich mitschreibe, greife ich wortwörtlich das auf, was der Kunde sagt. Ist eine Aussage nicht klar, frage ich nach: »Ich habe verstanden, dass … Ist das richtig?«

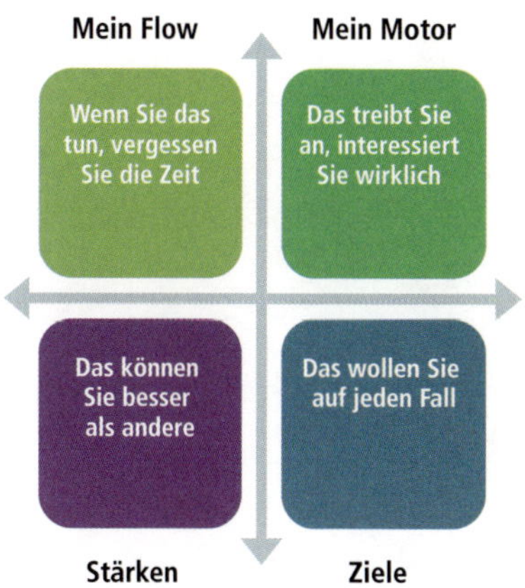

Powerkreislauf

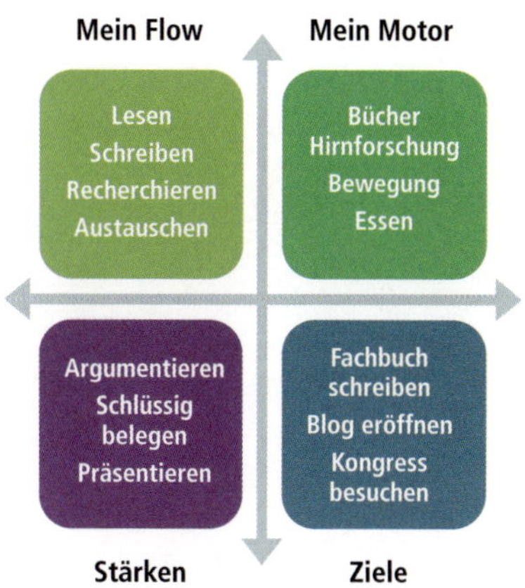

Powerkreislauf: Beispiel

23. Traumkarrieren-Zyklus

Typ	Quelle/Urheber	Einsatzbereich	Aufwand	Nutzen
Ablaufmodell zur Steuerung des Beratungsprozesses	Svenja Hofert	Verschiedene Phasen im Prozess der beruflichen Neuorientierung, Gliederung des Prozesses	Insgesamt mindestens 15 Doppelstunden, wobei die wenigsten Kunden alle Kreise hintereinander durchlaufen werden	Beratungsbedarf erkennen und kommunizieren, das eigene Produkt besser verkaufen, Struktur für das Coaching

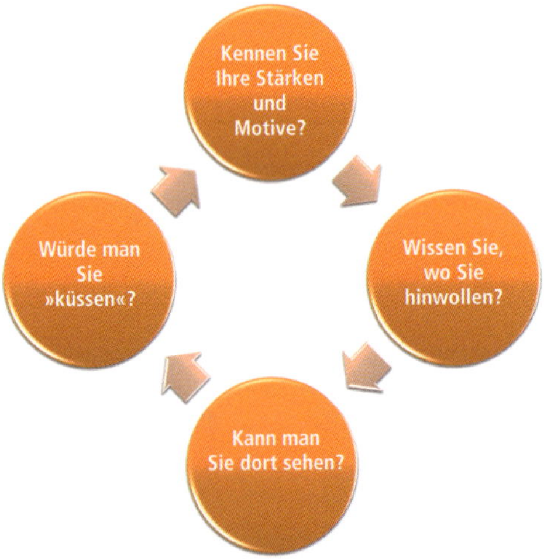

Die verschiedenen Kreise im Traumkarrieren-Zyklus

Was ist das?

Der Traumkarrieren-Zyklus ist ein von mir entwickeltes Ablaufmodell, das die Prozessschritte Ihrer Beratung in vier Phasen gliedert und Elemente aus der persönlichkeitsorientierten Beratung mit Selbstmarketing verbindet.

Die vier Phasen sind:

- *Persönlichkeit:* »Kennen Sie Ihre Stärken und Motive?«
- *Orientierung:* »Wissen Sie, wohin Sie wollen?«
- *Strategie:* »Kann man Sie dort sehen?«
- *Selbstmarketing:* »Würde man Sie ›küssen‹?«

Was Sie dazu wissen sollten

Berufliche Veränderungen beinhalten mehrere in sich geschlossene Beratungseinheiten. Ich sehe jede Einheit als Kreis. Mithilfe dieser Kreise können Sie als Coach den Prozess leichter steuern. Sie helfen Ihnen auch, Ihr Angebot zu gliedern und besser zu verkaufen. Denn der Traumkarrieren-Zyklus unterstützt Sie dabei, Ihre Kunden an der richtigen Stelle abzuholen und sie bewusst zur nächsten Station zu führen. Erklären Sie das Modell des Traumkarrieren-Zyklus Ihrem Kunden, hilft es ihm zu verstehen, dass seine (Traum-)Karriere eine Entwicklung ist, die nie zu Ende ist und immer wieder neu beginnt. Denn: Wer beim vierten Kreis angekommen ist und »geküsst« wurde, arbeitet vielleicht ein, zwei oder fünf Jahre zufrieden, wird aber dann wieder von Neuem beginnen, nach etwas zu suchen … Und damit verbunden wird wieder die Frage auftauchen: »Kennen Sie Ihre Stärken und Motive?«

Berufsfindungsseminare bleiben bei der Orientierung meist an der Oberfläche. Es geht darum, in einer Gruppe Feedback zu bekommen. Oft werden eher Vorstellungen aufgegriffen, die die Teilnehmer haben oder einmal hatten. So wundert es mich nicht, dass kaum einer der Beteiligten seine Vorhaben auch wirklich realisiert.

Der Traumkarrieren-Zyklus ist sehr viel realitätsnäher, weil er einen Prozess abbildet und vor allem berücksichtigt, dass sich die Vorstellung von einem Traumjob laufend ändert.

Wie anwenden?

Erfragen Sie, wo Ihr Klient gerade steht und in welchem Kreis er beginnen möchte.

Der erste Kreis beschäftigt sich mit der Suche nach Stärken, zu denen Fähigkeiten, Fertigkeiten und Talente gehören, aber auch Antreiber und Motive. Sie werden in Ihrer Praxis Menschen auf sehr unterschiedlichen Stufen der eigenen Persönlichkeitsentwicklung antreffen. Ein Teil hat sich noch wenig mit sich selbst beschäftigt, weiß nicht, wer er ist und was er wirklich gut kann. Je jünger die Zielgruppe ist, desto eher wird Ihr Kunde ein unbeschriebenes Blatt sein.

Bei dieser Zielgruppe können Gespräche helfen, Stärken in Worte zu fassen und zu artikulieren, viel wirksamer sind jedoch Selbsterfahrungen und Übungen in der Gruppe wie das später vorgestellte Potenzialcamp.

Auch das Bildungsniveau entscheidet darüber, wo Sie in die Beratung einsteigen können. Manchen Frauen, die nach einer längeren Auszeit wieder in den Job wollen, können z. B. im ersten Kreis einfache Selbst- und Fremdbildanalysen wie in diesem Buch vorgestellt sehr helfen.

Andere Klienten wiederum sind selbstreflektiert, haben womöglich Therapien hinter sich, kennen ihre Stärken und Schwächen gut. Für diese Zielgruppe ist es im ersten Kreis oft sehr wichtig, sich mit ihren Motiven und Treibern zu beschäftigen. Teils haben sie das schon getan, oft sogar mehrmals. Hier sollte man, wünscht der Klient weitere Orientierung, auf einem höheren Niveau einsteigen, etwa mit dem Reiss-Profil (Tool 99). Eventuell reicht auch eine Standortanalyse, basierend auf früheren Tests und Auswertungen – verbunden mit der Frage: »Und was ist jetzt die Konsequenz daraus, welche Schritte leiten sich daraus ab?«

Der erste Kreis

Tipp: Den ersten Schritt können Sie wiederum in verschiedene Abschnitte einteilen, mit jeweils mindestens zwei Coachingeinheiten. Die in der Grafik genannten Tools finden Sie auch einzeln beschrieben.

Fallbeispiel erster Kreis

Karo hatte ihr Studium zur Lehrerin früh abgebrochen. Jetzt jobbte sie schon seit einigen Jahren in einem Behindertenheim. Sie hatte das Bedürfnis, noch einmal ganz neu anzufangen, von Grund auf zu lernen und etwas zu finden, in dem sie sich weiterentwickeln könnte. Gleichzeitig war sie wenig selbstbewusst, kaum entscheidungsfreudig und mochte sich in fremden Umgebungen nicht durchsetzen. Wir entwickelten sechs verschiedene Szenarien, wie sie etwas Neues von Grund auf lernen und weiterentwickeln könnte. Zum Schluss blieben drei Varianten übrig, die sie weiter recherchieren sollte (Übergang zu Kreis 2): ein Studium der Sonderpädagogik, ein Grundschullehrerstudium und eine Erzieherausbildung mit anschließender heilpädagogischer Weiterbildung.

Der zweite Kreis. Im zweiten Kreis steht die Frage im Mittelpunkt, wohin Ihr Kunde will. Sehr oft wird diese Frage von Ihrem Gegenüber auf einer oberflächlichen Ebene betrachtet und beantwortet. Junge Menschen schauen oft auf große Namen oder orientieren sich entlang ihrer Subkultur, etwa in der Start-up-Szene, sozial oder kreativ. Spätestens wenn eine solch oberflächliche Orientierung zu Frust und Misserfolg führt, werden Sie als Berater konsultiert. Dann heißt es: Rückführen in den ersten Kreis, denn erst wenn dieser klar, also rund und in sich abgeschlossen ist, kann es um die Suche nach eigenen Zielen gehen. Wer sich nicht über sich selbst klar ist, kann auch nicht nach Neuem suchen.

Je genauer sich das persönliche Ziel definieren lässt, desto erfolgreicher wird die Berufs- und Neuorientierung sein. Raten Sie Ihren Kunden, Kriterien zu definieren, die für ihre Entscheidung zentral sind. Schicken Sie sie im zweiten Kreis auf die Suche nach ganz konkreten Unternehmen, Ausbildern, Auftraggebern, etwa mit dem 15-Fragen-Kaffee-Interview (Tool 15).

Der zweite Kreis

Den zweiten Kreis können Sie wiederum in verschiedene Abschnitte einteilen, mit jeweils mindestens zwei Coachingeinheiten.

Fallbeispiel zweiter Kreis

Als Karo den ersten Kreis abgeschlossen hatte, ging es im zweiten um die zentrale Frage: Wohin will ich eigentlich? In ihrem Beispiel stand die Wahl einer Ausbildungsstätte im Mittelpunkt. Sie recherchierte den Markt in Norddeutschland und kam auf eine kleine Privatschule in einer Kleinstadt, die ihrem Bedürfnis nach Überschaubarkeit genau entsprach. Sie schaute sich die Schule vor Ort an, sprach mit Dozenten und ehemaligen Schülern.

Der dritte Kreis. Hier steht die Sichtbarkeit im Mittelpunkt, ein Aspekt des Selbstmarketings also. Sind die Stärken des eigenen Profils noch nicht wirklich klar, ist ein Einstieg mit der Personal-SWOT-Analyse sinnvoll (Tool 69). Diese bringt auf den Punkt, was die Person auszeichnet und wo ihre Alleinstellungsmerkmale liegen. Selbstverständlich lässt sich hier auch mit den Ergebnissen aus dem ersten Kreis arbeiten. Erfahrungsgemäß werden es oft andere Kunden sein, die in diesem Kreis in Ihre Praxis treten – oder es vergehen Monate und manchmal Jahre zwischen den Terminen aus dem ersten und zweiten Kreis und dem dritten. Häufig zieht dieser Kreis Menschen an, denen nur bedingt bewusst ist, dass der Erfolg als Freelancer oder Bewerber und die eigene Persönlichkeit zusammenhängen.

Ob Sie mit Selbstständigen und / oder Angestellten zusammenarbeiten: Besonders wichtig ist hier die Frage nach »Pull« oder »Push«. Die sollte auf jeden Fall beantwortet sein. Nutzen Sie dazu das entsprechende Tool 51.

Folgende Coaching-Anlässe sind typisch:

- Angestellt: Ich werde nicht zu Bewerbungsgesprächen eingeladen.
- Angestellt: Man lädt mich immer auf die falschen Stellen ein.
- Angestellt: Ich bekomme immer nur Absagen.
- Angestellt: Stellen für mich gibt es nicht in den Stellenmärkten.
- Selbstständig: Ich kann mich nicht verkaufen.
- Selbstständig: Ich habe zu wenige Aufträge.

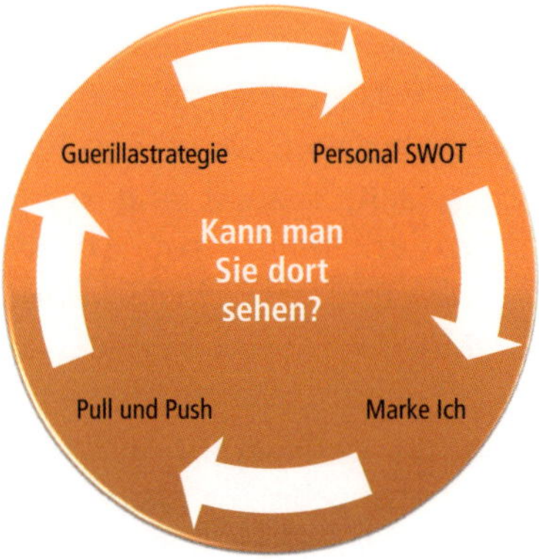

Der dritte Kreis

Fallbeispiel dritter Kreis

Für Karo ging es schließlich im dritten Kreis darum, einen geeigneten Arbeitgeber in einer anderen Stadt zu finden, da sie ihre schulische Ausbildung nebenberuflich absolvieren wollte. Telefonanrufe, so ergab Personal SWOT (Tool 69), fielen ihr unendlich schwer, also empfahl ich, die geeigneten Einrichtungen auszuwählen und persönlich hinzugehen. Wir arbeiteten dazu eine schriftliche Selbstdarstellung aus, da Karo aufgrund ihrer Schüchternheit unsicher war, ob sie alles platzieren könnte, was sie sagen wollte (und sollte). Der Text gab ihr Sicherheit. Und es funktionierte auch.

Der vierte Kreis. Würde man Sie küssen? Ich stelle diese Frage bisweilen in Vorträgen und zeige meinen Lieblingsfrosch, der vieles symbolisiert, was »küssenswert« ist: Er ist wiedererkennbar, blickt neugierig und positiv in die Welt. Er gibt auch nicht vor zu sein, was er nicht ist. Ist er also auch ein Prinz?

Der vierte Kreis

Im vierten Kreis geht es um das, was sichtbar ist. Zu meinen eigenen Stärken gehört es, sehr schnell und sicher zu erkennen, wie konsistent und stark ein Aufritt ist. Möglicherweise liegt das an meinem Marketinghintergrund, vielleicht ist es Übung. Insofern gebe ich im vierten Kreis oft Feedback. Ich sage, was mir auffällt, und treffe dabei immer den Punkt. Wenn sich jemand in seinem Lebenslauf oder auf seiner Website geradezu versteckt, klare Aussagen meidet und auch Referenzen unglaubwürdig scheinen – ich sehe so etwas.

Es ist meine Verantwortung, diese Dinge auszusprechen. Inwieweit Ihnen das direkte Feedbackgeben liegt und wie wohl Sie sich damit fühlen, ist eine individuelle Frage. Man kann aber alles typgerecht verpacken, etwa so: »Sehen Sie, ich habe die Weisheit nicht gepachtet, aber ich habe viel gesehen, auch viel, das nicht funktioniert hat. Meine Intuition sagt: So wie Sie das angehen, wird das nicht funktionieren, weil …«

Eine andere Möglichkeit, im vierten Kreis Feedback zu einer Bewerbung, zu Internetauftritten oder Profilen einzuholen, ist, die Zielgruppe zu fragen. Sie können das Ihrem Coachee auch als Hausaufgabe aufgeben. Eventuell ist hier der richtige Zeitpunkt, um an andere Experten zu verweisen, die beispielsweise Branchenkenntnisse haben.

24. Veränderungsdauerprognosetool

Typ	Quelle/Urheber	Einsatzbereich	Aufwand	Nutzen
Übersicht zur Standortanalyse	Svenja Hofert	Einstieg in Jobcoaching oder Neuorientierungsprozess	Fünf Minuten	Schnelles Erfassen des Leidensdrucks

Was ist das? Wie anwenden?

Wie lange dauert die gewünschte oder notwendige Veränderung? Als ich mit dem Coaching begann, habe ich Zeiträume oft viel kürzer eingeschätzt. Für mich gehört es zu einer verantwortungsvollen Beratung dazu, einen Kunden darauf hinzuweisen, mit wie viel Zeit er bei einem Vorhaben etwa rechnen muss. Die meisten gehen hier mit unrealistischen Vorstellungen heran, was zu falschen Strategien führt. Wenn etwa die alleinerziehende Mutter eine freiberufliche Tätigkeit binnen sechs Monaten zu einem Vollzeiteinkommen führen soll, so wird das nicht möglich sein. Sie braucht einen Teilzeitjob oder eine verlässliche freie Mitarbeit, die das notwendige Grundrauschen herstellt.

Wie lange dauert ein Veränderungsprozess?

Die Grafik bezieht sich auf die Situation, dass jemand gekündigt worden ist. Ist das nicht der Fall, geben Sie ein bis zwei Jahre dazu. So lange dauert ein Loslösungsprozess, vom ersten Gedanken bis zur Durchführung. Mindestens. Es sei denn, die Unzufriedenheit ist riesig, siehe Tool 26.

25. Unternehmensversteher

Typ	Quelle / Urheber	Einsatzbereich	Aufwand	Nutzen
Modell	Riemann-Thomann-Grundidee, Erweiterung Svenja Hofert	Reflexion, Standortanalyse	–	Zusammenhänge verdeutlichen

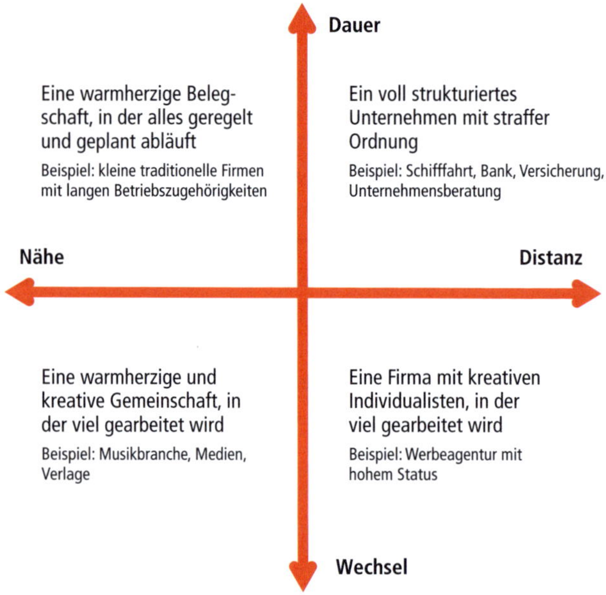

Prägungen in Organisationen

Was ist das?

Der »Unternehmensversteher« beruht auf dem sogenannten Riemann-Thomann-Kreuz, das Polaritäten auf der Basis der »Grundformen der Angst« verdeutlicht. Kopieren Sie ihn und legen Sie ihn Ihrem Kunden vor, damit er seine Präferenzen erkennt.

Fallbeispiel

Franka hatte immer Freude bei der Arbeit. Die gelernte Buchhändlerin arbeitete sich in verschiedenen Unternehmen hoch und war überall beliebt. »Abends ging ich nach Hause und der Tag war abgeschlossen«, sagt sie. »Ich nahm nichts mit.« Sie vertraute sich und ihren Stärken. Das änderte sich, als sie eine neue Stelle antrat in einem Team mit drei Personen. Ihre Chefin dort war ein ganz anderer Typ und die jüngere Kollegin passte sich dieser an. Die Chefin hängte sich mit voller Kraft in die Arbeit, arbeitete 14 Stunden, redete kaum über Privates und ging sehr strukturiert vor. Gleiches erwartete sie von Franka. Alles musste Plänen und Terminen folgen.

Abweichungen wurden nicht besprochen, sondern harsch kommentiert. Austausch war der Chefin spürbar lästig und Zeit für ein persönliches Gespräch war auch nie. Nach und nach wurde Franka immer unsicherer und stiller, bis sie sich irgendwann gar nichts mehr zutraute und sogar an ihrer Eignung für den Job zweifelte.

Franka kam zu mir, weil sie so werden wollte wie ihre Chefin – strukturiert. Ich befragte sie zu vorherigen Tätigkeiten und Erfahrungen, zu Erfolgen und bisherigen Wahrnehmungen von Arbeitssituationen. Es war kein Muster, das sich hier wiederholte. In anderen Jobs waren ihr Ideenreichtum, ihre offene Art und die dialogorientierte Kommunikation immer gut angekommen. Was Franka als vermeintliche Schwäche wahrnahm, war keine.

Es war ihr nicht klar, dass das subjektive Empfinden, nichts mehr leisten zu können, im Umfeld begründet lag. Das Modell half ihr zu sehen, dass es verschiedene Prägungen gibt – in Branchen, Unternehmen, Abteilungen, Teams. »Es ist okay so, wie du bist«, war die Botschaft. Sie erkannte aber auch, dass sie in diesem Umfeld nicht gedeihen würde, und wechselte den Job.

Meine Empfehlung für Sie

Natürlich ist ein Jobwechsel nicht immer die Lösung, oft reicht es, wenn Kunden verstehen, dass es Unterschiede in der Wahrnehmung gibt. Immer ist auch die Frage, was Ihr Klient selbst zur Verbesserung der Situation beitragen kann, vor allem, wenn er / sie in einer Führungsrolle ist. Doch gibt es tatsächlich unüberbrückbare Gegensätze. So wie hier:

Der eine (hier die Chefin) sieht Leistung in strukturiertem, taffem Vorgehen begründet, der andere (Franka) im gemeinsamen Austausch. Eine Annäherung ist da kaum möglich, zumal bei Franka auch schon sehr deutliche Stresssymptome vorlagen.

Mögliche Leitfragen:

- Sprechen die Kollegen viel privat in Ihrem Unternehmen? Geht man oft miteinander aus? (Nähe)
- Tauscht man sich über Vorgehensweisen und Ideen aus? Stimmt man sich gern untereinander ab? (Nähe)
- Wird eher das Einhalten von Vorgaben als positiv angesehen? (Dauer)
- Dominiert ein prozessoptimiertes, berechenbares Vorgehen mit klaren Vorgaben? (Dauer)
- Herrscht eine flexible Kultur vor, in der vieles möglich ist? (Wechsel)
- Wird eher das Abweichen von der Norm und individualistisches Verhalten als positiv definiert? (Wechsel)

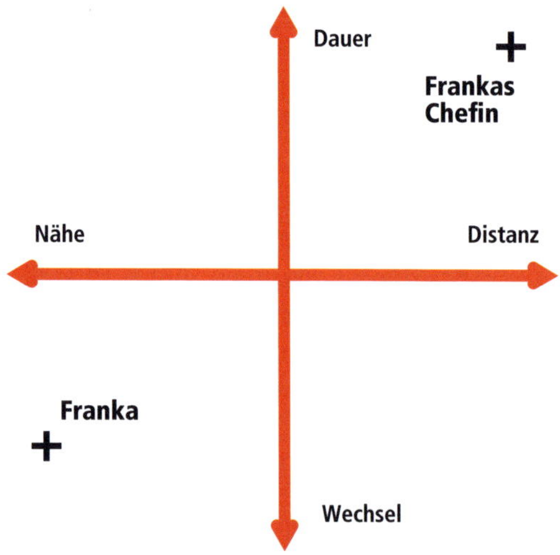

Wo steht das Unternehmen Ihres Kunden? Und wo Ihr Kunde selbst? Franka und ihre Chefin sind zu weit voneinander entfernt.

26. Unzufriedenheitsmesser

Typ	Quelle/Urheber	Einsatzbereich	Aufwand	Nutzen
Methode	Svenja Hofert	Einstieg in Jobcoaching oder Neuorientierungsprozess	Fünf Minuten	Schnelles Erfassen des Leidensdrucks

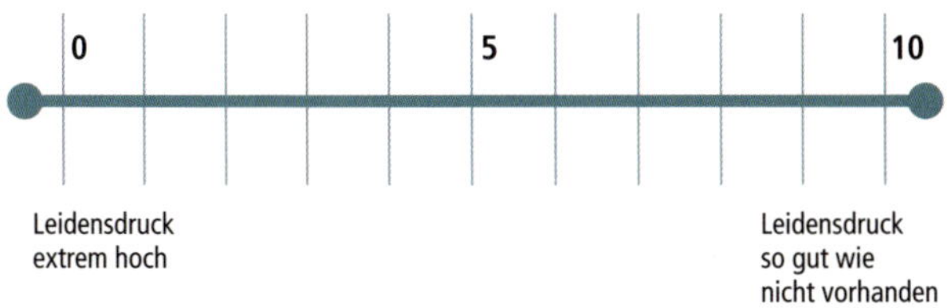

Wie hoch ist der Leidensdruck?

Was ist das? Wie anwenden?

Nur wer unzufrieden ist, wird sich bewegen – vor allem, wenn er vorher mehr als fünf Jahre in ein und demselben Job war. Mit jedem Jahr der Betriebszugehörigkeit steigt die Verharrungstendenz. Dieses Tool erfasst die gefühlte Unzufriedenheit. Wer über 5 liegt, hat oft noch genug Gründe, im alten Job zu bleiben, ab 7 ist wirklich zu hinterfragen, mit welchem Hintergrund die Neuorientierung an Sie herangetragen wurde. Manchmal ist es bekanntlich nur der übliche Jobfrust oder die Suche nach etwas diffus Besserem.

Die Frage nach der Unzufriedenheit können Sie ruhig in längeren Abständen wiederholen. Meine Kunden freuen sich, wenn ich nach fünf Jahren sagen kann: »Damals waren Sie aber noch sehr zufrieden. Erinnern Sie sich: Wir haben die 8 angekreuzt.«

27. Zukunftswerkstatt

Typ	Quelle/Urheber	Einsatzbereich	Aufwand	Nutzen
Methode	Svenja Hofert	Visionscoaching, berufliche Neuorientierung	Zwei bis sechs Stunden	Finden von Zielen in einer zur Persönlichkeit passenden Form

Was ist das?

Die Zukunftswerkstatt ist eine Methode zur Entwicklung von neuen Lebensplänen, nicht nur bei Jugendlichen, sondern auch bei Erwachsenen. Die Werkstatt beginnt mit dem Lösen der Aufgabe: »Wie soll meine Zukunft aussehen – drei Szenarien für mein Leben.«

Die einzige Regel ist, von dieser Ausgangsfrage aus Szenarien zu entwickeln, die positiv sind und sich gut anfühlen. Diese Szenarien können in Stichwörtern oder ausführlichen Texten beschrieben, gemalt oder als Bildcollage auf einem Poster dargestellt werden.

Die zweite Phase in der Zukunftswerkstatt: Ihr Klient soll ein Lieblingsszenario auswählen und dafür einen Anker suchen. Das kann ein bestimmtes Foto sein, ein Kinderspielzeug oder auch ein kleiner Text. Dieser Anker soll fortan immer in seiner Nähe sein. Er soll ihn daran erinnern, seinen Weg zu gehen.

Wie anwenden?

Viele Menschen wissen nicht, wohin sie steuern. Wie Alice im Wunderland stehen sie an einer Weggabelung, die ihnen abverlangt, links oder rechts zu gehen. Diese Entscheidung fällt leichter, wenn man weiß, was dahinter kommt. Natürlich weiß niemand sicher, was da ist, aber ob das Wetter subtropisch oder kontinental ist, Rosen wachsen oder Tiger dort leben: Das lässt sich herausfinden.

Wenn Sie wie ich die 40 lange überschritten haben, kommen Sie aus einer Generation, die das »Treibenlassen« sehr hoch bewertet hat. Nur passt die Welt der Jüngeren nicht mehr dazu. Es ist viel schwieriger, sich treiben zu lassen, weil falsche Entscheidungen schwieriger zu korrigieren sind. Manche Coachs denken, alles sei möglich, ich gehöre nicht dazu, weil ich täglich sehe: Es gibt Grenzen.

Zukunft muss heute bewusst gestaltet werden. Hier Vorstellungen zu entwickeln, fällt einigen Menschen von Natur aus leicht (den Intuitiven im MBTI, Tool 98) und anderen schwer (den Sensitiven).

Wie Ideen entwickelt werden können, ist ebenso unterschiedlich. Manche können das gut beim Schreiben, andere malen oder bauen Collagen. Wieder andere sprechen es auf Band oder nehmen Videos auf. Möglich ist hier eine Verknüpfung mit den Big 5 (siehe Tool 92): Ihr Klient möge sich fünf Dinge vorstellen, die er in seiner Zukunft auf jeden Fall gemacht haben möchte.

Überlassen Sie Ihrem Klienten, welchen Zeitraum er für seine Zukunftswerkstatt zugrunde legt. Es sollten nicht mehr als 20 Jahre sein. Das ist für Menschen am Scheideweg, mit Mitte, Ende 40 oft ein sinnvoller und durchaus grob überschaubarer Zeitraum.

Für sehr junge Leute ist es in aller Regel leichter, sich nur bis zur Lebensmitte zu denken.

Fallbeispiel

Anne brachte mir drei Collagen mit, die sie auf meinem Tisch positionierte. Eine war ihr Favorit. Sie repräsentierte ihren Plan, Familie und Arbeit zu verbinden, durch die Gründung einer Bürogemeinschaft mit Tagesmutterbetreuung und Yogaraum. Sie erklärte mir, wie die Collage ihr Leben in der Zukunft repräsentierte. Zu den Bildern hatte sie etwas geschrieben.

Die anderen Collagen zeigten sie im Ausland sowie als Managerin eines Unternehmens. Bei der Beschäftigung mit den drei Leben hatte sie entdeckt, welches sie selbst am liebsten leben wollte – das in der Bürogemeinschaft.

Meine Empfehlung für Sie

Nicht immer sind die Präferenzen so klar. Einige Menschen möchten gern alles haben und werden sich nicht so leicht für ein Leben entscheiden können. So wie bei Maria, die alle zwei Jahre etwas anderes anfing, weil sie sich alles vorstellen konnte und keine Chance verpassen wollte. In so einem Fall könnte eine Intervention sinnvoll sein: ein viertes Leben zu entwerfen, das auf der derzeitigen Entscheidungslosigkeit und dem Hin- und Herdriften basiert. Wohin führt das, konsequent weitergedacht? Es könnte die Augen öffnen. Geben Sie ruhig eine ganz klare Empfehlung für die eine oder andere Richtung. Gerade Menschen, die zu viele Möglichkeiten haben oder für sich sehen, brauchen manchmal klare Ansagen (auch um dann »Nein« dazu sagen zu können).

Berufs- und Studienwahl

Die Beratung von sehr jungen Leuten unterscheidet sich deutlich von der älterer und erfahrener Personen. Erst recht gilt das, wenn Sie selbst älter sind. Sie können sich auf den Kopf stellen, der junge Mensch wird Sie als Autorität wahrnehmen. Im besten Fall heißt das: Er nimmt Ihren Rat an und / oder dürstet nach Feedback – Sie tragen sehr viel Verantwortung. Im schlechtesten: Als Autorität sind Sie nicht geeignet, in zukunftsbestimmenden Fragen etwas zu sagen.

Wer noch sehr unsicher ist, profitiert von Selbsterfahrung in der Gruppe. Wer bereits Vorstellungen hat, braucht oft ganz konkrete Prozessbegleitung und differenzierten Rat, denn Berufsfelder werden gern idealisiert oder sind gar nicht bekannt. Hier hilft es, die jungen Leute Job-Interviews führen zu lassen mit Menschen, die einen bestimmten Lebens- und Berufsweg gegangen sind. Die situative Beschreibung von Stärken nach der STAR-Technik (Tool 43) ist auch in diesem Alter hilfreich, nur gibt es weniger Situationen, auf die man zurückgreifen kann, und die Aussagekraft ist noch begrenzt.

Hier ist es umso wichtiger, sehr genau nachzufragen:

- Wie war die Situation?
- Wer war dabei?
- Wie genau bist du / sind Sie vorgegangen?
- Welche Stärken hast du / haben Sie genutzt?
- Welche Stärken hast du / haben Sie bei anderen gesehen?
- Was hast du / haben Sie empfunden?

Was mir persönlich am Herzen liegt: Berücksichtigen Sie in der Arbeit mit Jugendlichen familiäre Prägungen und reflektieren Sie diese mit dem Jugendlichen. Die erste Berufsentscheidung ist mehr von der Herkunft geprägt als alle weiteren. Das hat etwas Antreibendes, wenn etwa die Tochter aus der einfachen Handwerkerfamilie gegen Widerstände studiert und unbedingt etwas werden möchte, was im Elternhaus undenkbar ist: Fernsehredakteurin.

Das hat aber auch etwas Bremsendes, wenn nur die Lebenswelt der Eltern vertraut ist und man ihrem Vorbild folgt. Waren bei meiner Generation, der Generation X, Protestentscheidungen noch häufig, kommen diese bei den jüngeren Leuten aufgrund einer oft engeren Elternbindung seltener vor. Die Lebenswelten der Eltern prägen insofern noch mehr. Es gibt wenig Ausbruch – und Orientierung ist wichtiger denn je.

Die Prägung führt oft zu einer Orientierung »unter seinesgleichen«, gerade die sogenannten bildungsfernen Schichten haben nach wie vor kein Studium im Lebensplan und auch keine akademisch ausgebildeten Vorbilder.

Legt man die Schablone der Sinus-Milieus über Berufsorientierungen in Gesellschaftsschichten, ergeben sich Parallelen. So ist die konservative Lebenswelt in den Sinus-Milieus von einem eher auf Statusgüter fokussierten Konsumverhalten geprägt. Dort denkt man möglicherweise, dass »man mit BWL nichts falsch machen kann«. Im Orientierungscoaching mit jungen Leuten sollte dieses und anderes schichtenbezogenes Denken zumindest hinterfragt werden. So ließen sich viele Studienabbrüche vermeiden und unglückliche Jobexistenzen verhindern. Aus meiner Sicht ist es gerade hier die Verantwortung des Coachs und Beraters, nicht die einfachste und am nächsten liegende Möglichkeit »durchzuwinken«.

Fragen zu den Lebenswelten der Eltern gehören zu einem Berufsorientierungs-Coaching dazu:

- Was wünschen sich Ihre Eltern für Sie?
- Welche Rolle spielt Ihr Elternhaus bei Ihrer Berufswahl?
- Wie prägt Ihre Herkunft das Denken, die Werte, die Suche nach Sinn oder Leistungsstreben?

28. EKM-Prozess

Typ	Quelle / Urheber	Einsatzbereich	Aufwand	Nutzen
Modell zur Gestaltung Ihres Coaching-angebots	Svenja Hofert	Zur Prozess-gestaltung	Drei bis sechs Monate	Klareres Angebot, besserer Erfolg

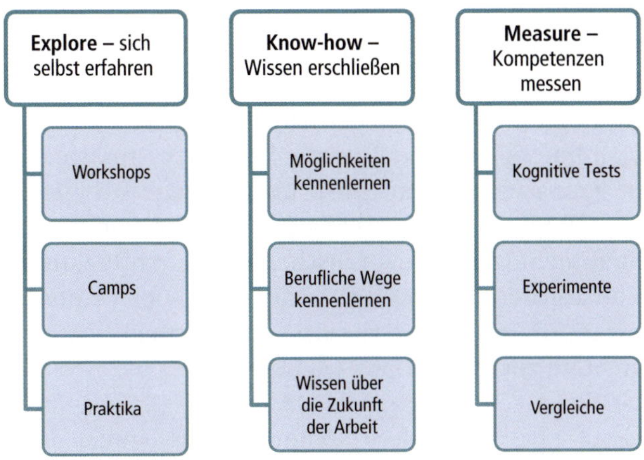

EKM – idealer Ablauf einer Schülerberatung

Was ist das?

EKM steht für *Explore, Know-how* und *Measure*. Diese drei Begriffe beschreiben den Ablauf einer idealen Berufs- und Studienzielberatung, die sich am besten über einen Zeitraum von acht Wochen bis sechs Monaten erstreckt.

Wie anwenden?

Was braucht ein junger Mensch auf der Suche nach einem beruflichen Ziel? Drei Dinge: Selbsterfahrung, Wissen und einen Kompetenzvergleich. Und zwar alles drei – nacheinander. Die meisten

Anbieter auf dem Coachingmarkt bieten indes nur eines davon, was auch logisch ist, denn es ist schwer, in allen Feldern gleichermaßen zu Hause zu sein.

Das muss man aber auch nicht: Als Coach bringen Sie von Haus aus Moderations- und Prozesskompetenz mit, die Sie nutzen können, um junge Klienten zu einer guten Entscheidung zu führen.

Die Phase *Explore* können Sie eventuell auslagern, indem Sie mit Ihrem jungen Kunden Möglichkeiten besprechen, sich selbst zu erfahren, sofern Sie selbst keine Gruppe zusammenstellen können oder wollen. Ich rate dringend davon ab, Studien- oder Ausbildungsentscheidungen nur durch theoretische Recherchen oder Tests wie den RIASEC (Tool 32) zu bestimmen. Raten Sie lieber dazu, ein halbes oder ein Jahr später mit dem Studieren zu beginnen, falls bei der Selbsterfahrung größere Unsicherheiten bestehen.

Beispiel: Eine junge Kundin hatte bereits ein Jurastudium abgebrochen. Nun dachte sie an Medizin und hatte sich schon eingeschrieben. Ich riet ihr, das rückgängig zu machen und sich ein halbes Jahr Zeit zu nehmen, um die Entscheidung durch Praktika und Gespräche abzusichern. Die Kundin war schon sehr verunsichert, ein weiterer Misserfolg hätte sie zu stark negativ beeinflusst. Also lieber bremsen – und zur Selbsterfahrung raten.

Know-how ist sehr unterschiedlich besetzt. Einige recherchieren und wissen sehr viel, andere kommen nicht einmal darauf, dass man Verwaltungswissenschaften studieren kann. Geben Sie deshalb Hilfestellung bei professioneller Recherche und der kritischen Beurteilung von Quellen. Nützlich sind hier z. B. die Jobampel des Stern, das Hochschulranking der ZEIT und das Berufenet der Bundesagentur für Arbeit.

Measure: Ich halte Tests für nicht zentral, aber hilfreich. Eine tolle Möglichkeit, wissenschaftliche Tests günstig zu nutzen, bietet opentest.ch. Hier können Sie auch RIASEC nutzen, in einer einfachen Version sogar kostenlos. Auch den Big Five gibt es hier, der durchaus auch für junge Leute hilfreich ist – bedenken Sie aber, dass sich Persönlichkeitsmerkmale bis zum 30. Lebensjahr ändern können. Tendenzen indes bleiben, z. B. wird ein ideenreicher Mensch mit 30 nicht komplett fantasielos sein. Wer in jungen Jahren sehr genau ist, wird das beibehalten etc. Im RIASEC von Opentest gibt es Berufsempfehlungen, allerdings sind diese mit großer Vorsicht zu genießen – zu unterschiedlich sind Berufsbilder nach einem Studium oder einer Ausbildung. Hier ist es wichtiger zu sehen, ob ein Klient z. B. gut theoretisch arbeiten kann (Indiz ist etwa eine hohe Offenheit im Big Five).

Erfragen Sie:

- Auf wie viel Selbsterfahrung greift der Klient zurück? Ist diese gering, wäre es wichtig, die Selbsterfahrung zu stärken, etwa in einem Workshop oder Praktikum. Dann starten Sie mit Explore.
- Auf wie viel Wissen greift er zurück? Es wird immer zu wenig sein, um relevante berufliche Möglichkeiten zu sehen. Steuern Sie Ihren Klienten durch den Prozess, hier Wissen aufzubauen und Experten zu befragen. Hier geht es um Know-how.
- Erst am Ende sollten Tests kommen – und zwar solche, die Persönlichkeit (hier ist derzeit nur der Big Five wissenschaftlich genug) und Fähigkeiten testen, keine Persönlichkeitstests wie MBTI! IQ ist immer noch umstritten, aber nichtsdestotrotz entscheidend: Messen muss man das nicht, wenn Lernen immer leicht gefallen ist. Aber wer Schwierigkeiten hatte und dann vor der Entscheidung steht, ein »schwierigeres« Studium aufzunehmen, sollte über einen Test nachdenken. Alternative: »Borakel« der Universität Bochum, siehe Online-Tests am Ende dieses Buchs.

Meine Empfehlung für Sie

Nirgendwo ist Ihre Verantwortung so groß wie bei dieser jungen Zielgruppe. Und nirgendwo wird so einseitig beraten: Da veranstalten Pädagogen Camps mit dem Fokus auf der wichtigen Selbsterfahrung, steuern aber nicht durch den Prozess der Wissenserschließung. Diese war vor 20 Jahren nicht so notwendig, heute ist sie es! Da werden Jugendliche einen Tag getestet und am Ende erhalten sie Empfehlungen, die sich später als falsch entpuppen.

Helfen Sie, Dinge einzuordnen, moderieren Sie bei der Arbeit mit dieser Zielgruppe auch die Reihenfolge bei der Entscheidungsfindung nach EKM. So gewinnen Sie Kunden, die auch nach zehn Jahren Vertrauen zu Ihnen haben werden – weil Sie sie richtig geführt haben.

29. Job-Interview

Typ	Quelle / Urheber	Einsatzbereich	Aufwand	Nutzen
Fragebogen	Svenja Hofert	Berufs- und Studien-orientierung	–	Hinführen zu einer Entscheidung

kexpa

Das Job-Interview

Befragte Person:
Empfohlen von:

Los geht's! (Machen Sie sich Notizen oder zeichnen Sie die Antworten mit einem Smartphone auf!)

1. Wie genau sieht heute Ihr Arbeitstag aus?
2. Warum haben Sie sich für das Studium / die Ausbildung entschieden?
3. Wo haben Sie studiert? Würden Sie den Ort / Lehrstuhl empfehlen?
4. Was muss man mitbringen, um das zu studieren / diese Ausbildung zu machen?
5. Würden Sie diesen Weg heute noch mal gehen?
6. Wenn ja, warum?
7. Wenn nein, was würden Sie anders machen?
8. Was war die größte Herausforderung im Studium / in der Lehre?
9. Welche Fachkenntnisse setzen Sie ein?
10. Welche Eigenschaft sorgt aus Ihrer Sicht dafür, dass man in diesem Job langfristig erfolgreich ist?
11. Wo finden sich sonst noch Menschen, die das studiert / gelernt haben?
12. Wie wird sich der Job oder die Tätigkeit Ihrer Meinung nach in Zukunft entwickeln?

Zum Abschluss: Haben Sie noch einen guten Tipp für mich?

Das Job-Interview

Was ist das? Wie anwenden?

Ein strukturierter Fragebogen für Ihre jungen Kunden hilft bei Fragen wie: In welchen Jobs arbeiten Biogenetiker? Wie kommt man in die Forschung und Entwicklung? Händigen Sie den Fragebogen aus, wenn die Recherche der nächste Schritt in der Orientierung ist. Bitten Sie Ihren jungen Kunden, mindestens fünf Personen ausfindig zu machen, die das Studium oder die Ausbildung absolviert haben, das / die er selbst für sich im Auge hat. Kontakte lassen sich über Eltern, Lehrer und Bekannte herstellen. Zusätzlich empfehle ich den Klick ins Internet. So lässt sich bei Xing nach Studienabschlüssen recherchieren, ja sogar herausfinden, wo jemand studiert hat. Dafür braucht der junge Klient einen Account, den er normalerweise nicht hat. Helfen Sie hier mit Ihrem eigenen aus oder bitten Sie die Eltern.

Ermutigen Sie Ihren Klienten, auch fremde Personen aktiv anzusprechen. Die Erfahrungen sind immer positiv. Hilfe und Unterstützung leistet jeder gern, erst recht, wenn er einen wichtigen Schritt bei der Berufsorientierung mitgestalten kann.

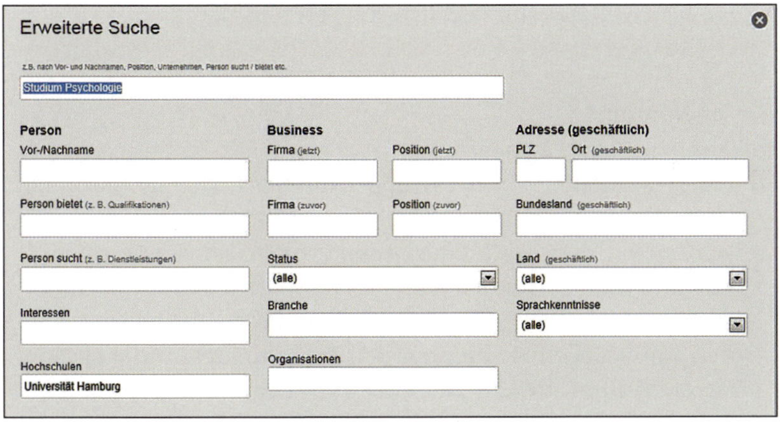

Bei Xing geben Sie z. B. die Uni ein und »Studium ABC«.

30. Potenzialcamp

Typ	Quelle/Urheber	Einsatzbereich	Aufwand	Nutzen
Übung	Svenja Hofert	Berufs- und Studien-orientierung	Ein halber bis ganzer Tag	Hinführen zu einer Entscheidung

Was ist das?

Oft beschäftigen sich gleich mehrere Schüler einer Klasse mit der Berufsorientierung. Veranstalten Sie mit diesen einen halbtägigen Workshop, ideal auch vor einer Einzelberatung. In diesem hier vorgestellten Workshop geht es darum, Wirtschaft zu spielen. Dabei sollen die Jugendlichen sich selbst erfahren und merken, welche Stärken sie und andere haben – der erste Baustein der Berufsorientierung nach EKM (Tool 28).

Sie nehmen im Workshop die Rolle des Moderators und Beobachters ein. Bei mehreren Gruppen brauchen Sie eine weitere Person, die mit beobachten kann und sich Notizen macht.

Wie anwenden?

So kann ein Ablauf aussehen:

- Eine Präsentation vor der Gruppe zum Start. Thema: Hier sehe ich meine Stärken. Dauer: zwei bis drei Minuten.
- Wir spielen Wirtschaft. Eine Gruppe von bis zu vier Personen soll ein Produkt erfinden, das die Welt wirklich braucht, und sich überlegen, wie man es verkaufen und damit Geld verdienen kann. Geben Sie hier nur den Zeitrahmen vor und bitten Sie die Gruppe, Regeln und Rollen (wer macht was?) selbst festzulegen. Am Ende soll es eine Skizze geben und ein Konzept auf mindestens einer Seite. Eckpunkte können von der Gruppe auf einer Metaplan-Tafel festgehalten werden.
- Feedback-Runde: Was habt ihr selbst bei euch erlebt? Welche Stärken habt ihr wahrgenommen? Was habt ihr bei den anderen beobachtet?

31. 5 Stufen zur Klarheit

Typ	Quelle/Urheber	Einsatzbereich	Aufwand	Nutzen
Methode mit Formular	Svenja Hofert	Berufs- und Studien-orientierung	5-mal ein bis zwei Stunden	Hinführen zu einer Entscheidung

Was ist das?

Um eine fundierte Ausbildung- und Studienzielentscheidung zu treffen, sollte Ihr junger Klient sich mit fünf verschiedenen Stufen beschäftigen: den Wünschen an Beruf und Leben, der Persönlichkeit, dem Können, den Interessen und den Kriterien für eine Entscheidung. Diese Stufen habe ich erstmals in meinem Buch *Am besten wirst du Arzt* vorgestellt (siehe Literatur).

Wie anwenden?

Das Formular liefert eine ideale Vorlage, um in fünf Sitzungen und Gesprächen eine Ausbildungsentscheidung vorzubereiten. Sie führen den jungen Menschen durch einen Prozess, der an EKM (Tool 28) angelehnt ist. Er kann die Job-Interviews (Tool 29), das Potenzialcamp (Tool 30) und die Videopräsentation (Tool 33) enthalten.

Meine Empfehlung für Sie

In den ersten Abschnitt »Wünsche« können Sie auch die Eltern einbinden. Sie würden diese dann separat befragen. In diesem Abschnitt ist es sinnvoll, nach Vorbildern zu fragen, guten und schlechten. Stufe 2 sollten Sie kleinteilig besprechen. Warum hat der Klient diese fünf Punkte ausgewählt, was genau steckt dahinter? Gibt es Beispiele? Beschäftigen Sie sich in den ersten vier Sitzungen nicht mit Zugangsvoraussetzungen.

In der letzten Stufe sollte sich Ihr Klient allerdings mit der Realität konfrontieren. Ist Medizin überhaupt realistisch? Ist ein Auslandsstudium eine Alternative? Gibt es andere Wege? Lässt sich dieser Bachelor mit etwas anderem kombinieren?

In dieser Phase wird manchmal zu früh ein Traum aufgegeben, weil etwas auf den ersten Blick aufgrund der Hürden unrealistisch scheint. Oder ein junger Mensch will partout nicht die Stadt wechseln. Hier ist es Ihre Aufgabe, Mut zu machen – oder dazu aufzufordern, Menschen zu finden und zu sprechen, die auch schwierige Wege gegangen sind.

Weisen Sie darauf hin, dass immer viele Wege nach Rom führen und die meisten Studiengänge keine Berufsentscheidung bedeuten.

kexpa SOLUTION

Stufe 1 – Wünsche an Beruf und Leben

Was erwarten Sie vom Leben und was vom Beruf? Setzen Sie sich einmal fünf Minuten hin und schreiben Sie alles auf, was Ihnen einfällt.

Wünsche an den Beruf	Wünsche an das Privatleben

Welche Konsequenzen hat das für die Entscheidung?

Stufe 2 – Persönlichkeit

Kreuzen Sie bis zu fünf Aussagen an, die maximal zutreffen. Schreiben Sie dazu Gedanken auf.

X	Aussage	Was steckt hinter dieser Antwort? Was könnte es für die Berufswahl bedeuten?
	Ich will beruflich immer weiterkommen.	
	Ich will anderen helfen und sie unterstützen.	
	Ich will am Ende etwas Erschaffenes sehen können.	
	Ich arbeite gern allein.	
	Ich arbeite gern mit anderen.	
	Ich will mit den Händen arbeiten.	
	Ich will mit Menschen arbeiten.	
	Ich will etwas machen und umsetzen.	
	Ich will denken und tiefes Hintergrundwissen erwerben.	
	Ich möchte etwas Sinnvolles für die Gesellschaft tun.	
	Ich möchte etwas für und mit Menschen tun.	
	Ich will eine Stellung in der Gesellschaft haben.	
	Ich will besondere Kenntnisse erwerben.	
	Ich bin bereit, immer wieder neu zu lernen.	
	Ich will für die Familie da sein.	

Nutzen Sie die 5 Stufen zur Klarheit (hier Seite 1 des Fragebogens, den Sie auf der DVD finden) zur Ausarbeitung im Coaching selbst oder händigen Sie diese zur Vorbereitung aus und besprechen Sie die Inhalte dann – abhängig vom Budget des Kunden.

32. Studienmodell RIASEC

Typ	Quelle / Urheber	Einsatzbereich	Aufwand	Nutzen
Fragebogen (auch als Test)	John L. Holland / Fragebogen Svenja Hofert	Ausbildungs- und Berufszielentscheidung	Ein bis zwei Stunden	Klarheit über die verschiedenen Einstiege in den Beruf

Was ist das?

Hinter dem Fragebogen steht ein Tool des Organisationspsychologen John L. Holland. Das Modell trägt den schönen Namen RIASEC.

RIASEC unterscheidet verschiedene Berufsrichtungen:

- realistic / praktisch
- investigative / forschend, wissenschaftlich
- artistic / künstlerisch-kreativ
- social / sozial
- enterprising / unternehmerisch
- conventional / konventionell

Was Sie dazu wissen sollten

Es hat sich geändert, was hinter den einzelnen Bereichen steht:

- *Praktisch:* Die frühere Auffächerung in »mechanisch« und »technisch« gibt es kaum noch. Ein Mechaniker ist oft auch ein Techniker. Wenn Sie sich ansehen, was ein KFZ-Mechaniker heute macht, so hat das nichts mit dem zu tun, was er vor 20 Jahren lernte. Spezialisierung ist absolut notwendig. Sogar Installateure (»Ich bin Klempner von Beruf«) sind heute Spezialisten, zum Beispiel für Rohrreinigung.
- *Forschend:* Die Themen Praxistransfer und Wissensvermittlung werden immer wichtiger. Forschung steht nicht mehr für sich da, sondern hat immer auch eine unternehmerische Komponente, will sie im Wettbewerb der Universitäten um Anerkennung bestehen.

- *Künstlerisch:* Das geht kaum noch ohne Technik. Jeder Designer muss auch Softwareprogramme beherrschen und sich immer wieder auf den aktuellen Stand bringen. Die Trennung von Design und Technik, die es teilweise noch gibt, ist langfristig nicht mehr sinnvoll. Spezialisierung ist notwendig, Alleskönner haben ein Problem.
- *Sozial:* Auch hier ist eine Spezialisierung notwendig, um sich langfristig so zu entwickeln, dass Gehälter nicht stagnieren, z.B. auf Sprachförderung in der Elementarpädagogik.
- *Unternehmerisch:* Immer mehr junge Menschen wollen gründen, viele auch mit Social-Business-Ideen. Unternehmerisches Denken lernen wollen ist die Grundmotivation für die Wahl eines Faches wie BWL oder Wirtschaftswissenschaften.
- *Konventionell:* Das war früher der Andockbereich für alle, die, nett gesprochen, eine hohe »Freizeitorientierung« haben. Doch auch hier wird kräftig optimiert, sodass die besten Chancen auf maximale »Ruhe« eigentlich nur noch Spezialisten haben.

Wie anwenden?

Sie haben einen Kunden, der sich für ein Studium oder eine Berufsausbildung entscheiden möchte? Ermitteln Sie zunächst die Grundlagen mit meinem Stufenmodell (Tool 31) und ergänzen Sie dieses gegebenenfalls durch den Fragebogen. Der Fragebogen kann aber auch für sich stehen, wenn Sie z.B. nur eine oder zwei Stunden beraten und nicht die Möglichkeit haben, in Stufen vorzugehen. Die Leitfragen stammen von mir und sind nicht als Test, sondern als Orientierungshilfe zu verstehen. Einen guten RIASEC-Test, der auch zeigt, wie die Normwerte verteilt sind, finden Sie auf www.opentest.ch. Anhand der Normwerte erkennen Sie, wenn jemand überdurchschnittlich stark von einem Bereich motiviert ist, auch geschlechterspezifisch.

Meist ist das Ergebnis – in meinem Kurztest und auch sonst – nicht ganz eindeutig, sondern es kommen Kombinationen heraus, z.B. gibt es zweimal »trifft ganz zu« bei unternehmerisch und künstlerisch sowie einmal »trifft zu« bei wissenschaftlich. Hier könnte, je nach Ergebnis der vorhergehenden Schritte, eine Empfehlung lauten, zunächst ein Bachelor-Studium zu absolvieren, das Grundlagen

RIASEC – Berufsorientierung

kexpa

Realistisch, praktisch

	Trifft gar nicht zu	Trifft nicht zu	Neutral	Trifft zu	Trifft ganz zu
Reizt dich die praktische Arbeit mit Tieren, Geräten, Werkzeugen, so ganz hands-on?					
Möchtest du gern anfassen, machen, etwas mit den Händen erschaffen?					

Konventionell

	Trifft gar nicht zu	Trifft nicht zu	Neutral	Trifft zu	Trifft ganz zu
Ist dir ein sicherer Arbeitsplatz sehr wichtig?					
Möchtest du gern in deinem Wohnort bleiben? Möchtest du maximale Planbarkeit?					

Sozial

	Trifft gar nicht zu	Trifft nicht zu	Neutral	Trifft zu	Trifft ganz zu
Ist es dir wichtig, etwas Wertvolles für die Menschen zu tun?					
Hat Helfen und Unterstützen für dich einen hohen Wert?					

Seite 1 des Fragebogens, den Sie auf der DVD finden. Drucken Sie die Fragebögen gern aus. Meine Fragen können Sie durch weitere ergänzen.

für eine spätere kreativ-unternehmerische Tätigkeit schafft, etwa Medieninformatik, Design, Kommunikationswissenschaften etc., und dieses mit einem MBA zu kombinieren. Entscheidend sind hier die fachlichen Interessen.

Verbünden sich »konventionell« und »sozial«, käme etwa Lehramt infrage, der sozialpädagogische Sektor oder Gesundheitswissenschaften. »Unternehmerisch« und »konventionell« könnte für ein »Vernunftstudium« sprechen, etwa Wirtschafts- oder auch Verwaltungswissenschaften. Fragen Sie hierzu auf jeden Fall konkrete Adressen ab.

Erweiterung: Future-Job-Kreis

RIASEC lässt sich um den Future-Job-Kreis ergänzen, der künftige Entwicklungen verdeutlicht. Sie können ihn ergänzend zeigen oder vorstellen.

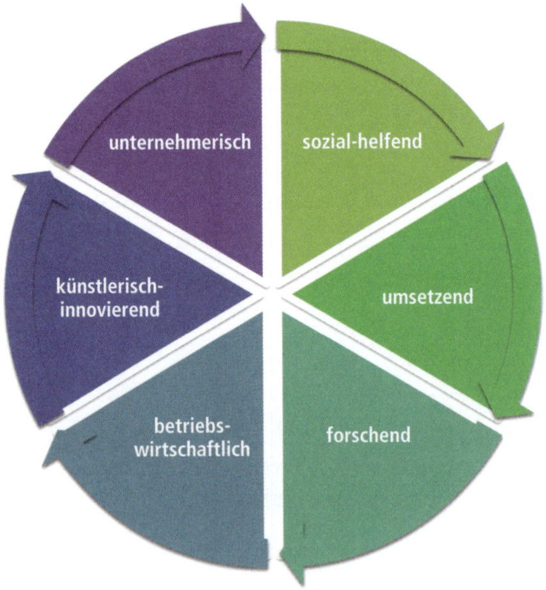

So oder andersherum: Der Kreis zeigt einen möglichen Qualifizierungskreislauf. Typischerweise werden junge Leute im Laufe ihres Lebens mindestens zwei bis drei dieser Kuchenstücke durchlaufen, einige sogar alle. Entscheidend ist, wo sie anfangen.

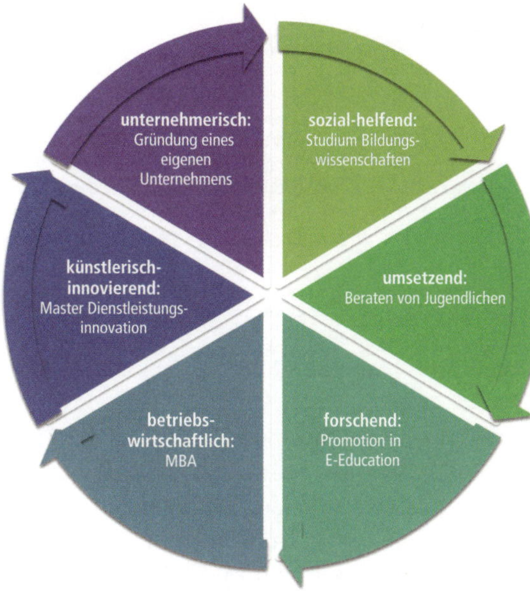

Der Future-Job-Kreis: ein Beispiel

Was Sie dazu wissen sollten

Früher wurde man Koch und Punkt. Heute lernt jemand gleich Schnittstellenwissen, z. B. zwischen Wirtschaft, Ingenieurwesen und Kreation. Dieses grafische Modell verdeutlicht, dass heute kaum jemand bleibt, wo er beginnt. So wechseln Praktiker in die Forschung und lernen Künstler unternehmerisches Denken und Handeln. Zeigen Sie das Modell oder erklären Sie es: Sowohl junge Leute als auch ihre Eltern wissen darüber noch viel zu wenig.

Einige der modernen Studiengänge verbinden von vornherein z. B. forschende mit praktischen Interessen. Zu nennen wären Bionik und auch Biotechnologie.

Heute ist durch die Umstellung auf Bachelor und Master sowie immer vielfältigere Weiterbildungslehrgänge Schnittstellenwissen gefragt und lebenslanges Lernen möglich. Modular statt linear: Die Kombination verschiedener Eingangsbereiche ist ebenso normal wie ihr Überschreiten im Laufe des Berufslebens.

33. Videopräsentation »Meine Zukunft«

Typ	Quelle/Urheber	Einsatzbereich	Aufwand	Nutzen
Methode zur Schaffung beruflicher Klarheit	Svenja Hofert	Ausbildungs- und Berufszielentscheidung	Zwei Stunden Vorbereitung für den Kunden, 20 Minuten Präsentation	Klarheit über die verschiedenen Einstiege in den Beruf

Was ist das?

Sie haben nur ein kleines Beratungsbudget von rund zwei Stunden und möchten Ihren Klienten möglichst effektiv zum Ziel führen? Dann arbeiten Sie mit einem Video: Zeichnen Sie mit Ihrer Kamera auf, wie sich der Kunde die Zukunft vorstellt. Das hat einen prima Effekt, weil jeder aufgeregt sein wird und das Video den Eltern und Freunden gezeigt werden kann. Gleichzeitig lernen die jungen Leute, Gedanken zu strukturieren und den beruflichen Weg argumentativ zu stützen, den sie für sich ausgesucht haben. Das nämlich ist die Voraussetzung: Der Weg muss sich abzeichnen, es sollte keine größeren Unsicherheiten mehr geben.

Wie anwenden?

Mit dieser Methode bauen Sie den größten Teil Ihres Coachings auf der Vorleistung Ihres Klienten auf. Sie sind Moderator des Prozesses. Die Zukunftswerkstatt (Tool 27) könnte sich an eine Stunde anschließen, in der oder vor der Sie die Grundlagen ausgearbeitet oder besprochen haben, zum Beispiel mit den 5 Stufen zur Klarheit (Tool 31). Die künftige Richtung muss weitestgehend feststehen, maximal sollte es zwei oder drei Varianten geben, wenn die favorisierte Lösung nicht funktioniert, etwa aufgrund von Zulassungsbeschränkungen an einer Universität.

Wer vor Ihnen seine Präsentation »Meine Zukunft« hält, sollte bereits wissen:

- Welche Möglichkeiten für Studium oder Ausbildung gibt es für

mich vor meinen Zulassungsvoraussetzungen, welche wähle ich aus?
- Welche Möglichkeiten, Praktika zu absolvieren, gibt es und welche finde ich interessant?
- Wo kann ich später arbeiten und was zieht mich an? Wie sind die Verdienste dort?
- Wie überbrücke ich die Zeit bis zum Studien- oder Ausbildungsbeginn sinnvoll?

Geben Sie eine gewisse Struktur vor, es sei denn, Ihr Klient ist sehr kreativ und traut sich das selbst zu. Bieten Sie folgende Fragen an:
- Was sind meine Stärken?
- Wie stelle ich mir mein Leben nach Schule / Abitur vor? Was werden Schritte sein?
- Zu welcher Ausbildung und welchem Studium werde ich mich entscheiden? Was sind meine Gründe dafür?
- Welche Praktika werde ich machen und wo könnte ich sie mir vorstellen?
- Werde ich ins Ausland gehen und wohin?
- Welche Jobs möchte ich gern haben?
- Wo werde ich leben? Wie wichtig ist dieser Ort?

Die Ausarbeitung sollte am besten mithilfe von Skizzen oder einer Powerpoint-Präsentation gestaltet sein. Auch ein Plakat mit Skizzen, Ausschnitten und Fotos kann als Präsentationsform gewählt werden. Fragen Sie, was Ihr Klient favorisiert. Mir scheint es da große Unterschiede zu geben: Einige sind schon sehr versiert in Powerpoint und der Arbeit am Flipchart, andere haben keine Erfahrung.

Meine Empfehlung für Sie

Diese Aufgabe ist nur etwas für junge Leute, die in ihren Gedanken schon sehr weit sind und Klärung und Feedback brauchen. Unsichere Menschen oder solche, die zwischen den Fronten der Erwartungen stehen – etwa seitens ihrer Familie –, brauchen eine andere Herangehensweise; sie wären mit einer solchen schnellen Übung überfordert.

Stellen Sie nach der Präsentation Fragen, wenn etwas nicht ganz klar scheint. Ermutigen Sie dazu, den Weg zu gehen. Oft ist es gerade das, was junge Leute an dieser Stelle brauchen. »Das hört sich toll an, du wirst deinen Weg gehen und erreichen, was du dir vorstellst.«

Bewerbung

Das Thema Bewerbung stand am Anfang meiner Beratungspraxis stärker im Mittelpunkt als heute. Inzwischen sehe ich die Bewerbung einer grundlegenden Strategieberatung nachgelagert. Zu oft habe ich perfekte Unterlagen gesehen, die nicht zum Erfolg führten. Und genauso oft mit Mängeln behaftete Schreiben und Lebensläufe, die erfolgreich waren. Für mich ist deshalb das formal Perfekte nicht mehr so entscheidend, sondern vielmehr Fragen wie:

- Auf welche Stellen und bei welchen Unternehmen bewirbt sich ein Bewerber und warum?
- Wie passen seine Ziele mit dem Markt zusammen?
- Gibt es dort genügend Stellen, viel oder wenig Wettbewerb?
- Was muss ein Bewerber tun, um den Wettbewerb zu verkleinern?

Letzteres kann eine Weiterbildung seine, eine Veränderung der Strategie oder auch eine Aktion auf dem verdeckten Stellenmarkt. Bewerbungsoptimierung ist für mich deshalb kaum zu trennen von Karriereberatung. Es ist aber ein guter Einstieg, um im Thema sicher zu werden und selbst zu erleben, wie Menschen erfolgreich sind. Letztendlich spielt auch die Zielgruppe mit hinein: Je einfacher jemand qualifiziert ist, desto handfester und formaler sollten Ihre Tipps sein. Dazu finden Sie viele Hinweise in meinen Bewerbungsbüchern. Hier konzentriere ich mich auf einige Fortgeschrittenen-Tools, die den Bewerbungserfolg messbar machen und erhöhen.

34. Aufmerksamkeitsbringer

Typ	Quelle/Urheber	Einsatzbereich	Aufwand	Nutzen
Best-Practice-Modell	Svenja Hofert	Bewerbung	Weniger als eine Stunde	Ihr Kunde versteht, dass es dauert, bis er punktet

Was ist das?

Wie genau gehe ich vor, wenn ich ein Unternehmen mit einer Initiativbewerbung anspreche oder mich sichtbar machen möchte? Mit diesem Tool arbeitet Ihr Kunde die ersten fünf Schritte aus. Es heißt Aufmerksamkeitsbringer, weil es Ihrem Kunden nach und nach die Aufmerksamkeit seines Wunschunternehmens bringt.

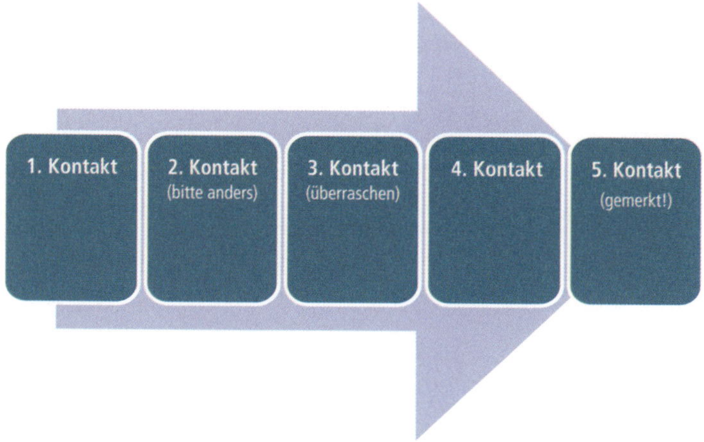

Aufmerksamkeitsbringer: Fünf Kontakte sind oft das Minimum … am besten sind diese verschiedenartig. Also nicht immer Telefon, sondern mal Telefon, mal Twitter, mal Mail. Das prägt sich besser ein.

Aufmerksamkeitsbringer: Hier ein Beispiel.

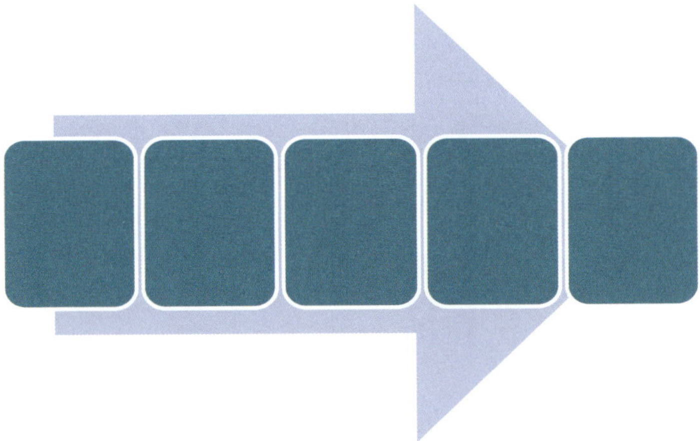

Aufmerksamkeitsbringer: Und das ist die Vorlage, die Sie mit Ihrem Kunden ausschneiden, kopieren und ausfüllen können.

Wie anwenden?

Dieses Tool passt wunderbar, wenn Sie mit Ihrem Kunden eine Strategie austüfteln möchten, nach der er Kontakt zu einer Person aufnimmt, die ihn näher an sein berufliches Ziel bringt. Sie können es auch für Initiativbewerbungen verwenden, zu denen mindestens einmal Vorfühlen und mehrmals Nachfassen gehört.

Hier ein beispielhafter Ablauf:

1. Ein Profi für umweltgerechtes Sanieren möchte sich bewerben (Vorfühlen, telefonisch)
2. Bewerbung schicken
3. Nachfassen, Termin anbieten
4. Kontaktanfrage per Xing
5. Noch einmal nachfassen

Meine Empfehlung für Sie

Raten Sie Ihrem Kunden, verschiedene Kontaktmöglichkeiten zu kombinieren, da das die Effizienz steigert. Wer immer nur anruft, wird irgendwann erwartet ... Immer nur Mail ist ebenso berechenbar und verankert sich nicht so gut.

Empfehlen Sie, auf einer möglichst hohen Ebene anzusetzen, etwa beim Inhaber oder Geschäftsführer. Für Initiativbewerbungen sind viele Personalabteilungen wenig empfänglich.

35. Begriffsbox für Wissensberufe

Typ	Quelle/Urheber	Einsatzbereich	Aufwand	Nutzen
Wörter-Box	Svenja Hofert	Bewerbung, Vorstellungs-gespräch, Karriereplanung	–	Konkretisierung von Aussagen

Was ist das?

Eine Hilfe-Box, die Ihnen und Ihren Kunden hilft, die richtigen Worte zur konkreten Beschreibung von Tätigkeiten zu finden.

Wie anwenden?

Fragen Sie Kunden oder Seminarteilnehmer nach ihren Stärken, so werden so gut wie alle das Gleiche benennen, Organisationstalent etwa oder Kommunikationsvermögen. Das ist für sich gesehen sehr abstrakt. In Wissensberufen begegnen mir typische Tätigkeiten, die ich in sechs verschiedene Bereiche eingeteilt habe, die Kernpunkte von Aufgaben skizzieren. In diesen Bereichen finden Sie Konkretisierungen, die Sie erweitern können. Sie ermöglichen Ihnen, genauer nachzufragen, und können auch eine Vorlage für die passende Wortfindung in Bewerbungen und im Vorstellungsgespräch sein.

Kommunizieren
- Schriftlich/mündlich
- Beraten
- Verkaufen
- Präsentieren
- Verhandeln

Probleme lösen
- Konzentriert durchdenken
- Strukturen analysieren
- Szenarien durchdenken
- Fehler finden

Visualisieren
- Räumlich denken
- Abstrahieren
- Skizzieren
- In Modelle umsetzen

Recherchieren
- Finden
- Essenz zusammentragen
- Entscheidungsvorlagen treffen

Konzeptionieren
- Ideen entwickeln
- Vordenken
- Beschreiben
- Umsetzen (etwa in eine Software)

Organisieren
- Abläufe planen
- Aktiv handeln
- Aktiv steuern
- Überblick behalten

Begriffsbox: Beispiele

36. Bewerbungs-Projektmanagement

Typ	Quelle/Urheber	Einsatzbereich	Aufwand	Nutzen
Tabelle zur systematischen Erfassung des Bewerbungsverlaufs	Svenja Hofert	Bewerbungsprozess	Nur für den Kunden	Erfolgskontrolle für Sie und den Kunden

Datum	bei wem beworben? Quelle	Bewerbungstyp	Ansprechpartner	Telefonisches Interview	Einladung 1	Einladung 2	Assessment Center	Bemerkung	Bemerkung Projektstand
15.03.2013	Saimler AG, www.XY.de	Initiativ	Personalabteilung, Franz Müller		01.04.2013	nein	nein	sehr unfreundlich	Angebot
16.03.2013	Porsche AG, www.porsche.ag	Initiativ	HR Sabine Quetsch	18.3.2013, Gehalt angegeben: 56.000	25.04.2013	nein	nein	angeblich zu teuer	Absage
16.03.2013	Müller KG, www.mueller.kg	Initiativ	GF Meinold Mei	mit Assistent, persönliche Fragen	30.04.2013	15.05.2013	12.04.2013	nett und offen	In Bearbeitung
17.03.2013	Sara Leemann	Stellenangebot	HR Heinz Pomm	mit Center in Irland am 1.4.2013	nein				Absage
17.03.2013	Redder GmbH	Stellenangebot	HR Meier-Müller	nein	15.04.2013	nein	nein	hatten sich Bewerbung gar nicht angesehen	Absage

Diese Excel-Tabelle händigen Sie Ihrem Kunden aus. Ihm wird es dadurch erleichtert, den Bewerbungsprozess zu managen. Gemeinsam können Sie so sehen, wie und was erfolgreich war.

Was ist das?

Dieses Excel-Tool hilft Ihnen, den Prozess zu systematisieren und sofort zu sehen, welche Bewerbungen herausgegangen sind und wie das Ergebnis war. Durch die automatische Formatierung können Sie erkennen, was noch offen ist oder wo es Angebote und Absagen gab. Der Bewerbungsprozess hat einen Anfang und ein Ende – und viele kleine Meilensteine dazwischen. Jede einzelne Bewerbung ist ein Teilprojekt – und muss genauso behandelt und zum Abschluss gebracht werden. Mit diesem Bild arbeite ich, um Klienten in die Verantwortung zu nehmen.

Wie anwenden?

Manche stellen sich das Bewerben zu leicht vor, dann wiederum verlieren sie den Überblick. Mit einer professionellen Vorgehensweise erreichen Sie mehr:

- Der Klient distanziert sich leichter von Absagen. Jede Absage dokumentiert schließlich ein beendetes Teilprojekt. Und nicht etwa persönliche Ablehnung (was vor allem Frauen gern so empfinden).
- Erfolg und Misserfolg kann so differenzierter betrachtet werden. Sie können früher eingreifen. Gibt es unverhältnismäßig viele Absagen, ist die Frage, warum? Liegt es an den Unterlagen oder der Auswahl der Stellen? Versuchen Sie es dann einmal anders.

Meine Empfehlung für Sie

Die meisten Bewerber mögen diese Systematik anfangs nicht sonderlich. Sie müssen vielleicht etwas Überzeugungsarbeit leisten. Im Nachhinein sind aber, so meine Erfahrung, alle immer froh, ihre Bewerbungen erfasst zu haben, denn nur so lassen sich Muster erkennen, nur so lässt sich systematisch anknüpfen, wenn sich ein Unternehmen nicht meldet oder lediglich vertröstet hat.

37. Brückenbauer

Typ	Quelle/Urheber	Einsatzbereich	Aufwand	Nutzen
Modell, um von A nach B zu kommen	Svenja Hofert	Strategische Bewerbungs- und Karriere-planung	Ein bis zwei Stunden	Klarmachen, dass das Ziel oft nur über einen Umweg erreicht werden kann

Was ist das?

Ein Modell für die Planung von Karriereschritten und das Finden eines angemessenen Bewerbungsziels.

Was Sie dazu wissen sollten

Unternehmen »kaufen« am liebsten Mitarbeiter ein, die im vorherigen Job genau das gemacht haben, was sie auch jetzt tun sollen. Bewerber wollen aber oft etwas anderes: eine neue Branche, eine andere Tätigkeit … Je stärker der Veränderungswunsch ist, desto weniger lässt er sich direkt abbilden.

Wie anwenden?

Bei meinem Brückenprinzip ist es Ihre Aufgabe, mit Ihrem Klienten zu analysieren, welche Brücke in seinem Lebenslauf in einen anderen Job führen könnte. Suchen Sie Brücken! Sie sind oft versteckt. Ein Kunde war völlig überrascht, dass eine uralte Ausbildung zum Speditionskaufmann ihm 20 Jahre später zum Traumjob verholfen hat. Ein anderer merkte erst in Gesprächen, dass seine handwerkliche Nebentätigkeit entscheidend für eine Arbeit als Ausbildungsbetreuer in einem produzierenden Unternehmen war.

Sie müssen dafür querdenken, denn die Ansatzpunkte sind oft nicht im Lebenslauf zu finden, sondern drumherum – in den Kontakten, die jemand aufgebaut hat, in seinen Hobbys, in Weiterbildungen oder ehrenamtlichem Engagement. Wenn ich selbst zum Beispiel Firmenkundenberater in einer Bank werden wollte, hätte ich vielleicht gar keine schlechten Chancen, obwohl ich nicht aus der Bankenbranche komme. Es wären die Kontakte und die Erfahrungen mit Gründungsvorhaben. Angenommen, ich wollte Vorstand bei einer Bank werden (keine Sorge, reine Fantasie): Dann wäre es doch schlau von mir, erst einmal überhaupt in die Branche zu kommen und mich dort zu beweisen.

Darauf wäre ich selbst nie gekommen. Und genau darum geht es bei diesem Prinzip. Ihre Kunden kommt selbst oft nicht auf das Naheliegende. Sie können bei der Ideenproduktion helfen, noch besser ist es, mehrere Personen einzubeziehen und Ihren Kunden zum Beispiel zwischen zwei Terminen auf Brückensammeltauchstation zu schicken. Am besten nimmt er in dieser Zeit ein Heft mit, in das er seine Ideen und die Ideen der anderen notieren kann.

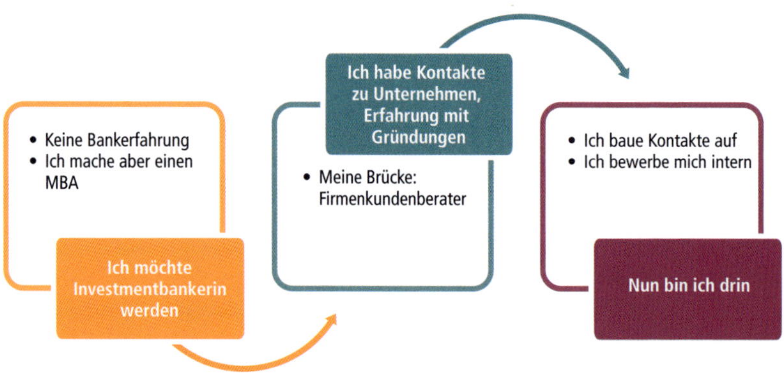

Welche Brücke könnte in einen anderen Job führen?

38. Einladungsquotenkalkulator

Typ	Quelle/Urheber	Einsatzbereich	Aufwand	Nutzen
Bild zur Verdeutlichung der Bedeutung des »Dranbleibens«	Svenja Hofert	Bewerbung, Akquise	–	Ihr Kunde versteht, dass es dauert, bis er punkten kann und wird

Einladungsquotenkalkulator

Was ist das?

Wie oft wird Ihr Kunde eingeladen werden, was wird seine »Quote« sein? Die meisten Bewerber sind beruhigt, wenn sie hören, dass »ihr Ergebnis« mit einer Einladung auf zehn Bewerbungen – in dem Fall also 10 Prozent – ganz normal ist. Sie können mit diesem Tool auch den Erfolg nach einer Bewerbungsoptimierung reflektieren. Mit welcher Einladungsquote hatten Sie gerechnet und welche gab es wirklich?

Wie anwenden?

Meiner Erfahrung nach beträgt die maximal zu erzielende Quote bei einem Top-Bewerber 80 Prozent an Einladungen. Über 50 Prozent Erfolg entscheidet der Markt: Hier spielt relevante Erfahrung mit – also Erfahrung, die ein Arbeitgeber auch honoriert –, meist bis zu sechs Jahre Praxis, mehr hat oft keinen Wert. Noch entscheidender ist das Verhältnis von Angebot und Nachfrage. Wenn viele Bewerber mit der gewünschten Qualifikationsstufe auf dem Markt vorhanden sind, ist mit weniger Einladungen zu rechnen, als wenn wenige Bewerber für viele Stellen da sind.

Die minimale Einladungsquote, etwa in schwierigen, überlasteten Märkten wie Kultur, Tourismus, Marketing und Personal, sollte bei 10 Prozent liegen, andernfalls stimmt etwas nicht:

- in der Strategie (welche Stellen sehe ich überhaupt für mich?),
- an der Art der Ansprache in der Bewerbung,
- am fachlichen Profil,
- am Gehaltswunsch
- oder an allem zusammen.

Meine Empfehlung für Sie

Ich warte nach einer Optimierung, bei der ich immer alle relevanten Faktoren einbeziehe, normalerweise 20 bis 30 Bewerbungen ab, ehe ich ein Fazit ziehe und dem Bewerber eventuell empfehle nachzubessern. Mitunter hilft es, Aussagen stark zu vereinfachen. Manchmal nutzt aber alle Optimierung nicht: Dann ist der Markt einfach dicht; es muss das Thema Weiterbildung und Neuorientierung auf den Tisch. Das anzusprechen, ist Ihr Job, sofern Sie über die reine Bewerbungsberatung hinaus- und in die Karriereberatung hineingehen wollen. Bitte beachten Sie hierzu auch Tool 66 (Karrierequadrat).

39. Golfspiel

Typ	Quelle/Urheber	Einsatzbereich	Aufwand	Nutzen
Bild zur Verdeutlichung der Bedeutung des »Dran-bleibens«	Svenja Hofert	Bewerbung, Akquise	–	Ihr Kunde versteht, dass es dauert, bis er punkten kann und wird

Es braucht immer mehrere Versuche, um den Ball zu versenken …

Was ist das?

Ein Bild, das hilft zu verdeutlichen, dass nur derjenige Erfolg hat, der dranbleibt – und immer wieder nachfasst. Ohne Nerverei und mit Köpfchen versteht sich. Deshalb Golf. Es geht ja nicht ums Draufhauen.

Wie anwenden?

Die meisten Menschen unterliegen einem grundlegenden Irrtum: Sie glauben, andere dächten und reagierten genauso wie sie selbst. Nur so verstehen sich Aussagen wie »Ich würde auch nicht nachfragen« oder »Wenn der Ansprechpartner sich nicht meldet, besteht auch kein Interesse« an Initiativbewerbungen. Natürlich ist das Blödsinn. Dass jemand nicht auf einen Bewerber reagiert, hat in den meisten Fällen mit fehlender Sichtbarkeit zu tun. Mit der Tatsache, dass ein Bewerber allenfalls kurz in den Fokus der Aufmerksamkeit kommt und alles andere erst einmal wichtiger ist als er.

Ich versuche meinen Kunden das mit dem Bild des Golfspielens beizubringen. Man bringt einen Ball in Bewegung, aber so gut wie nie wird man den Ball sofort im Loch versenken. Selbst ein Profi schafft das nicht. Er braucht immer mehrere Versuche. Er muss auch taktieren. Es geht nicht immer gerade rein. Auch nicht immer mit einem harten Schlag. Ich sage ehrlich, ich habe keine Ahnung vom Golfspielen, allenfalls von Minigolf, aber ich bin aus der Fernbeobachtung sicher, dass es das passende Bild ist. Es hat jedenfalls immer gut funktioniert, auch um die Langwierigkeit von Akquisen Selbstständiger zu verdeutlichen.

Fallbeispiel / Meine Empfehlung für Sie

Einmal habe ich erlebt, dass ein Kunde 14 Anrufe brauchte, bis er zu seinem Ziel gekommen ist. Es ging um einen Job im E-Learning. Immer wieder sprach er aufs Band, immer wieder wurde er vertröstet (»dauert noch«, »bitte gedulden Sie sich«). Hätte ich nicht immer wieder gesagt, »ein Projekt ist erst beendet, wenn es ein eindeutiges Ja oder Nein« gibt, er hätte spätestens nach dem fünften Anruf aufgegeben. Natürlich ist es schwer, die Balance zu halten. Sie können jedoch recht sicher sein, dass eher vorsichtige und nachdenkliche Menschen sich tendenziell zu früh zurückziehen. Ermutigen Sie Ihre Kunden, am Ball zu bleiben. Selbst wenn dann irgendwann eine Absage kommt: Immerhin hat damit die Unsicherheit ein Ende. Dinge zum Abschluss zu bringen kann manchmal eine prima Motivation sein.

40. Guerilla-Taktik

Typ	Quelle/Urheber	Einsatzbereich	Aufwand	Nutzen
Alternative Vorgehensweise bei der Bewerbung	Svenja Hofert	Bewerbung	Etwa eine Stunde	Neue Wege der Bewerbung

Guerilla-Taktik

Was ist das? Wie anwenden?

Eine Vorgehensweise bei der Bewerbung, vor allem dann, wenn es um einen Quereinstieg geht und die Aussichten bei einer traditionellen Bewerbung eher schlecht sind. Guerilla-Taktik bedeutet, in drei Prozessschritten vorzugehen.

Im ersten Schritt werden »Objekte« genau ins Visier genommen. Wer ist ein guter Arbeitgeber? Welche Abteilung dort? Wer entscheidet da? Was herrschen dort für Gesetzmäßigkeiten? Im nächsten Step überlegen Sie mit Ihrem Klienten, wie er Kontakt aufnehmen könnte: Gibt es jemanden, der eine Verbindung herstellen kann? Wenn nein: Wie lässt sich diese neu knüpfen? Wie kann der Versuch gelingen, sich einfach einmal zum Kaffeetrinken zu verabreden? Ist Hospitieren eine Option?

Im dritten Schritt finden Sie Lösungen, um immer stärker ins Blickfeld zu geraten. Es gibt hier keine Patentrezepte, aber eine Regel, die überall gleich ist: Erst wenn jemand sichtbar ist, nimmt man ihn richtig wahr. Die Methoden, dahin zu kommen, sind so unterschiedlich wie Firmen und Menschen. Ein paar Beispiele:

- Interviews führen
- Projekte anbieten
- Hospitieren
- Praktika machen
- Kooperationen aufbauen
- »QuickWins« offerieren, also einen Entscheidungsträger durch gezielte Tipps auf Verbesserungsideen bringen

41. Headhunter-Brille

Typ	Quelle/Urheber	Einsatzbereich	Aufwand	Nutzen
Übung Perspektivenwechsel	Svenja Hofert	Bewerbungs-Check	Etwa eine Stunde	Neue Perspektive auf eigene Bewerbung

Was ist das?

Was liest er in Ihrem Lebenslauf? Gehen Sie mit den Leitfragen durch die Bewerbung.

Was Sie dazu wissen sollten

Auf jeden Lebenslauf gibt es eine Innen- und eine Außensicht. Derjenige, der den Lebenslauf schreibt, kann die Außensicht meist nur einnehmen, indem er/sie sich bewusst eine andere Brille aufsetzt und mit anderen Augen auf sein Curriculum Vitae schaut. »Firmensprech«, also unternehmensindividuelle Bezeichnungen, werden so offensichtlich.

Wie anwenden?

Kündigen Sie diese Übung so an: »Stellen Sie sich vor, Sie haben 50 E-Mail-Bewerbungen bekommen. Jetzt haben Sie eine Minute für jede Bewerbung Zeit und sollen danach beurteilen, ob eine Bewerbung passt.« Nehmen Sie die Leitfragen im Bild, um den Klienten weiter mit der »Nase« auf den Optimierungsbedarf zu stoßen.

Alternativ können Sie auch mit verschiedenen Bewerbungen arbeiten, die Teilnehmer eines Seminars oder eines Gruppencoachings gegenseitig beurteilen sollen. Wichtig ist dabei, dass Sie sagen, unter welchen Kriterien. Gerade das öffnet Augen.

42. Scharfmacher für die Bewerbung

Typ	Quelle/Urheber	Einsatzbereich	Aufwand	Nutzen
Zwei Methoden zum Schärfen einer Bewerbung: 1. Fragebogen zur Bewerbungsoptimierung, 2. Kenntnis- und Erfahrungs-Uhr	Svenja Hofert	Bewerbungsoptimierung	Etwa ein bis zwei Stunden	Sie stellen die richtigen Fragen

Was ist das?

Zwei Methoden, die, zusammen eingesetzt, das Maximale aus einer Bewerbung herausholen. Grundlage ist ein Fragebogen, der Ihnen hilft, mit den richtigen Fragen scharfe Inhalte aus der Bewerbung zu holen. Die Kenntnis- und Erfahrungs-Uhr hilft zusätzlich bei der Einordnung eigener Fähigkeiten und Kenntnisse – und damit ebenfalls beim »Schärfen«. Denn sicher kennen Sie das auch: Der Klient bewertet seine Excel-Kenntnisse als gut. Wenn Sie aber fragen, wie viel Prozent des Programms er beherrscht, zuckt er mit den Schultern. Das Denken in Uhren hilft, sich bildlich bewusst zu machen, wie viel man kann. Volles Können ist die volle Stunde, halbes die halbe. Sie können diese Uhren auch in einen Anhang zum Lebenslauf einbauen. Vor allem bei IT-Experten oder anderen Berufsgruppen, die stark wissensorientiert arbeiten, ist das für die Entscheider sehr hilfreich. Es kann zudem schneller wahrgenommen werden als ein »gute Kenntnisse«.

Wie anwenden?

Entweder nutzen Sie das Formular als Fragen-Leitfaden für sich, oder aber Sie geben es Ihrem Kunden, damit er zwischen zwei Terminen über Antworten nachdenken kann. Die Kenntnis-Uhr nutzen Sie, um eine Einschätzung der Kenntnisse vorzunehmen. Das machen Sie am besten gemeinsam. Sie haben sicher ein gutes Gespür dafür,

kexpa SOLUTION

Die 7 Top-Fragen für eine perfekte Bewerbung

1. Warum genau bewerben Sie sich auf diese Stellen?
2. Welche Qualifikationen und Erfahrungen haben Bewerber, die sich auf Stellen bewerben, die Sie interessieren? Haben Sie alle diese Qualifikationen?
3. Was unterscheidet Sie von anderen Bewerbern, die sich auf genau die gleichen Stellen bewerben wie Sie?
4. Welche drei Erfolge in Ihrem Berufsleben sind relevant, um zu belegen, dass Sie auch in diesem Job die erwartete Leistung bringen?
5. Welche interessante Geschichte erzählt Ihr Lebenslauf?
6. Was war das wichtigste Learning in jeder beruflichen Station?
7. Was sehen Sie in dem angestrebten Job als größte Herausforderung, die Sie glauben meistern zu können?

Die richtigen Fragen schärfen die Bewerbung.

ob Sie einen Kandidaten vor sich haben, der sich eher über- oder unterschätzt.

Die meisten Bewerbungsoptimierungen beziehen sich auf Äußerlichkeiten. Der Erfolg aber wird vor allem von innen bestimmt. Je qualifizierter ein Bewerber, desto wichtiger ist dieser Aspekt.

Mein Motto ist deshalb: »Von innen nach außen.« Mit den Antworten Ihres Kunden tragen Sie Bausteine für Anschreiben und Lebenslauf zusammen. Überlegen Sie sich anhand der Antworten mit

Ihrem Kunden ein individuelles Drehbuch für die Bewerbung. So kann das Anschreiben im Storytelling-Prinzip auf einer Geschichte oder Anekdote aufbauen, die einen Bezug zur Tätigkeit oder zum Unternehmen herstellt. Im Lebenslauf sollten möglichst konkrete, wesentliche Punkte verankert sein. Konkrete Beispiele für die Umsetzung finden Sie bei Kexpa.de und in meinen Bewerbungsbüchern, etwa *Die 100-%-Bewerbung*.

Die Kenntnis-Uhr ist eine wunderbare Anlage zur Bewerbung, die garantiert gut ankommt und viel aussagekräftiger ist als eine oft butterweiche, inhaltsleere »dritte Seite«.

Meine Empfehlung für Sie

Wenn Sie Bewerbungsberatung anbieten – und im Rahmen des Jobcoachings wird dies immer wieder gefragt sein –, konkurrieren Sie mit zahlreichen Dienstleistern, die diese Dienstleistung teils auf Messen kostenlos anbieten. Qualität ist umso wichtiger – der Kunde muss sich bei Ihnen besser und zeitgemäßer beraten fühlen als auf einem Bewerbungsstand. Stellen Sie das heraus und eventuell auch eine besondere Herangehensweise. Dazu kann gemeinsames Texten gehören oder die Umsetzung von wissenschaftlichen Bewerbungen.

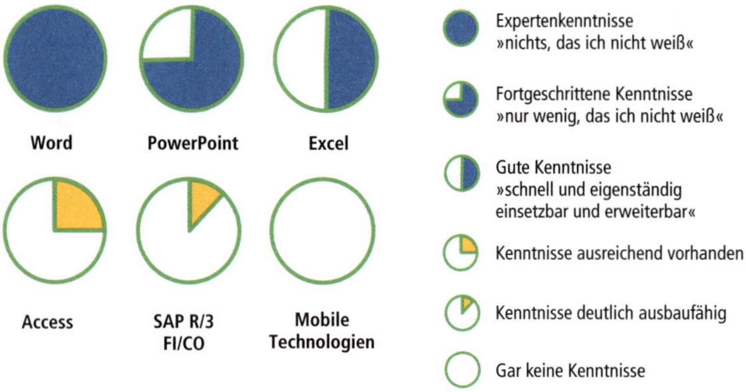

Kenntnis-Uhr: Beispiel IT

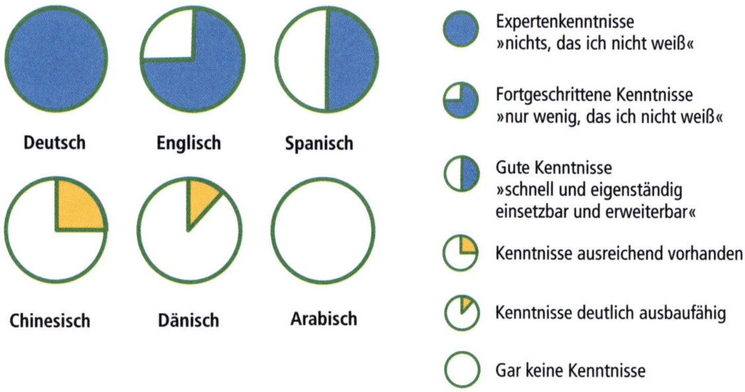

Kenntnis-Uhr: Beispiel Sprachen

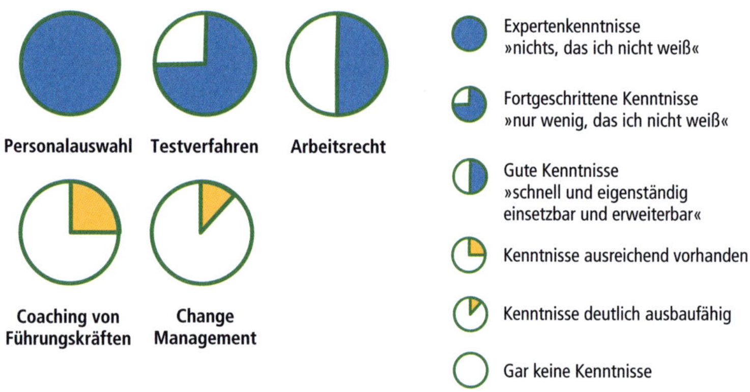

Erfahrungs-Uhr: Beispiel bezogen auf Erfahrungen im Personalwesen

43. Vorstellungsgesprächs-Feedback mit STAR-Interviewtechnik

Typ	Quelle / Urheber	Einsatzbereich	Aufwand	Nutzen
Fragetechnik und Formular zur systematischen Erfassung eines Feedbacks	Svenja Hofert, STAR-Technik unbekannt	Vorbereitung Vorstellungsgespräch und Rollenspiel	Über zwei Stunden	Strukturiertes Feedback

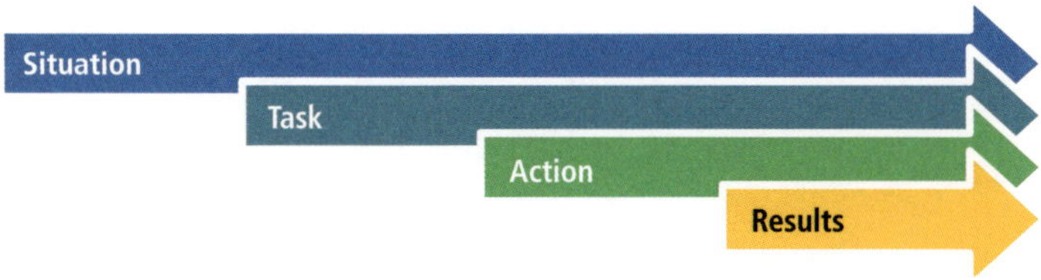

STAR-Interviewtechnik: Gehen Sie systematisch in vier Schritten vor.

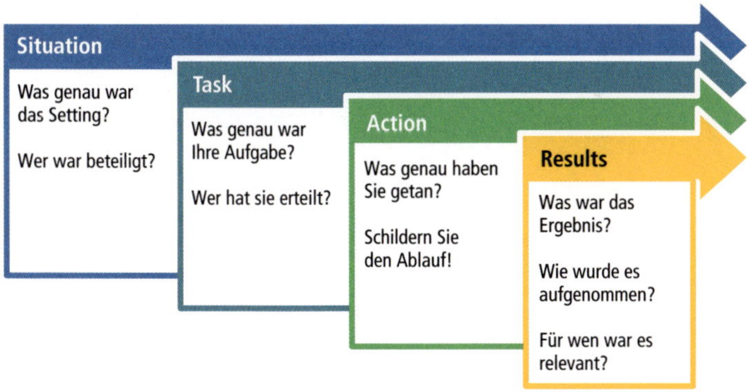

STAR-Interviewtechnik: Wenden Sie systematische Fragetechniken an. Die sind auch dann eine gute Vorbereitung, wenn Ihr Klient noch in einem traditionellen Vorstellungsgespräch einfache Fragen wie die nach den Stärken und Schwächen beantworten soll. Die Vorbereitung hilft sehr dabei, sich die richtigen Gedanken zu machen und passende Beispiele zurechtzulegen.

kexpa SOLUTION

Phase	Bemerkung Inhalt	Körpersprache	Gesamt Plus / Minus
Small Talk / Warm-up			
Lebenslauf			
Nachfragen Lebenslauf / Lücken			
Letzte Position			
Fachliche Frage 1			
Fachliche Frage 2			
Lösungsfrage (wie würden Sie ...)			
Stärken / Fremdsicht			
Schwächen / Fremdsicht			
Erfolg			
Misserfolg			
Führung 1 (Stil)			
Führung 2 (Aufgabe)			
Ziele			
Provokation / Testfrage			
Gehalt			
Fragen ans Unternehmen			
Abschied			

Einschätzung für: ______________________

Datum: ______________________

Beobachtungsbogen beim Üben des Vorstellungsgesprächs

Was ist das?

Die STAR-Interviewtechnik beschreibt eine systematische Vorgehensweise in Vorstellungsgesprächen und zur Besprechung von Persönlichkeitstests. Dahinter stecken vier Schritte: *Situation, Task, Action* und *Results*.

Dazu biete ich Ihnen hier ein Formular, das Sie in Ihrer Vorstellungsgesprächs-Simulation nutzen können. Die typischen Phasen eines Vorstellungsgesprächs sind hier eingezeichnet. Führungsfragen stellen Sie bitte in der STAR-Technik.

Wie anwenden?

Es ist leicht, nach Stärken und Schwächen zu fragen, jedoch ziemlich veraltet. Antworten sind meist nicht zu gebrauchen, solange sie nicht an konkrete Situationsbeschreibungen gekoppelt sind. Hier setzt STAR an.

Nehmen wir einmal den Themenbereich Führung. Fragen Sie Ihren Kunden nach einer Situation, in der er eine unangenehme Entscheidung vor seinem Team darlegen musste. Folgendes Frageset bietet sich dafür an:

- »Beschreiben Sie die Situation ganz genau.«
- »Was war Ihre Aufgabe?«
- »Wie genau sind Sie vorgegangen?«
- »Was waren die Ergebnisse (für das Team, aber auch Ihren eigenen Vorgesetzten)?«

Gehen Sie mit zirkulierenden Fragen noch weiter in die Tiefe. Beispiel: Ihr Klient sagt, sein Team sei froh über so viel Offenheit gewesen. Sie fragen:

- »Jeder in Ihrem Team?«
- »Woran haben Sie das festgemacht?«
- »Was wäre eine andere Verhaltensweise gewesen?«

Wenn Sie so fragen, werden Sie unweigerlich wunde Punkte finden, dringen also in ganz andere Schichten vor als mit einfachen Fragen wie der nach den Stärken.

Und nun zur Anwendung des Formulars:

Machen Sie sich Notizen und bewerten Sie die einzelnen Passagen mit ++, +, +/–, –. Ich habe die Erfahrung gemacht, dass sich manche Kunden sehr freuen, wenn sie Ihre Notizen mitnehmen können.

Wir bereiten den Kunden normalerweise mit Video auf ein Vorstellungsgespräch vor. Und zwar als Grundkurs in 2,5 Stunden und folgenden Etappen:

- Besprechen der bisherigen Erfahrungen in Vorstellungsgesprächen. Was lief gut, was weniger?
- Besprechen der vom Kandidaten als schwierig wahrgenommenen Punkte. Das leiten wir so ein: »Welche Situationen und Fragen im Vorstellungsgespräch fallen Ihnen leicht? Was ist eher unangenehm?« Hier suchen wir schon vor der Übung nach einer Lösung für den Kandidaten, auch nach konkreten Formulierungshilfen.
- Tipps aufgrund des bis hierhin wahrgenommenen Verhaltens, denn nach spätestens drei Minuten ist uns meist klar, was Schwierigkeiten werden könnten (viel reden, Schüchternheit, Haltung etc.).
- 30 Minuten Live-Videodreh. Hier setzen wir uns in eine bewusst andere Position auf einen Sessel, der mehr Anforderungen an die Haltung stellt als der Stuhl, auf dem der Klient zuvor saß. In diesem Videodreh kommentieren wir nur dann, wenn das Gespräch von vornherein schlecht läuft. In dem Fall empfehlen wir auch ein bis drei Wiederholungstermine. In der Regel kommt hier das Formular zum Einsatz.

Meine Empfehlung für Sie

Der Einsatz eines »offiziellen« Formulars hat den Vorteil, dass für den Kunden erstens die Spannungskurve steigt und zweitens die Bewertung nachvollziehbar ist und er selbst sieht, was Sie meinen, wenn Sie schreiben »wirkt nicht überzeugend«, etwa anhand der hängenden Schultern im Video. Noch effizienter ist es, wenn Sie sich das Video gemeinsam ansehen. Hier spricht manchmal der Kostenaspekt für den Kunden dagegen, denn natürlich wird die aufgewendete Zeit auch berechnet. Wir zeichnen deshalb auf Mini-DVD auf und händigen diese dann aus. Schauen Sie sich das Video gemeinsam an, erhöht sich der Aufwand für die Sitzung um eine Stunde.

Existenzgründung und Wachstum

Als Coach und Berater werden Sie immer auch mit Gründern, Selbstständigen und Unternehmern zu tun haben. Für mich unterscheiden sich die Prozessbegleitung und das Coaching dieser Zielgruppe nicht grundlegend von der der Angestellten. Der Fokus liegt, sofern Sie keine reine Fachberatung bieten, immer auf der Persönlichkeit und dem Prozess.

So nutze ich meinen Powerkreislauf (Tool 22) gewöhnlich als Standortbestimmung oder mache eine Soll-Ist-Analyse. Ist ein Kunde unsicher, ob er geeignet ist, sein Unternehmen weiterzuführen, arbeite ich mit der Reiss-Motivanalyse (Tool 99), die auch gut mit dem Powerkreislauf verbunden werden kann oder eine Grundlage dafür bietet.

Steht die Entscheidung an, ein Unternehmen aufzugeben oder weiterzuführen, beleuchte ich Pro und Contra und setze eventuell die Entscheidungsmatrix ein (Tool 63).

Allerdings gibt es auch Tools, die spezieller für die Zielgruppe der Nicht-Selbstständigen sind.

Ich unterscheide drei Gründe, aus denen Selbstständige zu uns kommen:

- Sie möchten eine Idee realisieren, oft parallel zu ihrer Angestelltentätigkeit. Hier bieten sich der Kühlschrank-Check, das SlowGrow-Projekt und die SWOT-Analyse an.
- Sie sind unzufrieden mit dem Stand der Dinge, sei es inhaltlich oder honorarbezogen. Hier kommen ABC-Analyse und das Lieblingskundenprinzip zum Zuge.
- Sie möchten in der Regel organisch wachsen und sich weiterentwickeln. Hier nutze ich mein SlowGrow-Gründungs- oder Wachstumsprojekt.

44. ABC-Analyse

Typ	Quelle/Urheber	Einsatzbereich	Aufwand	Nutzen
Konzept	Svenja Hofert	Gründer-coaching	Zwei bis vier Stunden	Konkrete Ansatzpunkte für eine Gründung finden

Auftrag	Kunde	Gruppe	Honorarumsatz	Stunden	Durchschnitt	Bewertung	Ampel
Dozentin VHS, Thema Präsentation	VHS Weinheim	Dozent	654,00 €	25	26,16 €	C	
Vortragsrednerin, Thema Frauen	Verband Frauen e.V.	Vortrag	2.000,00 €	15	133,33 €	A	
Vortragsrednerin, Thema Präsentation	Lehrerverband Mannheim	Vortrag	2.000,00 €	20	100,00 €	A	
Lehrauftrag Kommunikation	FH Weinheim	Lehre	860,00 €	20	43,00 €	C	
Privatkundencoaching	Kunde Müller	Coach	2.300,00 €	25	92,00 €	B	
Training Konflikt	LH	Training	5.000,00 €	50	100,00 €	A	
Training Konflikt	Karl Schmitz KG	Training	7.000,00 €	40	175,00 €	A	
Training Personalmanagement	WSC AG	Training	1.000,00 €	30	33,33 €	C	
Training Personalwirtschaft	ABC GmbH	Training	1.200,00 €	12	100,00 €	A	

Rot heißt: Das lohnt sich nicht, da zu wenig Geld dabei hereinkommt. Die Tabelle auf DVD erfordert den Umgang mit Excel ab Version 2010. Sie können diese Analyse aber auch am Flipchart durchführen. Dazu bereitet der Kunde am besten eine Liste der aktuellen Aufträge, der dafür benötigten Zeit und der Honorare vor.

Was ist das?

Ein Excel-Tool, mit dem Sie Ihre Klienten anleiten können, systematisch zu analysieren, auf welche unternehmerischen Aktivitäten sie sich konzentrieren sollten. Anlass wäre ein Coaching, bei dem Honorarfrust herauskommt, oder aber ein geäußerter Wachstumswunsch.

Wie anwenden?

Nutzen Sie die ABC-Analyse zwischen zwei Terminen als Hausaufgabe für den Kunden. Die meisten werden sich erstmals mit diesen Dingen beschäftigen. Oft wird diese Analyse Frust auslösen, manchmal widersprüchliche Gefühle: Eigentlich will man nichts aufgeben. Das sind dann Themen für Ihr Coaching. Auch fehlendes Risikobewusstsein werden Sie nach der Analyse antreffen sowie Selbst- und Zeitmanagementprobleme. Potenzial für mehrere Coachingstunden!

45. Lieblingskundenprinzip

Typ	Quelle/Urheber	Einsatzbereich	Aufwand	Nutzen
Methode	Svenja Hofert	Gründer-coaching	Zwei Stunden	Konzentration des Unternehmens, ganzheitliche Gründung

Was ist das?

Eine Analysetabelle, die Ihnen und Ihrem Klienten hilft, die guten Kunden zu erkennen – die, die man auch im nächsten Jahr haben möchte.

Wie anwenden?

Wenn Sie ganzheitlich beraten, geht es Ihnen nicht nur darum, für den Kunden eine Gewinnmaximierung herbeizucoachen. Sie schauen auf alles, auch auf die Perspektiven im Wachstum und den Spaß daran. Ganz wesentlich dafür sind die vorhandenen Kunden.

Dabei beleuchten Sie nacheinander die Faktoren, die für die Weiterentwicklung wichtig sind:

- Umsatz (also wirtschaftliche Relevanz),
- Wohlfühlen (mag ich den Kunden?),
- Geld (fühle ich mich gerecht bezahlt?),
- Treue (wie gebunden ist der Kunde an mich?),
- Empfehlungen (wie wichtig ist er für andere Empfehlungen?).

Danach kann ausgemistet werden: Wo sind viele positive Smileys und wo die negativen? Welche Kunden will Ihr Kunde nicht mehr? Wie lässt sich der finanzielle Verlust auffangen?

Kunde	Umsatz/Jahr	Wohlfühlfaktor	Geldfaktor	Treuefaktor	Empfehlungsfaktor
A	1.000	☺	☺	☺	😐
B	5.000	☹	☺	☹	☹
C	700	☺	☹	☺	☺

Hier ein Beispiel: Kunde B ist das Problem.

46. Kühlschrank-Check (mit anschließender Menü-Kreation)

Typ	Quelle/Urheber	Einsatzbereich	Aufwand	Nutzen
Konzept	Svenja Hofert	Gründer-coaching	Zwei bis vier Stunden	Konkrete Ansatzpunkte für eine Gründung finden

Was ist das?

Ein Konzept, das auf der wissenschaftlich belegten Erfahrung beruht, dass Gründungen selten innovativ sind (nur etwa 2 Prozent), sondern weit überwiegend auf der Kompetenz des Gründers aufbauen. Danach geht es darum, im Kühlschrank des Gründers die Zutaten zu finden, die für die Selbstständigkeit zu einem leckeren Kundenmahl gemixt werden können.

Wie anwenden?

Zeigen Sie das Kühlschrankmodell am Flipchart, Beamer oder auf einem Plakat oder malen Sie es auf. Sie können den Kühlschrank auch an das Flipchart kleben und die einzelnen Fächer mit Post-its füllen.

Behalten Sie dabei im Hinterkopf, dass Kontakte am Anfang das A und O sind. Wer neue aufbauen muss, sollte mit einer viel längeren Gründungsdauer rechnen – bei nicht-innovativen Ideen ist eine Gründung ohne Kontakte so gut wie nie sinnvoll. Die einfache Faustregel: je mehr Kontakte, desto weniger Geld und desto kürzer die Gründungszeit. Ideen müssen dann nicht besonders einzigartig sein. Und umgekehrt: Je weniger Kontakte, desto eher muss es um eine innovative Gründung gehen, die immer auch deutlich höhere Investitionen verlangt.

Branchenkenntnisse werden oft unterschätzt; es ist aber ganz entscheidend zu wissen, wie die Abläufe und Prozesse sind, um Angebote platzieren zu können. Erst wenn ich weiß, dass Bauingenieure

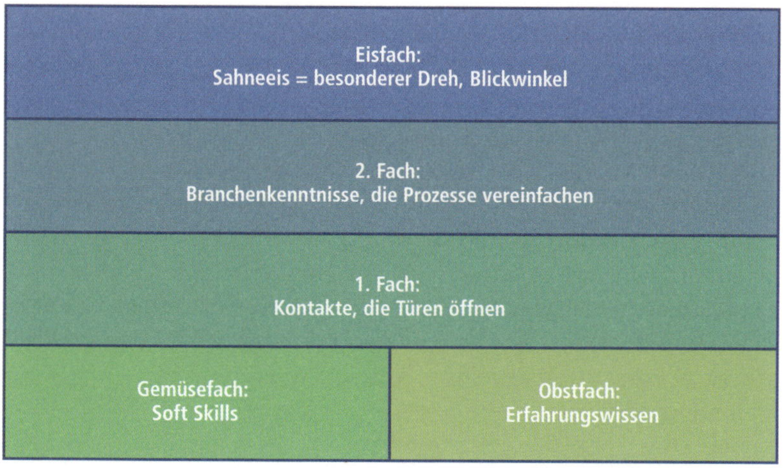

Kühlschrank-Check: Oben das Sahneeis und unten das, was der Gründer von Haus aus mitbringt.

technische Zeichnungen für Kunden gerne abgeben, kann ich ihnen diese Dienstleistung anbieten. Die Krönung ist das Sahneeis, der besondere Zuschnitt des Angebots. Das kann eine außergewöhnliche Kombination sein oder die individuelle Zusammenstellung. Manchmal gibt es auch nichts, was wirklich besonders ist – wer eine breite Kontaktebasis hat, kommt auch so weiter. Er muss sich oft nur die Frage stellen: Was brauchen die Kontaktpersonen, die ich kenne?

Das Sahneeis kann auch in mehreren Schritten hergestellt werden und lässt sich von Termin zu Termin veredeln. Beispiel: Ein Entwickler beginnt mit Programmieraufträgen und entwickelt dann eine ganz neue Software für mobiles Marketing (das Sahneeis).

Meine Empfehlung für Sie: anschließende Menü-Kreation

Zur Gründung ist das Kühlschrank-Prinzip vollkommen ausreichend. Nach ein bis drei Jahren aber gilt es, aus dem bunten Mix ein leckeres Kundenmenü zu machen. Was kann aus dem Vorhandenen kredenzt werden? Wie kann das, was da ist, zu etwas Neuem gemischt und serviert werden? Jetzt ist es Zeit, ein eigenes Seminarkonzept aufzulegen oder aus Äpfeln und Birnen »Birnäs« zu machen – Neuschöpfungen. Viele Gründer machen den Fehler, das zu früh zu tun – ohne das unmittelbare Feedback des Markts zu haben. Ich rate immer, damit zu warten. Denn spitz auf den Markt gehen kann nur, wer auf entsprechende Erfahrungen zurückgreifen kann.

Um beim Menübild zu bleiben: Es gibt Hausmannskost und Sterne-Menüs – alles hat seine Berechtigung. Doch die Hausmannskost muss genauso auf einer Idee beruhen wie die Sterne-Küche, damit sie ankommt. Wer super Knödel kocht, kann es schaffen – nicht aber, wer 40 Gerichte aus der Tiefkühltruhe anbietet. Übertragen bedeutet das: Leiten Sie an zu einer moderaten Positionierung, ohne die Idee der Zuspitzung zu übertreiben. Knödel laufen gut – aber ein Semmelknödelladen wäre doch etwas langweilig.

47. Gründungs- oder Wachstumsprojekt nach SlowGrow-Prinzip

Typ	Quelle/Urheber	Einsatzbereich	Aufwand	Nutzen
Konzept und Vorgehensweise	Svenja Hofert	Gründung und Wachstum	Dauer der Projekte drei bis sechs Monate	Risikoarme Gründung

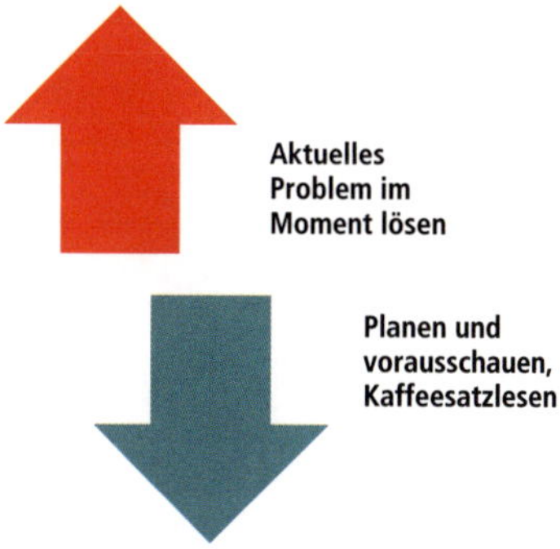

Das SlowGrow-Prinzip

Was ist das?

Ihr Kunde möchte gründen oder als Unternehmer wachsen und hat bereits alles durchdacht. Trotzdem kommt er nicht so richtig in Fahrt. Von allen Seiten hört er, er möge doch planen und einen Business-Case erstellen. Doch das ist in dieser Phase wenig sinnvoll. Hinzu kommt unsere schnelllebige Zeit: Immer weniger Dinge sind planbar, das gilt bei Dienstleistungen, aber auch im technischen Umfeld, ja überall. Komplexität lässt sich schlecht planen. Das hat man z.B. auch im Projektmanagement erkannt, wo sich die Methode »Scrum« durchgesetzt hat, die auf dem Ist aufsetzt und aktuelle Probleme löst.

Gerade bei komplexen Dienstleistungsgründungen hat die akute Problemlösung gegenüber der langfristigen Planung erhebliche Vorteile. Ein Mittel dieser akuten Problemlösung ist das Gründungs- oder Wachstumsprojekt. Es liefert den Beweis, dass für eine Idee auch bezahlt wird oder ein neues Produkt gefragt ist.

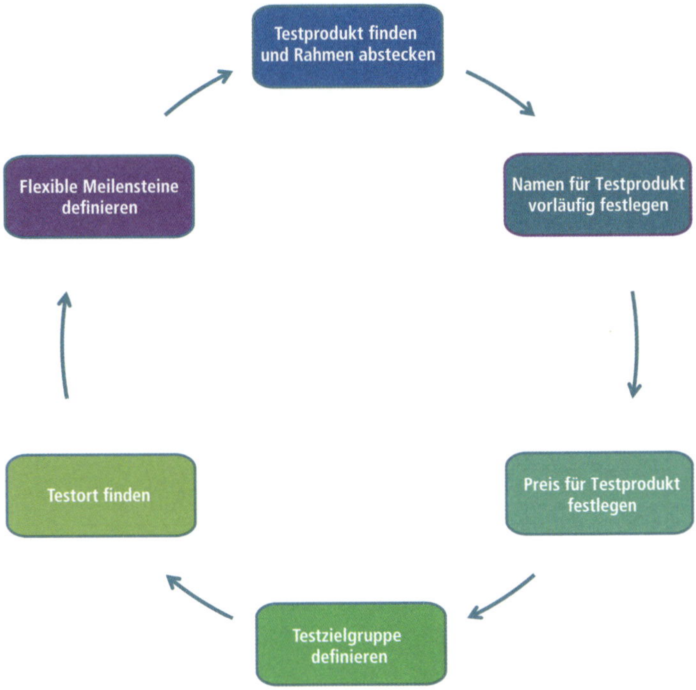

Ein Schritt nach dem anderen.

Was Sie dazu wissen sollten

Die meisten Gründungen und Wachstumsvorhaben werden durchdacht und durchgerechnet, aber nicht praktisch erprobt. Gerade bei Vorhaben von Solounternehmern oder schon länger etablierten Selbstständigen wird vieles aus dem Bauch heraus gestartet. Websites und Werbeunterlagen entstehen aus der Theorie, ohne genau zu wissen, wie so etwas ankommt. Oft installiert man gleich eine ganz Reihe an Angeboten, anstatt sich auf eines zu konzentrieren. Das Risiko zu scheitern oder nach einem Jahr festzustellen, dass die Gründung doch in eine ganz andere Richtung geht, ist sehr groß, wenn nur geplant wird. Und sehr klein, wenn von einem Schritt zum nächsten gedacht wird und eine Idee sich so entwickeln kann.

Wie anwenden?

Gehen Sie vor wie im Ablaufmodell beschrieben. Vereinbaren Sie mit Ihrem Kunden ein überschaubares Gründungs- oder Wachstumsprojekt, das Sie gemeinsam mit dem Gedanken der akuten Problemlösung gestalten und natürlich später evaluieren.

Es sollte überschaubar, konkret und kostengünstig realisierbar sein. Stellen Sie dem Coachee immer wieder die Frage, wie er seine Idee möglichst günstig und ohne endgültige Lösungen zu schaffen (also etwa komplexe Webseiten) testen kann. Definieren Sie statt straffem Plan flexible Meilensteine, die sich immer auf den jeweils nächsten Schritt und die Frage konzentrieren: »Wie löse ich das gerade dringendste Problem?« Das kann die Reduktion eines Internetportals auf eine preisgünstige Drei-Seiten-Lösung sein oder das Finden eines Ortes oder Kooperationspartners für eine Teststrecke.

Fallbeispiele

Wenn ein Trainer ein neues Seminarkonzept einführen möchte, könnte er das zunächst unter Bekannten und im Umfeld tun, sich ausprobieren und die Resonanz erkunden. Alternativ oder im zweiten Schritt bietet er es einem vorhandenen Auftraggeber erst einmal kostenlos an. Dienstleistungen könnten bei einem Kooperationspartner beworben werden. Neue Produkte könnte ein Händler, bevor er einen eigenen Laden eröffnet, im Laden eines Freundes verkaufen. Von einer Software könnte nur ein Teil realisiert werden etc. Jedes Konzept lässt sich auf diese Art und Weise günstig testen, selbst komplexe Ideen. Auch Crowdfunding kann hier eine gute Plattform bieten: Kann ich für mein Projekt genügend Geld einsammeln? Nichts ist ein besserer Indikator für späteren Erfolg.

48. 5 x 5 Empfehlungen

Typ	Quelle / Urheber	Einsatzbereich	Aufwand	Nutzen
Methode zur Akquise	Svenja Hofert	Akquise-, aber auch Bewerbungsstrategie	Zwischen zwei Terminen	Konkreter Ansatz, um auf Kontakte zuzugehen

Was ist das? Wie anwenden?

Schon beim Kühlschrank-Check haben wir gesehen, wie wichtig Kontakte sind – übrigens nicht nur für Gründungsvorhaben, genauso für berufliche Veränderungen. Insofern ist die 5 x 5-Methode auch für beides einsetzbar.

Sie geht so: Sie erstellen mit Ihrem Kunden einen Onepager, auf dem ganz knapp steht:

- Dafür möchte ich empfohlen werden.
- Das ist mein zentrales Nutzenargument.
- Diese Personengruppe ist für mich interessant.

Daraufhin geben Sie Ihrem Kunden die Hausaufgabe, einen Tag darüber nachzudenken und zu forschen, was seine fünf besten Kontakte hinsichtlich des Vorhabens sind. Diese soll er anrufen, die Ideen auf dem Zettel skizzieren und ihn als Backup schicken – gekoppelt mit der Bitte: »Welche fünf Personen fallen dir ein, für die dieses Angebot interessant sein könnte?« Besprechen Sie dann individuelle Strategien der Ansprache. So mag in einem Fall eine Vorstellung über Xing sinnvoll sein, im anderen ist es vielleicht besser, wenn Ihr Kontakt anruft. Auf diese Weise erreichen Sie schon einmal 5 x 5, also 25 wichtige Personen – einen besseren Akquisestart gibt es kaum.

Überhaupt: Raten Sie Ihren Kunden, bei der Akquise immer dort anzusetzen, wo schon Beziehungen bestehen. Das ist immer Strategie A, weitaus erfolgversprechender als jede Kaltakquise.

49. 4-Manager-Methode

Typ	Quelle/Urheber	Einsatzbereich	Aufwand	Nutzen
Methode	Svenja Hofert	Unter-nehmerisches Denken stärken	Zwei bis vier Stunden	Verschiedene Perspektiven einnehmen

Was ist das?

Auf meinem Beratungstisch stehen verschiedene Figuren. Die nutze ich bisweilen für kleine Organisations- und Teamaufstellungen, aber auch für die Gründungs- und Wachstumsberatung. Jede Figur steht für ein Thema: Grün für Strategie und Unternehmensentwicklung, Gelb für Marketing und Kommunikation, Rot für Vertrieb und Blau für das Kaufmännische. Ich habe die Figuren aus dem Spielzeugkasten meines Sohnes. Sie können auch Playmobil nehmen oder etwas anderes. Je witziger und individueller, desto netter finden es meist die Kunden. Auch Mensch-ärgere-dich-nicht-Figuren sind eine Idee. Die 4-Manager-Methode hilft dabei, das Coaching zu strukturieren und besser zu verankern.

Wie anwenden?

Oft wird es beim Coaching eines Gründers um Bestandsaufnahmen und To-dos gehen, also um die Frage: »Was ist und was soll sein?« Dies lässt sich zum Beispiel mit einer Soll-Ist-Analyse ermitteln. Viele Gründer haben indes ein Problem mit den unterschiedlichen Rollen, die sie ausfüllen müssen. Hier kommen die Figuren ins Spiel.

Beginnen Sie mit dem Strategen, denn er gibt die Richtung für alles Weitere vor. Fragen Sie:

- »Welche Strategie haben Sie bisher verfolgt?«
- »Was soll in einem Jahr erreicht sein?«
- »Vor welchen besonderen Herausforderungen stehen Sie?«
- »Welches Problem müssen Sie ganz akut lösen?«

Schreiben Sie die To-dos auf Post-its.

Während Sie reden, werden sich schon Probleme der anderen Themenbereiche andeuten. Rücken Sie dann die Figur in den Mittelpunkt des Tisches, die am zentralsten erscheint, weil sie sich mit strategischen Fragen vermischt, etwa den Kaufmann.

- »Was ist Ihre persönliche Herausforderung als Kaufmann?«
- »Was sehen Sie als Kaufmann als schwieriges Problem an?«
- »Wo kommen Sie derzeit nicht weiter?«

Weiter geht es mit den anderen Figuren. Schreiben Sie alles auf farbige Zettel, die zu den Farben der Figuren passen. Finden Sie Lösungen, geben Sie Anregungen und verweisen Sie an Experten. Geht es um persönliche Themen, bieten Sie Folgecoachings an, etwa Verhandlungs- oder Akquisecoaching.

Malen Sie dann die Figuren auf das Flipchart und kleben Sie die To-dos daneben. So entsteht eine Planung, die sich auf die Lösung von Herausforderungen konzentriert. Definieren Sie nun Zeiträume. Fragen Sie:

- »Was ist aus Ihrer Sicht die größte ›Baustelle‹?«
- »Was möchten Sie als Erstes in Angriff nehmen?«
- »Wie werden Sie die verschiedenen Management-Bereiche in Zukunft behandeln?«

Fallbeispiel

Karin hatte eine kleine Werbeagentur gegründet, arbeitete aber noch für Freiberufler-Honorare. Einer Grafikerin zahlte sie 60 Euro Stundensatz, was sie eins zu eins an den Kunden weitergab. Ihre größte Herausforderung lag darin, den Sprung zu Agenturhonoraren zu schaffen. Wir konzentrierten uns deshalb erst einmal auf den Strategen und den Kaufmann. Die Idee: Einstellung eines Azubis, gleichzeitig Begrenzung der Grafiker-Honorare auf 40 Euro, Übergang zu Pauschalen, Entscheidung für einen Bankkredit.

50. 3 Marken-Kerne

Typ	Quelle/Urheber	Einsatzbereich	Aufwand	Nutzen
Methode	Svenja Hofert	Marketing-coaching, Karrierecoaching (Marke Ich)	Mit anschließender Maßnahmen-besprechung vier bis zwölf Stunden	Abstimmen von individuellen Maßnahmen

Was ist das?

Eine Vorgehensweise, die hilft, sich auf das Wesentliche beim Marketing zu konzentrieren: die Markenkommunikation. Ihr Kunde erkennt, was für die Außenkommunikation wirklich wichtig ist – bezogen auf seine Person und bezogen auf sein Unternehmen und seine Produkte. Anders als sonst üblich differenziere ich zwischen verschiedenen Ebenen: *Marke Ich, Marke Produkt* und *Marke Unternehmen*. Die erste *(Marke Ich)* lässt sich ideal auch im Karrierecoaching einsetzen, die erste und zweite für Solounternehmer und die zweite bis dritte für kleine Unternehmen.

Marke Ich:

Auf der personalen Ebene steht die Person im Zentrum. Es geht darum, die zentralen Eigenschaften festzulegen, die für jemanden in der Außenwahrnehmung interessant sind. Diese Übung können Sie auch im Karrierekontext verwenden.

Marke Produkt:

Auf der Produkt- bzw. Angebotsebene steht im Vordergrund, was ein bestimmtes Produkt ausmacht und was hier wahrgenommen und beworben werden soll.

Marke Unternehmen:

Auf der Unternehmensebene geht es darum, die Merkmale zu ermitteln, die für das Unternehmen insgesamt relevant sind, um den Kern seiner Identität. Bei großen Unternehmen muss man hier natürlich ganz anders vorgehen als bei kleinen.

Wie anwenden?

Ihr Auftrag ist ein Marketingcoaching oder eines im Rahmen der Karriereplanung. Ob selbstständig oder angestellt: Ihr Kunde möchte sich klarer positionieren. Er hat bereits das Bewusstsein, dass er eine Marke ist. In so einer Situation beginne ich mit der Marke Ich und stelle folgende Fragen:

- »Wofür stehen Sie?«
- »Was merken sich Menschen, wenn Sie den Raum verlassen haben?«
- »Was erinnert jemand auch noch drei Wochen nach einem Netzwerktreffen an Sie?«

Die Antworten, die man Ihnen geben wird, werden in dieser Phase möglicherweise noch oberflächlich sein. Haken Sie deshalb nach:

- »Was merken Sie sich von anderen?«

Machen Sie deutlich, dass sich fremde Menschen meist eher Konkretes und Bildhaftes merken. Ein »Zufallscoach« wird Ihnen eher im Gedächtnis bleiben als ein systematischer Coach. Sie werden sich besser daran erinnern, dass jemand ein Jahr übers Meer gesegelt ist, als an eine Ausbildung. Auch Namen prägen sich ein, vor allem große.

Fragen Sie nach einer prominenten Person, etwa Dieter Bohlen. An was erinnert der Klient sich bei Dieter Bohlen? Es werden sicher nicht mehr als sieben Dinge sein, wahrscheinlich weniger, wenn man ähnliche Aussagen clustert. Verdeutlichen Sie, dass die Sieben eine magische Zahl ist: Maximal sieben Dinge merkt man sich, aber auch nur dann, wenn man intensive Berührungen mit jemandem hatte und in häufigerem Kontakt stand. Kurze Berührungspunkte erzeugen weniger Erinnerung, es bleibt vielleicht nur: die mit der zu großen Kette. Oder: der, der so lustig war. Dieses Wenige lässt sich bewusster gestalten, indem man sich darauf konzentriert, wenn Sie

- darüber sprechen,
- darüber schreiben,
- Xing-Profile erstellen.

Bei diesem Marken-Coaching geht es immer um Reduktion. Eine Frage, die auch sehr hilfreich ist:

- »Was würde jemand über Sie sagen, der Sie weiterempfiehlt?«

Wahrscheinlich eher »der war früher Manager bei Siemens« als »der ist zuverlässig«.

Mit der »Marke Produkt« gehen Sie ähnlich um. Fragen Sie Ihren Kunden, was sein wichtigstes Angebot ist und was dieses auszeichnet:

- »Warum kaufen Kunden es?«
- »Was sagen diese, wenn sie es weiterempfehlen?«

Diese Übung eignet sich auch für neue Angebote.

Machen Sie Ihrem Gegenüber bewusst, wie viele Vorteile auch hier das Konkrete gegenüber dem Abstrakten hat, also beispielsweise ein betiteltes Beratungsprodukt gegenüber dem allgemeinen »Beratung«.

Coachen Sie Unternehmer, geht es ähnlich – nur dann um die Marke des Unternehmens selbst, also das Dachs. Die personale Ebene ist dann weniger und vielleicht gar nicht relevant. Binden Sie eventuell weitere Geschäftsführer mit ein. Fragen Sie:

- »Wofür steht das Unternehmen, was sehen andere und was ist glaubwürdig, weil es von innen kommt?«

Bei bereits bestehenden Unternehmen empfiehlt sich hier eine umfassendere Analyse.

51. Pull-oder-Push-Test

Typ	Quelle/Urheber	Einsatzbereich	Aufwand	Nutzen
Fragebogen	Svenja Hofert	Akquise-, aber auch Bewerbungs-strategie	Mit an-schließender Maßnahmen-besprechung zwei Stunden	Abstimmen von individuellen Maßnahmen

Was ist das?

Es handelt sich um einen kurzen Fragebogen, der ermittelt, ob Ihr Kunde eher ein Pull- oder ein Push-Typ ist, also eher passiv reagiert oder aktiv agiert. Davon ausgehend können Sie leichter passende Marketingmaßnahmen besprechen und eine vernünftige Akquise-strategie entwickeln.

Was Sie dazu wissen sollten

»Pushern« fällt es leicht, Personen anzusprechen und in Kontakt zu treten. Für extreme »Puller« ist das eine Brücke, über die sie mit großer Wahrscheinlichkeit auch nach einem Seminar und mehreren Coachingeinheiten nicht entschieden gehen werden.

Push-Typen (von engl. treiben, antreiben) sind akquisestark und trauen sich viel zu. Sie sind meist eher extrovertiert und bleiben dran, wenn sie etwa per Telefon akquirieren. Pull-Typen (von engl. ziehen, anziehen) mögen Akquise nicht und möchten lieber gefunden werden. Sie müssen deshalb mehr in ihr Selbstmarketing stecken und die Besonderheit ihres Profils herausarbeiten. Die Gründung dauert länger. Es ist sinnvoll, hier die Idee sehr viel stärker zuzuspitzen (siehe Kühlschrank-Check, Tool 46).

Ich bin manchmal irritiert, was andere Coachs späteren Klienten empfohlen haben. So erinnere ich mich gut an eine alleinerziehende Mutter, die selbst Coach war und sich mit kleinem Kind selbstständig machte und binnen einem Jahr von ihrem Coaching leben musste. Ihr wurde, ohne das zu benennen, eine Pull-Strategie angeraten. Das halte ich für fahrlässig. In so einer Situation ist die erste Priorität,

Pull oder Push? Fragebogen

Karriere & Entwicklung

Svenja Hofert

1 Telefonieren Sie gern mit fremden Personen? (A)

- ☐ Ja
- ☐ Nein
- ☐ Geht so

2 Sind Sie hartnäckig? Bleiben Sie dran, wenn Sie etwas wollen? Rufen Sie auch mehrmals an? (A)

- ☐ Ja
- ☐ Nein
- ☐ Teils, teils

3 Fällt es Ihnen leicht, auf fremde Menschen zuzugehen? (A)

- ☐ Ja
- ☐ Nein
- ☐ Teils, teils

4 Gehen Sie gern mindestens einmal die Woche auf Veranstaltungen? (A)

- ☐ Ja
- ☐ Nein
- ☐ Teils, teils

5 Mögen Sie Small Talk? Fällt er Ihnen leicht? (A)

- ☐ Ja
- ☐ Nein
- ☐ Teils, teils

6 Sprechen Sie auf Netzwerktreffen pro Abend regelmäßig mit mehr als zwei Personen? (A)

- ☐ Ja
- ☐ Nein
- ☐ Teils, teils

7 Sind Sie bereit, über einen längeren Zeitraum pro bono zu arbeiten, um z. B. einen Verein aufzubauen oder durch eine exponierte Rolle in einer Initiative – etwa als Sprecher eines Vereins – Aufmerksamkeit zu erhalten? (B)

- ☐ Ja
- ☐ Nein
- ☐ Unsicher

8 Macht Ihnen der Dialog in Social Media Spaß? (B)

- ☐ Ja
- ☐ Nein
- ☐ Teils, teils

9 Geben Sie gern online Rat? (B)

- ☐ Ja
- ☐ Nein
- ☐ Teils, teils

Pull oder Push: Je mehr Fragen mit »Nein« oder »Teils, teils« beantwortet wurden, desto mehr spricht für Push. Reflektieren Sie mit Ihrem Kunden, ob die eine oder andere Hürde nicht doch als zu groß angesehen wird.

einen festen Auftraggeber zu finden, der mindestens ein Grundrauschen sichert. Das geht nur über eine Push-Strategie. So wie diese Dame es sich vorgestellt hatte, mit Priorität auf Privatkunden, muss man von drei bis fünf Jahren ausgehen. Beziehen Sie also unbedingt die individuelle Situation mit ein, wenn Sie das Ergebnis des Tests besprechen. Jeder kann vielleicht »pushen« lernen, aber das wird »Puller« enorm viel Überwindung und Kraft kosten.

52. Projekttreppe

Typ	Quelle/Urheber	Einsatzbereich	Aufwand	Nutzen
Methode	Svenja Hofert	Überall da, wo »Hausaufgaben« und konkrete Zwischenschritte verabredet werden	30 Minuten nach Coaching-session	Visualisierung und Reminder

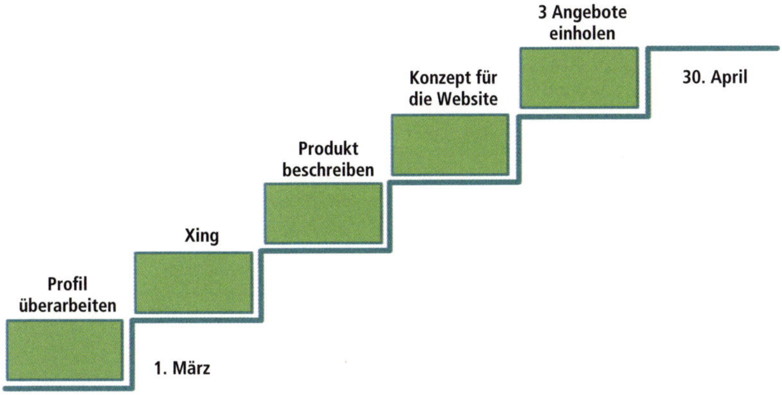

Projekttreppe: Schritt für Schritt zum Ziel

Was ist das? Wie anwenden?

Vorhaben können ganz schön abstrakt sein, da sieht man manchmal den Wald vor lauter Bäumen nicht. »Möglichst konkret sein« wird sehr oft an mich herangetragen. Viele Gründer und Selbstständige, aber auch Bewerber mögen es, wenn die nächsten Schritte auf kleine Einheiten heruntergebrochen werden. Ich male dazu eine Treppe an das Flipchart und fülle diese zusammen mit dem Kunden mit Schritten, die dieser selbst in eine Reihenfolge bringt. Auch den Zeitraum bestimmt der Klient, er sollte nicht größer sein als drei bis sechs Monate. Der Kunde oder Sie selbst können die Treppe fotografieren und haben so eine gute Vorlage für den nächsten Termin.

53. SWOT-Analyse

Typ	Quelle / Urheber	Einsatzbereich	Aufwand	Nutzen
Methode	Unbekannt, im Marketing verbreitet	Analyse von Geschäftsideen	Etwa ein bis zwei Stunden	Schwachstellen-analyse

SWOT-Analyse für unternehmerische Vorhaben

Stärken	Schwächen	Chancen	Herausforderungn	Bereich	Faktor
				Gesetzeslage und Gesetzesvorhaben	
				Investitionen	
				Konjunktur	
				Kopierbarkeit	
				Marktentwicklung	
				Persönlichkeit	
				Erfahrung	
				verfügbare Zeit	
				Wettbewerber	
				Zielgruppe	

SWOT-Analyse: Ihre Vorlage

Was ist das?

Ein Excel-Tool, das Sie aber genauso gut auf Papier verwenden können. Ziel ist es, gemeinsam mit dem Klienten auf die Suche nach Stärken und Schwachstellen einer Idee zu gehen.

Wie anwenden?

Die Tabelle ist wunderbar im Teamwork zu erstellen. Ziehen Sie eventuell weitere Experten hinzu, wenn es um komplexe Vorhaben geht. Ideal: Sie sind der Moderator und es gibt Fachleute für Marketing, Controlling, Recht, Technik, Vertrieb. Mit diesen Experten könnte Ihr Kunde auch telefonische Interviews führen, um den Aufwand zu begrenzen.

SWOT-Analyse für unternehmerische Vorhaben

Beispiel: Shop für Regio-Biofood

Stärken	Schwächen	Chancen	Herausforderungen	Bereich	Faktor
strengths	weaknesses	oppurtunities	threads	Thema	wie wichtig?
Kenntnisse in den Lebensmittelgesetzen	Kühlkette bewahren ist teuer	macht noch keiner	besser sein als Wettbewerber wie Edeka	Gesetzeslage und Gesetzesvorhaben	5
Investor da	muss mit Vollsortiment starten = teuer	erhebliche Gewinne	Kosten für Logistik niedrig	Investitionen	4
Bio konjunkturunabhängig	Arbeitslose kaufen eher nicht im Internet	Kaufverhalten ändert sich	kein	Konjunktur	3
schwer, da Erfahrung nötig	ist Erfahrung da, machbar, dauert 1-2 Jahre	Erster sein	schnell sein	Kopierbarkeit	2
Kaufverhalten geht mehr und mehr ins Internet	unberechenbarer Erfolg	Markt besetzen	Abgrenzung zu bundesweiten Händlern	Marktentwicklung	5
sehr logisch, analytisch	kein Vertriebler	Expertise beweisen	Verhandlungen führen	Persönlichkeit	3
umfassend	keine in der Logistik	Logistiker einbinden	Teamarbeit	Erfahrung	5
genügend	kein	vieles kann ich schnell selbst machen	nicht im Klein-Klein verzetteln	verfügbare Zeit	2
keine	keine	Erster sein	Markt besetzen	Wettbewerber	5
wachsend	keine	richtiger Zeitpunkt für Regioshops	nicht zu früh und nicht zu spät sein	Zielgruppe	3

SWOT-Analyse: ein ausgefülltes Beispiel

Führung und Management

Ist Führung ein Handwerk, das sich lernen lässt? Ich meine, ja. Muss man Führungskräfte anders coachen als Experten? Ich finde, nein.

In diesem Kapitel finden Sie keine Modelle, die Managern einen bestimmten Führungsstil zuordnen oder sie in eine Schublade stecken. Ich verzichte auch auf Zielvereinbarungstools und Gesprächsleitfäden, die Sie woanders unter dem Stichwort Führung bekommen.

Aufgabe von Führung ist es, da folge ich Reinhard K. Sprenger, Kooperation und Zusammenarbeit zu erzeugen. Moderne Führung geht also, wie auch moderne Unternehmensgründung, weg von der Ausrichtung an Zielen, hin zur Konzentration auf das jeweils wichtigste Problem. Ich sehe Führung als Handwerk, das weitestgehend erlernbar ist. Jeder sollte zudem seinen eigenen Führungsstil finden, der vor dem Hintergrund einer bestimmten Situation oder Herausforderung passend ist.

Los geht's! Ich freue mich, Ihnen auch hier wieder spannende Impulse zu geben.

54. Entwicklungsquadrat

Typ	Quelle/Urheber	Einsatzbereich	Aufwand	Nutzen
Modell	Svenja Hofert	(Selbst-)Führungsstil- und Persönlichkeitsentwicklung	Zwei bis sechs Stunden	Verdeutlichen, was Führung alles beinhalten kann

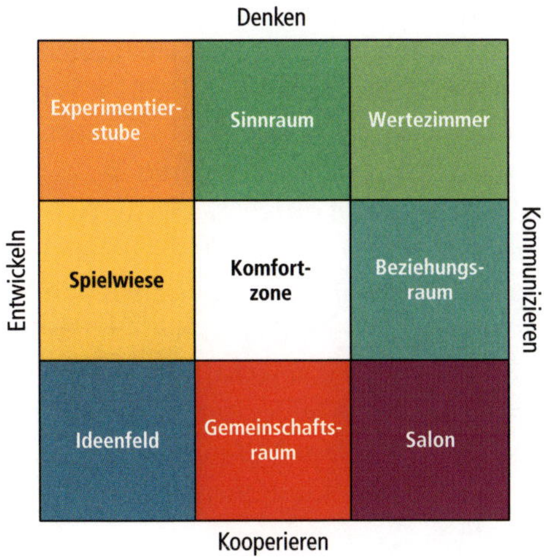

Entwicklungsquadrat

Was ist das?

Die meisten Führungskräfte bewegen sich, ebenso wie viele Fachkräfte, nach einer gewissen Zeit im Beruf in einer Komfortzone des gewohnten Denkens, Handelns und Kommunizierens. In dieser Zone kommen sie mit sich selbst und den Mitarbeitern sowie den Rahmenbedingungen zurecht, stagnieren aber in der eigenen Entwicklung. Mit größerer Verhaltensvarianz könnten viele Probleme leichter gesehen und gelöst werden.

Mein Entwicklungsquadrat visualisiert eine Komfortzone im Zentrum, von der Denk-, Handlungs- und Kommunikationsräume abgehen.

Wie anwenden?

Zeigen Sie das Modell oder malen Sie es an das Flipchart. Fordern Sie Ihren Klienten auf, sich dort einzuordnen. Sie gehen mit Ihrem Klienten durch diese Räume und fragen ihn, was er hier fühlt und macht. So erkennen Sie, welche Aspekte der Führung vielleicht brachliegen.

In welchem Raum hält er sich bevorzugt auf? Welche Räume sind leer und unbenutzt? Was passiert dort hinsichtlich der Rolle als Führungskraft, aber auch hinsichtlich der eigenen Entwicklung (was oft miteinander zusammenhängt)?

Werden Sie Entwicklungshelfer.

Bitten Sie Ihren Kunden, den Raum einzuzeichnen, z. B. mit einem Kreuz, in dem er sich derzeit oft aufhält. Was passiert dort? Wie fruchtbar empfindet er das, was geschieht? Bitten Sie ihn dann zu zeigen, in welchem Raum er nie oder selten ist.

Schreiten Sie anschließend durch alle Räume.

Im *Sinnraum* geht es darum, in sich zu gehen und den eigenen Sinn in der Arbeit zu hinterfragen – aber auch den Sinn, den Mitarbeiter in ihrem Job empfinden. Es gibt keinen direkten Sinn? Erinnern Sie an die Studie von Adam Grant von der Wharton School, der herausfand, dass Callcenter-Mitarbeiter am besten arbeiteten, wenn sie wussten, dass sie jemandem helfen konnten, also Sinn empfanden. Auf jeder Ebene kann eine Führungskraft dazu beitragen, solchen Sinn zu schaffen.

Im *Wertezimmer* geht es darum, nachzusehen, ob das Inventar der Werte feststeht und glaubwürdig ist. Fragen Sie, was die drei wichtigsten Werte des Unternehmens und der Abteilung sind – und ob diese sich mit den Werten der Führungskraft decken. Falls es Widersprüche gibt: Was lässt sich ändern? Werte sind die Grundlage von Führung. Ohne stabiles Wertegerüst kann niemand führen. Werte lassen sich auch mit Spiral Dynamics (Tool 1) hinterfragen.

Im *Beziehungsraum* steht das Verhältnis des Managers zu seinen Mitarbeitern im Mittelpunkt. Wie ist jede einzelne Beziehung gestaltet und durch was? Gibt die Führungskraft Anerkennung und welches Verständnis hat sie überhaupt davon? Erkennt Ihr Coachee hier Mängel, könnten dies Thema Ihres Coachings sein.

Der *Salon* dient der Begegnung mit unterschiedlichen Menschen, anderen Abteilungen oder Kunden und auch Wettbewerbern. Wie sind diese Beziehungen gestaltet? Sind sie von Wertschätzung geprägt? Wie kultiviert ist der Umgang miteinander? Die gepflegte Unterhaltung, der Small Talk, ist hier zentral.

Im *Gemeinschaftsraum* geht es um Kooperation, die auch beruflich relevant ist. Welche Rolle spielt das Thema »gemeinsam etwas entwickeln, auch Strategien und Ideen«? Kann dies gefördert werden?

Vielleicht ist es nun Zeit, gemeinsam auf das *Ideenfeld* zu gehen. Was kann man dort (auch zusammen) machen? Gibt es überhaupt einen Raum für die Ideenentwicklung, seien es neue Produkte, Unternehmensstrategien oder auch Ideen zur Mitarbeitermotivation? Wie kann dieser geschaffen werden?

Auf der *Spielwiese* ist alles erlaubt: die Dinge einmal anders machen als sonst, Frühstück mit den Mitarbeitern oder ein E-Mail-freier Tag.

Von da kann manches in die *Experimentierstube* wandern, in der gute Ideen – etwa auf der Spielwiese entstanden – weiterentwickelt werden.

Mein Empfehlung für Sie

Dieses Coaching ist ideal, wenn es keine spezifischen Fragestellungen gibt. Doch auch wenn diese da sind, etwa in Form von »Mitarbeiter erkennen mich nicht an« oder »Das Team zeigt zu wenig Engagement«, bietet das Entwicklungsquadrat Ansatzpunkte.

Das Coaching braucht Zeit und ist ideal für junge Führungskräfte, da es an die Grundlagen des Führungsverständnisses geht. Überlassen Sie es Ihren Klienten, was sie in die Räume hineininterpretieren – diese sind Projektionsflächen –, lenken Sie nur durch Fragen: »Wie sieht es dort aus? Was macht der Raum mit Ihnen? Welches Klima hat er?« Leiten Sie zusammen mit dem Coachee passende Maßnahmen ein. Wenn Sie z.B. feststellen, dass sich Ihr Klient gar nicht in den Bereichen Spielwiese und Experimentierstube aufhält, schicken Sie ihn einmal bewusst hinein. Fragen Sie, welchen Sinn ein Aufenthalt dort haben könnte.

Fragen Sie, was das aktuelle Problem, sei es die berufliche Unzufriedenheit oder das Gefühl, nicht weiterzukommen, auch damit zu tun haben könnte.

55. Führungs-Planetensystem

Typ	Quelle / Urheber	Einsatzbereich	Aufwand	Nutzen
Modell	Svenja Hofert	Motivation junger Führungskräfte hinterfragen	Ein bis zwei Stunden	Hat der Kunde die richtige Führungsmotivation?

Was ist das?

Was zieht jemanden in die Führung? Ist Ihrem Klienten das wirklich klar? Mit diesem Modell können Sie seine Motivationen hinterfragen, denn es geht um Anziehungskraft. Das Bild dazu stellt ein Planetensystem dar, in dem die Führung die Sonne ist, die von unterschiedlichen Planeten umkreist wird.

Wie anwenden?

Malen Sie das Planetensystem an das Flipchart oder drucken Sie das Bild aus und zeigen Sie es. Passende Situationen: Eine Fachkraft möchte sich zur Führungskraft entwickeln oder eine Führungskraft ist sich unsicher in ihrer Rolle, zeigt Unzufriedenheit mit der eigenen Wirkung und Stellung. Das Modell ist wie ein Planetensystem aufgebaut, es kreisen um die »Sonne« Führung folgende Planeten:

- Menschen,
- äußere Reize wie der Firmenwagen und das Gehalt,
- Werte / Ideale und
- die Sache oder inhaltliche Fragen.

Eine besondere Bedeutung kommt dem Planeten »Werte« zu. Er hat die höchste Anziehungskraft und die stärkste Lebendigkeit. Hinterfragen Sie, was auf diesem Planeten wächst, welche Werte das sind und wie sie wirken.

Die schwächste Wirkung hat der Planet »äußere Reize«. Hier dominieren Anreizsysteme und Statusargumente. Hier ist besonderes Fingerspitzengefühl gefragt, das ehrlich zu hinterfragen. Sprechen

Sie ganz neutral darüber. Sagen Sie, dass es in Ordnung ist, nach diesen Dingen zu streben, nur dass sie nicht allein dastehen sollten. Fragen Sie Ihren Coachee z. B., wie das Streben nach äußeren Reizen auf die zu führenden Menschen wirkt und ob und wo es eine Beziehung zu den Werten gibt.

Dominiert bei Ihrem Klienten die »Sache«, also interessante Themen, könnten Fragen wie diese die Reflexion anregen:

- »Wie beeinflusst Ihre Konzentration auf die Sache die Zusammenarbeit mit den Mitarbeitern? Fördert sie diese oder kann sie ihr auch mal im Weg stehen?«
- »Wie sehen das die Mitarbeiter?«
- »Wie sehen das Vorgesetzte?«
- »Wann ist eine Konzentration auf die Sache wichtig und wann hindert sie eher?«

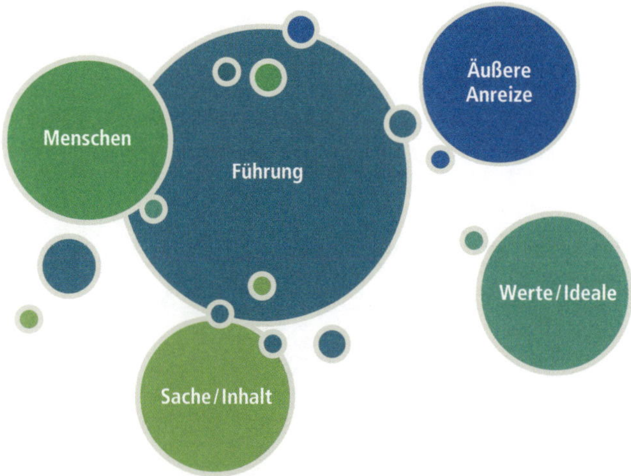

Führungsmotivationen

56. Handlungsdreieck

Typ	Quelle/Urheber	Einsatzbereich	Aufwand	Nutzen
Modell	Svenja Hofert	Rolle im Unternehmen klären, Verhalten in Situationen beleuchten und besprechen	Ein bis zwei Stunden	Visuelle Verdeutlichung von Beschränkungen und Möglichkeiten

Was ist das?

Ein Modell zur Verdeutlichung von Handlungsmöglichkeiten in schwierigen Situationen. Damit können vergangenes Verhalten reflektiert und Lösungen für kommende Situationen durchdacht werden.

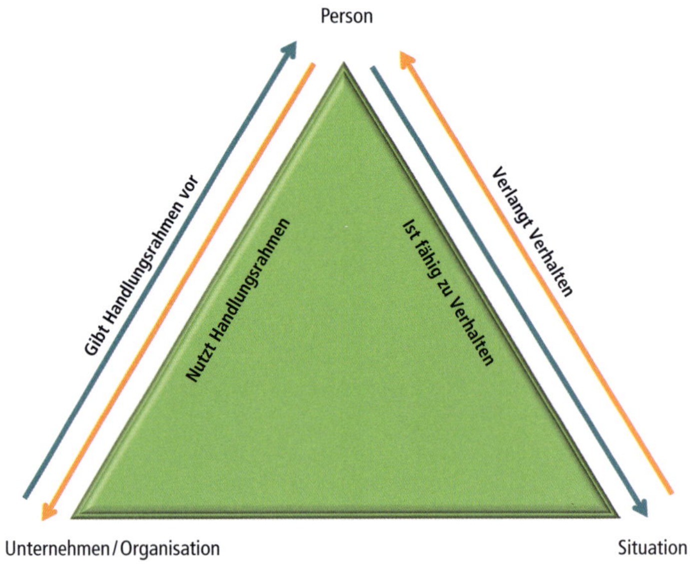

Das Handlungsdreieck

Wie anwenden?

Ihr Kunde steht wie ein »Ochs vorm Berg«, weil er ein Problem lösen muss, das in dem Dreieck Person, Organisation, Situation angesiedelt ist. Nutzen Sie das Tool, um Strategien für Verhalten zu entwickeln und geeignete Maßnahmen abzuleiten.

Fallbeispiel

Stellen Sie sich vor, Ihr Manager-Klient ist angehalten, eine neue Feedback-Kultur zu installieren. Der Klient kommt zu Ihnen, weil er nicht weiß, wie er das angehen soll.

Sie hinterfragen zunächst den Handlungsrahmen. Ihr Ergebnis: In seinem Rahmen kann er frei handeln. Es gibt keine Vorgaben fürs Budget, nur sollte die neue Kultur innerhalb eines Jahres implementiert sein. Nun kommen Sie zur Situation: Bisher war Feedback nicht verankert, es gibt keine Evaluierungen, Mitarbeiterbeurteilungen und erst recht keine Feedback-Kultur. Beim Sprechen kommt Ihr Klient darauf, dass er gar nicht genau weiß, was mit Feedback-Kultur gemeint ist. Der Auftrag von oben ist also überhaupt nicht klar. Nach weiterer Klärung weiß Ihr Kunde, dass es darum geht, das Verhalten der Mitarbeiter untereinander nachhaltig zu verändern.

Sie merken: Die Situation erfordert ein Überdenken seiner bisherigen Position. Er hat sich mit dem Thema Feedback noch gar nicht auseinandergesetzt. Damit haben Sie schon eine erste Maßnahme gefunden.

57. Laufbahnbalkon

Typ	Quelle/Urheber	Einsatzbereich	Aufwand	Nutzen
Modell	Svenja Hofert	Berufsberatung, vor allem bei Hochschulabsolventen	–	Untermauern einer Laufbahnentscheidung

Was ist das?

In Konzernen ist es heute üblich, dass sich Führungsnachwuchskräfte entscheiden müssen zwischen *Fachlaufbahn, Projektkarriere* oder *Führungslaufbahn*. Die Entscheidung fällt vielen jungen Leuten schwer. Zwar sollen die Laufbahnen in der Theorie durchlässig sein, in der Praxis sind sie es aber nicht. Wer zum Beispiel sieben Jahre in einer Projektlaufbahn verblieben ist, wird es schwer haben, in die Fachlaufbahn zu wechseln – selbst wenn er bereit ist, neu und damit wieder unten anzufangen. Nicht nur deshalb ist es sinnvoll, vor einer Entscheidung in sich hineinzuhorchen – und sich dafür gedanklich auf drei verschiedene Balkone zu stellen.

Fachlaufbahn	Projektlaufbahn	Führungslaufbahn
▪ Erwerb vertiefter Fachkenntnisse ▪ Experte (breite Schnittstellenkenntnisse) oder Spezialist (tiefe Detailkenntnisse)	▪ Erwerb methodischer Kompetenzen ▪ Schwerpunkt Prozesskenntnisse	▪ Erwerb kommunikativer und interpersoneller Kompetenzen ▪ Schwerpunkt Management

Laufbahnbalkon

Wie anwenden?

Der Konzern ist ein Haus mit drei verschiedenen Balkonen. Tritt man einmal heraus, bleibt man im Unternehmen sichtbar für diesen Schritt. Deshalb sollte er so bewusst unternommen werden wie der Schritt eines Königs, der vom Balkon aus auf sein Volk blickt. Fordern Sie Ihren Klienten auf, nacheinander die Balkone zu betreten und sich vorzustellen, für was er dort steht und stehen wird.

Mit der folgenden Checkliste können Sie zusammen mit Ihrem Kunden Präferenzen ermitteln. Gerade analytische Menschen sind schnell unterfordert, wenn sich inhaltliche Aufgaben nicht ändern. Das Lernen von Methoden ist ihnen oft nicht genug. Kommunikationsorientierte Menschen beschäftigen sich mehr mit zwischenmenschlichen Aspekten und vertiefen sich nicht so sehr in Inhalte.

Vielleicht stoßen Sie sich an »Intelligenz«. Damit meine ich das kognitive Vermögen oder auch: den Verstand.

Tatsächlich ist Führung zumeist eher eine menschliche Aufgabe, in der es um soziale Fähigkeiten geht – eine hohe Intelligenz ist deshalb etwa auf Teamleiterebene nicht nötig. Gefragt ist eher eine extravertierte, menschenkonzentrierte Persönlichkeit.

Etwas anders gelagert ist der Fall, wenn eine Führungskraft strategische Entscheidungen treffen muss. Hier ist Intelligenz klar förderlich. In einer Studie kam kürzlich aber heraus, dass Projektleiter oft eine »hohe Offenheit für neue Erfahrungen« in den Big Five haben – und tendenziell anders als Führungskräfte öfter introvertierter sind. Ohne jede Frage ist ein reger Verstand jedoch bei anspruchsvollen Fachaufgaben mehr als hilfreich – denken Sie nur an Forschung und Entwicklung.

Fachlaufbahn	Projektlaufbahn	Führungslaufbahn
■ »Ich will wissen«	■ »Ich will steuern«	■ »Ich will Sinn vermitteln«
■ Introvertiert	■ Introvertiert/extrovertiert	■ Eher extrovertiert
■ Inhaltliche Treiber	■ Treiber Inhalt und Mensch	■ Treiber Mensch
■ Denker	■ Macher	■ Kommunikator
■ Eher hohe Intelligenz	■ Mittlere Intelligenz	■ Intelligenz sekundär

Checkliste zum Laufbahnbalkon

58. Mitarbeiter-Evaluierungstool

Typ	Quelle / Urheber	Einsatzbereich	Aufwand	Nutzen
Mitarbeiter-Feedback der anderen Art	Svenja Hofert	Führungskraft soll Mitarbeitergespräch führen, vor allem in kleinen Unternehmen, auch für Vorbereitung auf Vorstellungsgespräche	–	Bewusstmachen der Kriterien für die Bewertung

Kriterium	A Ausprägung der einen Seite	B Ausprägung der anderen Seite	In der Tätigkeit sollte es so sein	Passgenauigkeit
Kommunikation	Offen, direkt und klar	Diplomatisch, politisch	Eher B gegenüber Kunden, eher A innerhalb des Unternehmens	mittel
Arbeitsstil	Autonom und eigenständig	Eingebunden und in enger Abstimmung mit anderen	Deutlich A	hoch
Teamorientierung	Einzelergebnis zentral	Gruppenergebnis zentral	Deutlich A	hoch
Analytik	Konzentrierte logische Lösungssuche	Fähigkeit, Ungereimtheiten zu erkennen	Deutlich B	niedrig
Planung	Plant jeden Schritt voraus	Handelt flexibel ohne Planung	Deutlich B	hoch

Mitarbeiter-Evaluierungstool: ein Beispiel

Was ist das?

Das Tool hilft, sich über die verschiedenen Dimensionen ein und derselben Kompetenz klar zu werden und Anforderungen sowie eigene Einschätzungen zu präzisieren.

Was Sie dazu wissen sollten

Ich habe schon viele Evaluierungen auch großer Unternehmen gesehen. Oft gruselt es mich, wie überaus subjektiv Mitarbeiterbewertungen sind. Da wird jemand zu seiner Teamfähigkeit bewertet, ohne selbst zu wissen, was damit gemeint ist. Eine Führungskraft möchte, dass ihre Mitarbeiter kommunikativ sind. Das ist schön, aber auch schön unpräzise. Kommunikation allein hat viele verschiedene Dimensionen. Dass gutes Zuhören dazugehört, darüber besteht noch relative Einigkeit. Aber ist eher offene und direkte oder eher diplomatische Kommunikation angemessen? Je nach kulturellem Kontext wird sich das sehr unterscheiden. Was in dem einen Unternehmen gefragt ist, ist in dem anderen verpönt. Auch unterschiedliche Situationen verlangen unterschiedliches Kommunikationsverhalten. Nicht viele sind sich dessen bewusst, weswegen Eigenschaften wie »ich bin kommunikativ« für mich keine besondere Bedeutung haben, da sie zunächst nichts aussagen. Ebenso ist es mit vielen Mitarbeiterevaluierungen. Selbst große Unternehmen verlieren sich hier in allgemeinen Eigenschaften, deren Aussagekraft für den Mitarbeiter gleich null ist.

Wie anwenden?

Sie können das Formular nutzen, um Ihren Kunden anzuleiten, die Anforderungen mit den Mitarbeitern genau und situativ zu besprechen. Mitunter braucht die Führungskraft selbst eine Klärung: »Welches Verhalten erwarte ich eigentlich wann von meinen Mitarbeitern? Ist das, was ich erwarte, angemessen?«

Später kann die Führungskraft das Formular nutzen, um Rückmeldungen über Verhalten zu geben, das sie beobachtet hat. Wenn die Passgenauigkeit des gezeigten im Vergleich zum angemessenen Verhalten nur »mittel« oder gar »niedrig« ist, wäre eine Frage, was zur Entwicklung eines anderen Verhaltens getan werden kann.

Meist sind es nicht mehr als fünf Kompetenzen, die für die Ausübung einer Aufgabe wirklich zentral sind. Welche sind das? Wenn Ihr Kunde sich zwei konträre Pole vorstellt, wie lassen sich diese beschreiben? Oben finden Sie ein Beispiel (S. 188). Der Klient soll möglichst konkret zeigen, in welchen Situationen der Mitarbeiter so oder so sein soll, wenn beide Pole gefragt sind. So mag der Teamleiter mit seinen Technikern in der Produktionshalle Tacheles reden, mit Kunden sollte er hingegen diplomatisch kommunizieren.

59. Personal Canvas und Personal Canvas Business

Typ	Quelle/Urheber	Einsatzbereich	Aufwand	Nutzen
Modell	Alexander Osterwalder, Yves Pigneur in der Business-Model-Generation, Vereinfachung Svenja Hofert	Karriere-entwicklung, Bewerbung von Führungskräften, Geschäfts-modellierungen	Vier bis acht Stunden	Visualisierung und Systemati-sierung

Was ist das?

Bei der Personal Canvas (persönlichen Leinwand) handelt es sich um eine vereinfachte Form des Business-Modelling. Es werden sieben verschiedene, für berufliche Orientierungs- und Veränderungsprozesse relevante Bereiche erfasst.

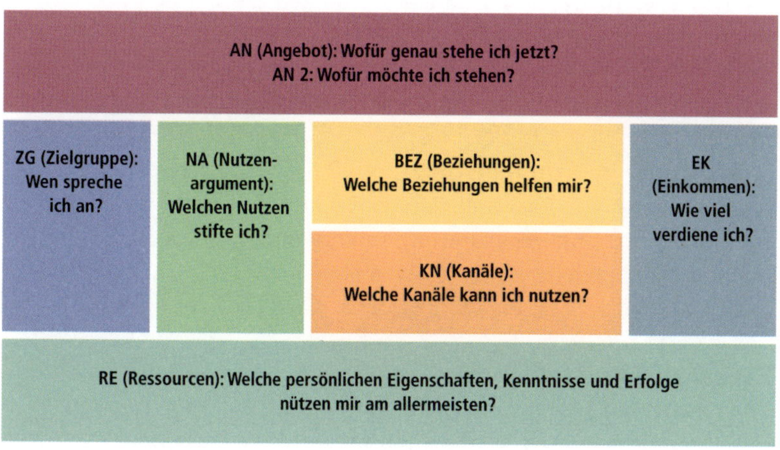

Personal Canvas – die Entwicklungsleinwand: Sieben Felder umfasst die Canvas. Zeichnen Sie sie auf einem Flipchartbogen, an der Metaplan-Tafel oder auf einem Whiteboard auf – am besten als schwarzen Rahmen. Schreiben Sie in die Felder die Abkürzungen wie ZG oder EK. Die Ergebnisse Ihrer Ausarbeitungen kleben Sie auf Post-its in verschiedenen Farben an.

Wie anwenden?

Der Arbeitsauftrag lautet Karrierestrategie, Karriereentwicklung oder auch Bewerbung und Neuorientierung im Managementbereich. In allen diesen Fällen hilft die Personal Canvas, die Aufmerksamkeit auf die verschiedenen relevanten Bereiche zu lenken. Sinnvoll ist es dabei oft, mit den Ressourcen zu beginnen. Häufig sind diese dem Klienten gar nicht bewusst. Geben Sie Ihre eigene Sicht hinzu, wenn Ihnen das sinnvoll erscheint, etwa: »Ich sehe Ihren Doktortitel durchaus als Ressource. Ich denke, er könnte Türen öffnen. Wie ist Ihre Erfahrung?«

Oft besteht vor allem bei Angebot und Nutzenargument Nachbesserungsbedarf, da viele nicht sofort darauf kommen oder viel zu allgemein formulieren. Ziel ist am Ende ein schlüssiges Bild, das zugleich eine Vorlage für die Akquise ist: Der Bereich »Beziehungen« leitet dazu an, darüber nachzudenken, wo Ansatzpunkte bestehen, die für das eigene Vorhaben genutzt werden können. Der Bereich »Kanäle« soll anregen, über Möglichkeiten nachzudenken, sichtbar zu werden, etwa bei Xing oder auf anderen Plattformen im Internet.

Ich nutze bei der Arbeit mit der Personal Canvas Flipchartpapier oder Metaplan. Hier zeichne ich die Kästen ein, die ich gemeinsam mit dem Kunden dann mit farbigen Post-its beklebe. Hierbei können umfangreiche Brainstormings entstehen. Das Verwenden von Post-its macht eine spätere Sortierung der ausgearbeiteten Inhalte einfach möglich.

Ihr Kunde möchte ein Unternehmen gründen oder eine Firma übernehmen? Die Personal Canvas ist mit kleiner Anpassung auch für eine Unternehmensgründung zu verwenden. Die sieben Bereiche bleiben dabei gleich.

Fallbeispiel

Peter war ehemaliger Sparkassenvorstand und leitete nun die Trainingsabteilung eines Versicherungskonzerns. Wir arbeiteten aus, dass sein persönlicher Erfolgsschlüssel stets mit Innovation zu tun hatte. Auf informellen Wegen suchte er sich immer wieder entsprechende Projekte. Sein Interesse rundete er durch ein Aufbau-Studium ab.

Mithilfe der Personal Canvas erkannte er, was er im nächsten

Personal Canvas – die Entwicklungsleinwand: Ein ausgefülltes Beispiel, das natürlich beliebig erweitert werden kann.

Schritt tun wollte, und lernte, seine Gedanken, vorher ein Wust aus unterschiedlichen Ideen, zu kanalisieren und verbal zu konkretisieren. Eigene Ressourcen wurden ihm genauso bewusst wie Beziehungen, die er nicht gesehen hatte, und Kanäle, die er für sich nicht als relevant wahrgenommen hatte.

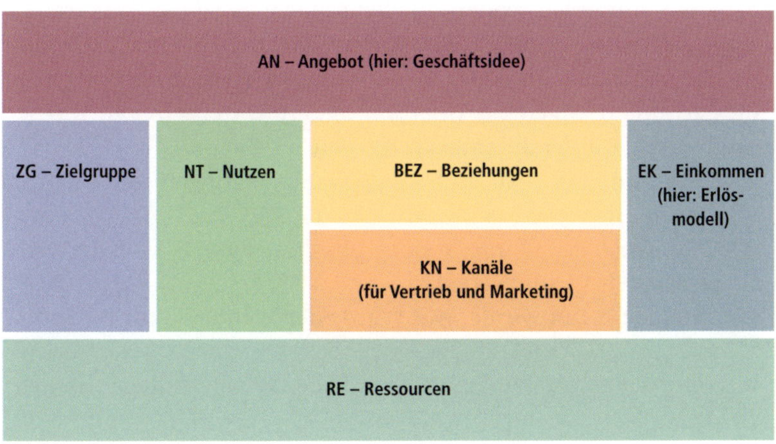

Personal Canvas Business

60. Spieltheorie

Typ	Quelle/Urheber	Einsatzbereich	Aufwand	Nutzen
Modell	Stammt aus der Mathematik	Szenario-planung, Innovations-findung	Nach Komplexität ein bis drei Stunden	Wie entscheide ich mich?

Was ist das?

Spieltheorie ist die Wissenschaft vom strategischen Denken. Im Zentrum stehen Situationen, in denen kein Einzelner das Ergebnis alleine bestimmen kann. Wenn die Entscheidung eines anderen Einfluss auf die eigenen Entscheidungen hat, dann muss die Situation wie ein Spiel betrachtet werden. So ist es auch im Schach. Oder im Geschäftsleben bei Verhandlungen, ökonomischen Interaktionen und Innovationen.

Wie anwenden?

Spieltheoretische Ansätze können Sie als Coach nutzen, wenn Sie Szenarien entwerfen wollen. Begleiten Sie eine solche Szenarioplanung mit Post-its. Erklären Sie Ihrem Coaching-Partner das »Spiel« mit einer einfachen Regel: Die Auswirkungen jedes einzelnen Schritts auf jede andere Spielfigur (hier auf andere Unternehmen) müssen einzeln und konkret durchdacht werden.

Angenommen, Ihr Klient steht vor einer wichtigen unternehmerischen Entscheidung:

- Wenn ich A tun würde, welchen Einfluss hätte das auf die drei wichtigsten Wettbewerber?
- Wenn ich A tun würde, was würde der Wettbewerber 1 dann tun?
- Wenn ich A tun würde, was würde der Wettbewerber 2 dann tun?
- Wenn ich A tun würde, was würde der Wettbewerber 3 dann tun?

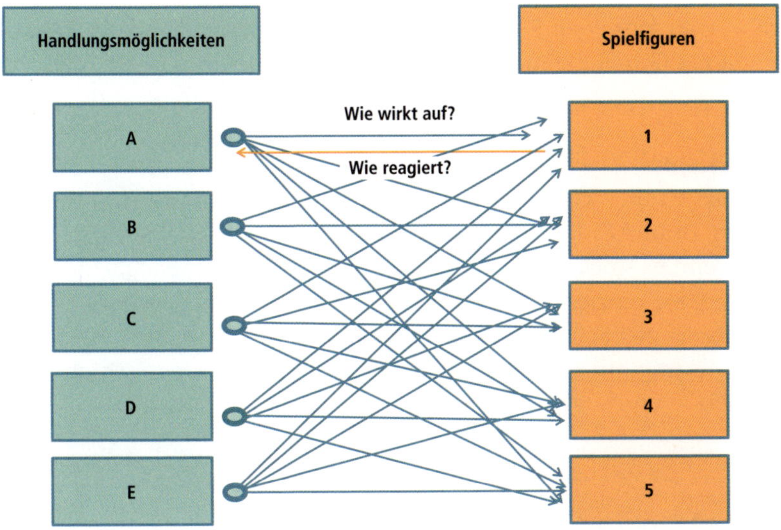

Spieltheorie: Führen Sie zunächst die Handlungsmöglichkeiten auf und dann die Personen oder Unternehmen oder Szenarien, die dadurch beeinflusst werden. Wie beim Schach fragen Sie nacheinander: »Wie wirkt xx auf …?« Fragen Sie dann gleich den nächsten Schritt ab: »Wie reagiert …?« Es kann sein, dass sich daraus wieder verschiedene Möglichkeiten ergeben. Diese erfassen Sie am besten auf Post-its.

- Wenn ich B tun würde, was würde der Wettbewerber 1 dann tun?
- Wenn ich B tun würde, was würde der Wettbewerber 2 dann tun?
- Wenn ich B tun würde, was würde der Wettbewerber 3 dann tun?
- Wenn ich C tun würde, was würde der Wettbewerber 1 dann tun?
- Wenn ich C tun würde, was würde der Wettbewerber 2 dann tun?
- Wenn ich C tun würde, was würde der Wettbewerber 3 dann tun?

Auch für das Durchdenken von Verhaltensweisen ist die Technik geeignet. Skizzieren Sie dabei die Situation möglichst genau am Flipchart und schreiben Sie die verschiedenen Handlungsmöglichkeiten und Reaktionen darauf auf.

Fallbeispiel

Thomas Müller klagte als Unternehmer über den Konkurrenzdruck in der Branche. Ich fragte zunächst alle möglichen »Schachzüge« ab. Wenn er stockte, fragte ich: »Gibt es noch andere Möglichkeiten, können Sie umziehen, Teile verkaufen, woanders produzieren?« Die denkbaren Schachzüge wurden dann nummeriert und mit Blick auf die Wirkung auf den Markt und die Wettbewerber betrachtet: Was passiert, wenn ...?

61. Spiral Dynamics fürs Unternehmen

Typ	Quelle/Urheber	Einsatzbereich	Aufwand	Nutzen
Modell, Fragebogen	Graves/Cowan/ Beck, Fragebogen Svenja Hofert	Coaching von Fach- und Führungskräften	Ein bis zwei Stunden	Wo steht mein eigenes Unternehmen, wo ich? Was ist ein passendes Führungsumfeld für mich?

Was ist das?

Spiral Dynamics haben Sie bereits kennengelernt. Hier erhalten Sie die Unternehmensanalyse, die die personale ergänzt. Es ist ein Fragebogen, der Ihrem Klienten hilft, die Entwicklungsstufe seines Unternehmens zu erkennen – und die eigene (wenn Sie den personalen Fragebogen dazunehmen, den Sie bereits als Tool 1 gesehen haben).

Was Sie dazu wissen sollten

Unwohlsein und Unzufriedenheit erklären sich vielfach aus unterschiedlichen Entwicklungsstufen und den auf diesen verankerten Werten. So wird ein »grüner« Manager in einem »rot« dominierten Unternehmen untergehen, sofern er keine Rückendeckung von ganz oben hat. Dabei ist es ganz normal, dass Mitarbeiter in ihrer eigenen Entwicklung ein bis zwei Stufen über dem Unternehmen stehen können. Von Rot zu Grün ist aber der Abstand zu groß, vor allem, wenn seitens der Firmenspitze kein Interesse besteht, die Entwicklung voranzutreiben. Hier einige Beispiele für (fehlende) Passgenauigkeit:

- Ein gelber Manager, also eine multiperspektivisch denkende, wissensorientierte Persönlichkeit, wird in einem grünen Unternehmen gute Arbeit leisten können, aber nicht in einem roten. Er ist dort maximal in der Strategie gut aufgehoben und auch nur dann, wenn eine hohe Veränderungsbereitschaft auf allen Ebenen besteht.

- Ein grüner Manager, also ein »Teamfan«, wird sich mit gelben Anforderungen, etwa in einem Start-up, schwertun, da er noch nicht sieht, dass es z. B. notwendig ist, Strukturen zu integrieren, und Kollegialität nicht reicht.
- Ein blauer Manager, also ein Planer und Organisator, ist ideal, um Strukturen zu schaffen, aber ungeeignet für strategische Herausforderungen. Ein gelb denkendes Team wird er vergrätzen.
- Ein orangefarbener Manager, also ein Leistungsfokussierter, wird schwer verstehen, warum einige Mitarbeiter überhaupt nicht auf Anreizsysteme reagieren. Er ist aber dort gut, wo zu viel Nähe und Zusammenarbeit durch mehr Leistungsförderung angereichert werden sollte.

Wie anwenden?

Nutzen Sie den Fragebogen oder gehen Sie die Fragen gemeinsam durch. Fragen Sie: »In was für einem Unternehmen arbeiten Sie? Welche Werte herrschen dort? Welche schätzen Sie selbst?«

Zeigen Sie das Modell der Spirale und erklären Sie es. Passende Situationen:

- Ihr Kunde kommt nicht weiter in seinem Job. Vielleicht sieht er zu wenig Orange?
- Ihr Kunde meint, er sei dran mit der Beförderung. Aber befördert das Unternehmen einen »Blauen«?
- Ihr Kunde kann die Mitarbeiter nicht mitnehmen? Denkt er vielleicht grün, die Mitarbeiter aber schon gelb (sie wollen also Entwicklung und Flexibilität)?
- Ihr Kunde fühlt sich unwohl aufgrund des Konkurrenzkampfes und vieler informeller Regeln? Ist er vielleicht grün, sein Unternehmen aber rot?

Meine Empfehlung an Sie

Die heute von Coachs und Trainern präferierte kollegiale Führung entspringt dem Kerngedanken einer grünen Teamorientierung. Das Bild eines in der Sache harten, sonst aber charismatischen Leaders, der seine Mitarbeiter integriert und führt, ist spiraldynamisch

Unternehmens- oder Bereichsanalyse „Wertepass"

Was sind die gelebten Werte in Ihrem Unternehmen oder der Abteilung? Welche Aussagen treffen am meisten auf Ihr Umfeld zu? Vergeben Sie pro Block bis zu 100 %, also bis zu 20 % pro Frage. Beispiel: Sie stimmen 2 Fragen voll zu = 40 %. Markieren Sie dann die entsprechende Zahl an Kästchen. Der Wertepass ist ein Fragebogen, der Sie anhalten soll, über Präferenzen nachzudenken. Er beruht auf der Idee von Spiral Dynamics® / 9Levels®. Ein valider, wissenschaftlicher Test kann auf Wunsch von der zertifizierten 9Levels®-Beraterin Svenja Hofert durchgeführt werden.

Türkis

- ☐ Wir handeln nachhaltig, ökologisch bewusst und / oder sozial verantwortlich.
- ☐ Wir investieren einen Teil unserer Einnahmen in soziale Projekte.
- ☐ Wir kommunizieren online und offline authentisch, wie „es eben ist".
- ☐ Holistisches Denken und systemisches Handeln bestimmen die Ausrichtung unserer Organisation.
- ☐ Spirituelles Bewusstsein und Weitsichtigkeit lenken unser Handeln.

%

Gelb

- ☐ In unserem Unternehmen werden Mitarbeiter entsprechend ihrer Kompetenzen flexibel und projektorientiert als Experten eingesetzt.
- ☐ Persönliche Entwicklung und Weiterbildung (lebenslanges Lernen) werden großgeschrieben.
- ☐ Bei uns arbeiten großartige Vordenker, Interdisziplinarität spielt eine große Rolle.
- ☐ Wir bekommen großen Freiraum für eigene Ideen und Projekte, auch wenn diese nicht unmittelbar mit der Arbeit zu tun haben.
- ☐ Jeder Mitarbeiter kann flexibel und selbstbestimmt arbeiten.

%

Grün

- ☐ Teamwork ist bei uns selbstverständlich.
- ☐ Kooperation und Gemeinschaft sind hohe gelebte Werte.
- ☐ Wir tauschen uns stets viel und gern aus.
- ☐ Unsere Räumlichkeiten sind so gestaltet, dass sie bestmöglich Austausch und Wohlbefinden fördern.
- ☐ Work-Life-Balance ist bei uns keine Worthülse, sondern gelebter Alltag.

%

Fragebogen zum Unternehmensumfeld (Seite 1)

gelb. Die jüngsten Strömungen etwa der von unten moderierenden Brummkreiselführung beinhalten ebenfalls eher grünes Gedankengut – Hierarchien sind überflüssig, Führung hat vor allem eine unterstützende Aufgabe. Diese Unterschiede deutlich zu machen, kann hilfreich sein.

Ein erster Schritt in der konkreten Arbeit mit Ihrem Klienten könnte es sein, die drei bis fünf Kernwerte im eigenen Führungsverständnis zu definieren, die vermuteten Ansprüche der Unternehmensleitung sowie die der Mitarbeiter danebenzuhalten. Dies könnte in drei Schritten erfolgen, etwa mit folgender Anleitung:

- »Was sind Ihre drei bis fünf wichtigsten Werte als Führungskraft? Welche Grundüberzeugungen tragen Sie in Ihr Verständnis von Führung?«
- »Was, meinen oder wissen Sie (wenn klar ausgesprochen), erwartet das Unternehmen von Ihnen? Welche drei Grundwerte spiegeln sich darin?«
- »Welche Werte sind in Ihren Mitarbeitern verankert?«

Reduzieren Sie Aussagen möglichst auf Substantive und clustern Sie, was doppelt ist. Stellen Sie alles, z. B. in einer Tabelle, nebeneinander dar. Gibt es Übereinstimmungen oder Unterschiede? Wie kommen diese zustande? Angenommen, Führungskraft und Mitarbeiter erwarten Unterschiedliches: Kann, und wenn ja, wie kann eine Harmonisierung erfolgen? Beispiel: Ein zentraler Wert der Mitarbeiter ist Zusammenarbeit, der Führungskraft aber Leistung. Wie entstand diese Differenz? Wie kann die Kluft übersprungen werden? Was kann die Führungskraft konkret tun?

In dieser Phase müssen Sie Spiral Dynamics gar nicht nennen und oder erklären. Es kann nach der Definition der Werte herangeholt werden.

62. Von-unten-Führung

Typ	Quelle/Urheber	Einsatzbereich	Aufwand	Nutzen
Modell/Bild	Diverse Experten	Führungstil- und Persönlichkeitsentwicklung	–	Verdeutlichen, wie Führungsanforderungen sich ändern

Was ist das?

Ein Modell des umgekehrten Dreiecks, das modernen Führungskräften verdeutlicht: Führung muss eben nicht nur top-down funktionieren, sondern kann auch von unten nach oben laufen.

Was Sie dazu wissen sollten

Die klassische Führung ist hierarchisch, von oben nach unten, so sehen es fast alle Organisationsstrukturen vor. Kann es auch anders gehen? Ich bin davon überzeugt: Es muss sogar anders gehen. Denn je jünger und gebildeter die Mitarbeiter sind, desto weniger lassen sie sich mit Vorgaben abholen. Hinzu kommt, dass längst mehrfach nachgewiesen ist, dass Mitarbeiterzufriedenheit und Mitarbeitereffizienz mit dem Grad eigener Autonomie und empfundener Sinnhaftigkeit in der Arbeit steigen.

Wer kreist um den Kunden? Natürlich sind es die Mitarbeiter und nicht die Führungskräfte. Schließlich sind sie es, die am meisten Wissen haben und die größte Motivation besitzen, Kundenbedürfnisse zu erfüllen und Kundenprobleme zu lösen. Im Modell der Von-unten-Führung steht der Kunde an der Spitze und nicht der Manager. Unter ihm sind es die Mitarbeiter mit Kundenkontakt, die Anforderungen aufnehmen, Probleme registrieren und deren Lösung finden und managen. Kontrolle ist nicht mehr nötig, sondern Unterstützung. Die Führungskraft versteht sich als Helfender. Eine dienende und helfende Rolle, die die Zusammenarbeit der Mitarbeiter fördert und diese motiviert, eigenständig zu denken und handeln.

Das umgekehrte Dreieck: Führung von unten

Wie anwenden?

Empfehlenswert ist das Modell etwa in der Beratung von Unternehmensgründern, die für sich noch kein Modell der Unternehmensführung gefunden haben, vor allem vor dem Hintergrund des Fachkräftemangels und geänderter Ansprüche der sogenannten »Generation Y« an Führung. Ein weiteres Anwendungsfeld bieten Fachkräfte, die sich keine Führung zutrauen, weil sie sich nicht für dominant oder autoritär genug halten oder sich selbst nicht als Motivationsguru sehen. In dem Modell müssen sie das auch gar nicht sein. Eine Führungskraft in dieser Von-unten-Rolle sollte sich eher als Moderator verstehen, der andere bei der Problemlösung unterstützt und Konflikte klärt. Dieser Manager muss weder besonders schlau sein noch extrem visionär oder charismatisch – dafür kann es andere Personen im Unternehmen geben.

Meine Empfehlung für Sie

Ständig bewegt sich ein Manager im Dreieck zwischen seinen persönlichen Möglichkeiten, den Gegebenheiten im Unternehmen und den Notwendigkeiten der Situation. Fragen Sie, wie Ihr Klient sich zwischen diesen Angeln fühlt, wie er seinen Handlungsspielraum einschätzt und ob das bisherige Denken Grenzen setzt, die hindern, Neues auszuprobieren. Das Modell soll helfen, zur Reflexion über das eigene Verständnis anzuregen:

- »Wie wäre es, wenn Sie von unten führten? Was müssten Sie anders machen als jetzt?«
- »Wie passt eine Von-unten-Führung in Ihr Unternehmen / Ihre Abteilung?«
- »Könnte man Aspekte einer Von-unten-Führung bei Ihnen einführen? Welche wären das? Was könnte ein erstes Projekt sein?«

Karriere entwickeln und planen

Viele Berater und Coachs verstehen Karrierecoaching vor allem als Bewerbungscoaching. Systemische Business-Coachs sagen, Coaching sei Coaching. Ich sehe Bewerben nur als einen kleinen Teil des Karrierecoachings. Und denke eben nicht, dass Coaching gleich Coaching ist. Karrierecoaching stellt durchaus spezielle Ansprüche, auch an Hintergrundwissen. Meine Definition: Karrierecoaching beginnt mit der Karrierevisionsentwicklung, der Karrierestrategie, führt über die Karriereplanung, die damit verbundene Jobsuche, Weiterbildungsentscheidungen und das Bewerben und endet mit dem Coaching on the Job. Auch Themen wie »Onboarding«, also die Begleitung neuer Mitarbeiter an ihrem neuen Arbeitsplatz, können dazugehören.

Doch was ist eigentlich Karriere? Für mich ist Karriere nicht beruflicher Aufstieg, sondern bewusste Entwicklung des eigenen Berufsweges. Insofern ist Karrierecoaching nicht nur relevant für Akademiker, sondern auch für geringer Qualifizierte.

Wenn Sie sich als Coach dieses Feld erschließen wollen, nützt Ihnen ein gutes Überblickswissen über Entwicklungen und Veränderungen am Arbeitsmarkt. Weiterhin brauchen Sie eigene Berufserfahrungen. Denn: Fast alle Fragestellungen im Bereich Karriere sind mehr oder weniger arbeitsmarktbezogen. Ein Verständnis des Kontextes, in dem sich Ihr Kunde bewegt, ist meiner Meinung nach mehr als nur ein gutes Back-up.

Das entscheidende, für arbeitsmarktbezogene Fragestellungen benötigte Know-how ist Branchen- und Funktionswissen. Ihr »Stallgeruch« gibt dabei Anhaltspunkte, welche Zielgruppe Sie glaubwürdig beraten können. So werden Sie als Bürokauffrau eher keine Akademiker ansprechen, als promovierter Physiker vermutlich kaum gewerbliche Kräfte.

Hilfreich ist meistens, dort anzusetzen, wo man selbst herkommt und Insider- und Prozesswissen gesammelt hat: in der IT, im Ingenieurswesen, in der Chemiebranche oder im Tourismus. Hinzu kommt Know-how aus funktionalen Bereichen wie Personal, Marketing oder auch Strategie- und Unternehmensentwicklung.

In diesem Kapitel erhalten Sie Tools, mit denen Sie Karrierecoaching moderieren und arbeitsmarktbezogene Fragestellungen effizienter bearbeiten können.

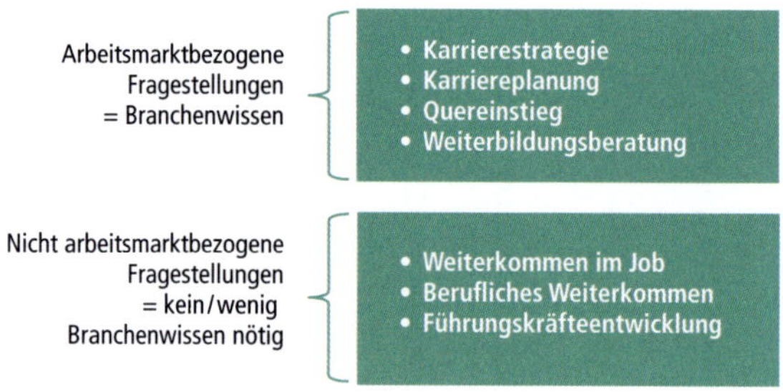

Klären Sie für sich, wie Sie Karrierecoaching betrachten und inwieweit Sie arbeitsmarktbezogene Fragen einbeziehen.

63. Entscheidungsmatrix

Typ	Quelle/Urheber	Einsatzbereich	Aufwand	Nutzen
Excel-Vorlage	Unbekannt, in dieser Form Svenja Hofert	Entscheidungen aller Art, nicht nur Karriere	Ein bis zwei Stunden	Rationale Entscheidungsfindung

Handlungsalternative: Konzentration auf Konfliktmanagement

Kriterien	Meine Gewichtung	Erfüllungsgrad	Ergebnis
Abwechslung bei den Aufgaben	1	3	3
Honorarhöhe	3	0	0
keine Anlaufzeit	2	2	4
mit anderen zusammenarbeiten	3	1	3
Aufbau von Status	3	3	9
Work-Life-Balance	1	1	1
			20

Handlungsalternative: Gründung eines Zentrums für ...

Kriterien	Meine Gewichtung	Erfüllungsgrad	Ergebnis
Abwechslung bei den Aufgaben	1	3	3
Honorarhöhe	3	3	9
keine Anlaufzeit	2	1	2
mit anderen zusammenarbeiten	3		0
Aufbau von Status	3	3	9
Work-Life-Balance	1	3	3
			26

Handlungsalternative: Weiter wie bisher

Kriterien	Meine Gewichtung	Erfüllungsgrad	Ergebnis
Abwechslung bei den Aufgaben	2	3	6
Honorarhöhe	1	3	3
keine Anlaufzeit	2	3	6
mit anderen zusammenarbeiten	3	1	3
Aufbau von Status	3	1	3
Work-Life-Balance	1	1	1
			22

Entscheidungsmatrix: Diese Excel-Tabelle finden Sie auf der DVD.

Was ist das?

Ein Excel-Tool zur Analyse von Handlungsalternativen. A oder B oder doch vielleicht C? Manchmal sieht Ihr Kunde den Wald vor lauter Bäumen nicht. Dieses Tool hilft, sich die Kriterien für eine Entscheidung zu verdeutlichen. Das ist ein erster wichtiger Schritt. Danach werden diese Kriterien gewichtet, sodass am Ende ein mathematisches Ergebnis herauskommt.

Was Sie dazu wissen sollten

Je mehr Erfahrung jemand hat, desto besser kann seine Entscheidung sein. Die Entscheidungsqualität steigt nachweislich mit dem Wissen. Ist dieses vorhanden, kann ein Mensch auch seiner Intuition vertrauen. Ist es nicht da, ist Intuition eben doch öfter ein trügerisches Bauchgefühl. Leiten Sie Ihre Klienten im Zusammenhang mit Entscheidungen deshalb an, sich möglichst viele Informationen zu beschaffen. So lässt sich über www.kununu.com recherchieren, wie Mitarbeiter und Ehemalige einen potenziellen Arbeitgeber bewertet haben. Zugleich kann man mithilfe von Xing auf Mitarbeiter zugehen und diese direkt befragen. So werden Fakten tiefer und detailreicher. Plötzlich spielen Faktoren wie das Gehalt vielleicht keine so große Rolle mehr ...

Wie anwenden?

Sie werden es aus Ihrer Praxis kennen: Es gibt Menschen, die eher rational entscheiden. Manche haben gar keinen Zugang zu ihrem Bauch. Dann gibt es aber auch Menschen, die nicht viel nachdenken und ihren Gefühlen nachgehen.

Für beide Typen ist die Entscheidungsmatrix hilfreich. Sie hilft, sich strukturiert Gedanken über die eigenen Entscheidungskriterien zu machen.

Zunächst legen Sie mit Ihrem Coachee die Handlungsalternativen klar auf den Tisch. Es sollten nicht mehr als drei sein. Hier ist schon Fokussierung gefordert. Dann legen Sie Kriterien für die Entscheidung fest: maximal sechs. Auch das fordert von Ihrem Coachingklienten, sich Gedanken zu machen. Ein Kriterium kann z. B. bei einer Jobentscheidung die Höhe des Gehalts sein, ein anderes die

Option: Die Stelle im Pharmakonzern annehmen			
Kriterien	Gewichtung	Erfüllungsgrad	Ergebnis
Beschäftigungssicherheit	3	x 1	3
Firma bietet Weiterbildung	3	x 1	3
Arbeitslosigkeit vermeiden	3	x 3	9
Interessante Aufgabe	2	x 2	4
International arbeiten	2	x 0	0
			19

Beispiel: So kann es aussehen, wenn eine Option durchdacht wird. Gewichtung heißt: Wie wichtig ist mir das? Erfüllungsgrad: Wie sehr ist das in der entsprechenden Position abgedeckt?

Erreichbarkeit der Arbeitsstelle mit dem Fahrrad. Nun gewichten Sie diese Kriterien danach, wie wichtig sie Ihrem Kunden sind – 1 für »wichtig«, 2 für »sehr wichtig« bis 3 für »unabdingbar«.

Nun ermitteln Sie die Passgenauigkeit der vorliegenden Handlungsalternative – das nennt sich »Erfüllungsgrad« –, dies ebenfalls auf einer Skala von 0 bis 3. 0 heißt nicht erfüllt, 2 heißt 70 Prozent erfüllt, 3 bedeutet 100 Prozent.

Jetzt rechnen Sie: Sie haben z. B. die Höhe des Gehalts mit 3 als unabdingbar bewertet, doch bei Handlungsalternative A (Stelle XY) ist der Erfüllungsgrad 0. Es ergibt sich: 3 × 0 = 0.

Ziehen Sie jede Spalte zusammen. Am Ende haben Sie für jede Ihrer Handlungsalternativen ein Ergebnis – und eine Handlungsoption wird rechnerisch vorne liegen. Ist dieses Ergebnis so stimmig? Dann ist alles in Ordnung – wenn nicht, überdenken Sie gemeinsam noch einmal die Kriterien.

64. Karrierehaus

Typ	Quelle/Urheber	Einsatzbereich	Aufwand	Nutzen
Modell	Svenja Hofert	Verdeutlichen von bisherigen und möglichen Karrierewegen im Coaching, aber auch in Seminaren	Etwa zwei Stunden	Visualisierung

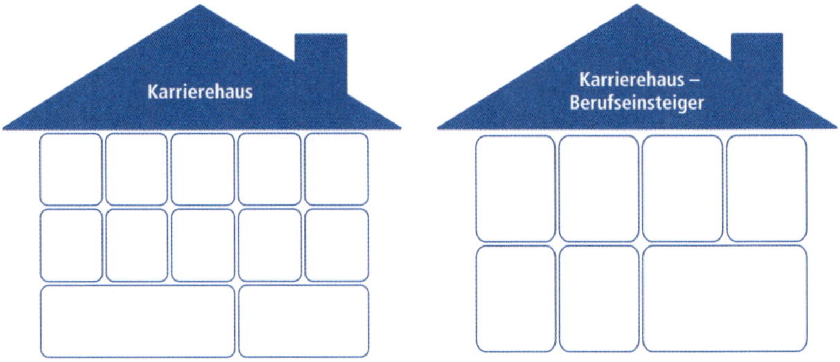

Vorlagen für ein Karrierehaus von Berufserfahrenen und von Berufseinsteigern

Was ist das?

Das Karrierehaus ist ein Modell zur Visualisierung des bisherigen beruflichen Weges und möglicher nächster Schritte. Es kann auch ein kompletter Karriereweg visualisiert werden. In diesem Fall kommt das Tool in der Studienberatung oder nach einem ersten Studien- oder Berufsabschluss zum Einsatz.

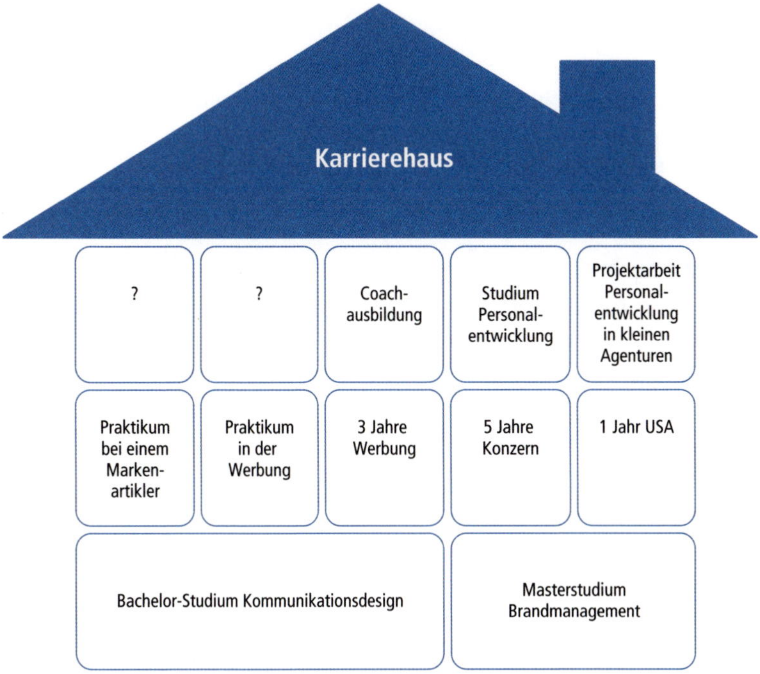

Ein ausgefülltes Karrierehaus (Fragezeichen stehen für nächste Schritte)

Was Sie dazu wissen sollten

Als gedanklicher Ansatz dahinter steht das Modell der Mosaikkarriere, das etwa die Londoner Professorin Lynda Gratton in ihrem Buch *The Shift* beschreibt. Ich habe das Modell erstmals in meinem *Karrieremacherbuch* von 2007 beschrieben, das nun als *Erfolgreich in der Jobwelt der Zukunft* digital bei Kexpa.de und im Online-Buchhandel erhältlich ist. Die These lautet, dass es in Zukunft keine vorgezeichneten Lebenswege mehr gibt, sondern dass sich ein Baustein an den anderen fügt. Das Fundament für die modulare Weiterentwicklung einer Karriere ist eher breit und Stein auf Stein erweiterbar. Es kann genauso ein geisteswissenschaftliches Studium sein wie eines der Natur- oder Wirtschaftswissenschaften. Es sollte jedoch eher am Anfang keine zu starke Spezialisierung erfolgen. Das macht eine spätere Bausteinerweiterung leichter. Denn noch ist es so, dass eine Veränderung der Branche mitunter schwieriger ist als eine Veränderung des ausgeübten Berufs. Das heißt: Ein Handelsfachwirt mit Vertriebs- und Marketingerfahrung hat es schwer, in ein produzierendes Unternehmen zu wechseln, ein Wirtschaftswissenschaftler weniger. Da die Lebenszyklen einzelner Branchen und Segmente immer kürzer werden, halte ich diesen modularen Gedanken für äußerst zentral.

Wie anwenden?

Sie können das Karrierehaus nutzen, um Ihrem Klienten seine bisherigen Bausteine zu verdeutlichen. Dann ist es eine andere Methode zur Biografiearbeit, vor allem, wenn Sie nicht nur aufnehmen, sondern auch fragen:

- »Warum haben Sie sich damals dafür entschieden?«
- »Was waren die drei wichtigsten Learnings?«

Das Haus hilft zu erkennen, dass selbst eine Auszeit eine wichtige Funktion besitzt, denn der Baustein hatte den Sinn, die Verbindung zwischen zwei unterschiedlichen Jobs herzustellen. Hier kam Ihr Kunde wieder zu sich, besann sich auf das Wesentliche, tankte Energie.

Sie können anhand der Antworten auch die Treiber Ihrer Kunden herausfinden und Coachees anleiten, vielleicht das erste Mal darüber nachzudenken, warum sie bestimmte Wege gegangen sind. Wo waren es eigene, bewusste Entscheidungen, wo ein Treibenlassen – und wo Fremdbestimmung?

Mit diesen Fragen hinterfragen Sie Motivation und die Erkenntnisse.

Auch für die Suche nach dem nächsten Schritt kann das Tool hilfreich sein. Fragen Sie, warum er erfolgen soll. »Endlich die Theorie lernen« könnte so eine Funktion sein oder auch »downshiften« und zu Kräften kommen. Bei Weiterbildungsentscheidungen empfehle ich, das Ziel zu hinterfragen: Wohin soll die Reise gehen? Was kommt danach? Je klarer dies ist, desto einfacher kann man

Mit diesen Fragen und der Arbeitsanweisung nutzen Sie das Karrierehaus, um dem nächsten beruflichen Schritt näherzukommen.

im Schritt zuvor das Richtige finden. Schicken Sie Klienten, die nicht wissen, was sie nach einer Weiterbildung damit machen sollen, in eine Rechercherunde. Beispiel: Ein Ingenieur interessiert sich für Innovationsmanagement. Welche Positionen gibt es in diesem Bereich? Das lässt sich etwa über Xing herausfinden. Geben Sie Ihrem Klienten den Tipp, dass er in der Detailsuche bei *Position jetzt und zuvor* den Begriff »Innovationsmanager« eingeben kann: Was haben diese Personen gelernt / studiert?

Weitere Fragen wie »Wird ein Masterstudiengang reichen?«, »Wie sollte Praktikum und / oder Masterthesis gestaltet sein, um möglichst gute Chancen zu haben?« könnten ebenfalls recherchiert werden, indem man danach sucht, wohin sich Themenkreis und Wunschbranche vermutlich entwickeln werden.

Fallbeispiel

In einem Seminar für ein Unternehmen mit behördenähnlichen Strukturen hatte ich zwölf Teilnehmer, die alle bisher sehr eingefahrene Wege eingeschlagen hatten. Die Teilnehmer waren es nicht gewohnt, eigeninitiativ Schritte zu gehen oder gar die eigene Karriere zu steuern. Ich ließ sie das Karrierehaus ausfüllen und fragte dann, was denn ihre nächsten drei Bausteine sein könnten. Zuvor hatten wir uns mit persönlichen Stärken und Wünschen beschäftigt. Sie sollten mindestens fünf Dinge aufschreiben, die sie sich in den nächsten zehn Jahren erwarteten. Das konnten sein:

- Menschen führen
- Viel mehr Geld verdienen
- Reisen

- Etwas Neues lernen
- etc.

In Gruppen von drei Personen arbeiteten sie dann an den Bausteinen in den Karrierehäusern. Der Besitzer des Karrierehauses, das gerade im Mittelpunkt stand, war Bauleiter, ein anderer Architekt, der Dritte Maurer. Nun ging es darum, Vorschläge aus der jeweiligen Perspektive zu machen.

- Der Architekt bringt kreative Ideen ein, die auch etwas ungewöhnlich sein dürfen.
- Der Maurer konzentriert sich auf die praktischen Vorschläge.
- Der Bauleiter moderiert und nimmt die Ideen an, die ihm gefallen.

Auf diese Weise könnten Sie auch zur Berufsorientierung Karrierehäuser bauen. Hier wäre es allerdings von Vorteil, wenn eine fachliche Anleitung dabei ist. Meiner Erfahrung nach können sich angehende Studenten nicht vorstellen, was nach einem Studium kommt, sofern es nicht um gängige »alte« Berufe wie Lehrer, Rechtsanwalt oder Arzt geht.

Meine Empfehlung für Sie

Nutzen Sie bei Berufserfahrenen auch das Dach und den Schornstein. Denn: Viele Bausteine ergeben erst im Nachhinein Sinn und lassen sich unter einem Dach zusammenführen. Um das zu erkennen, braucht man oft viele Jahre im Beruf, junge Leute können diese Botschaft mit auf den Weg bekommen, doch sie wären überfordert, damit konkret zu arbeiten. Das Dach könnte z. B. eine Tätigkeit sein, die alles oder vieles verbindet, was man in Jahrzehnten gelernt hat.

Im Coaching könnten Sie es einsetzen, um genau diese Fragen zu stellen:

- »Wie und wo könnten Sie alles, was Sie bisher gemacht haben, in etwas Neues überführen?«
- »Womit könnten Sie alle Ihre bisherigen Erfahrungen krönen?«

65. Konzernkarrierefaktor

Typ	Quelle / Urheber	Einsatzbereich	Aufwand	Nutzen
Checkliste	Svenja Hofert	Klarheit über Chancen bei der Bewerbung	–	Realistische Einschätzung

Was ist das?

Junge Menschen wollen Konzernkarrieren, aber viele arbeiten sich daran ab, hier einen Job zu bekommen. Die Wahrscheinlichkeit, in einem größeren Unternehmen oder bei einer Strategieberatung eingeladen zu werden, ist an bestimmte Faktoren gekoppelt. Ersparen Sie Ihrem Klienten viele überflüssige Bewerbungen, indem Sie darauf hinweisen. Ich sehe leider immer wieder, dass es einige trotzdem versuchen und sich über Dutzende von Absagen wundern …

Was Sie dazu wissen sollten

Wir leben in einer Welt der durch den Lebenslauf von Anfang an beschränkten Chancen. Hier hat jemand kein besonders gutes Abitur gemacht und darf nicht Medizin studieren, obwohl er ein guter Arzt sein würde. Er müsste zum Medizinstudium nach Ungarn gehen, mit Papas Geld wird's doch noch möglich. Die große Karriere als internationaler Herzchirurg wird danach allerdings unwahrscheinlicher. Bleibt Papas Praxis.

Und dort hat jemand durch kluge Lenkung aus dem Elternhaus frühzeitig begriffen, dass es darauf ankommt, von Anfang an zu den Besten zu gehören und auch zu denen zu gehen. Dem Eliteinternat folgen die Eliteuni und das Elite-Praktikum. Eine Elite-Universität wie Harvard ist eben nicht kompatibel mit der bodenständigen Fachhochschule für Ökonomie und Management FOM. Und wer bei McKinsey gewesen ist, wird höchstwahrscheinlich auch nach einem Out statt Up nicht in einem kleineren Möbelhaus landen.

Wie anwenden?

Stellen Sie sich vor, Sie haben einen jungen Bewerber vor sich, der überrascht ist, dass er auf 30 Bewerbungen nicht eine Einladung bekommen hat. Das kommt sehr häufig vor. Oft sehen wir dann z. B., dass die Bewerbungen nur an große Namen gegangen sind, wo der Wettbewerb auch riesig ist. Hier ist es manchmal heilsam, den Bewerber auf den Boden der Tatsachen zurückzubringen – und klar zu sagen, dass hier eine Bewerbungsoptimierung wenig bringt, weil die Voraussetzungen nicht gegeben sind.

Sie können mithilfe der Übersicht einschätzen, wie realistisch Bewerbungsvorhaben sind – und gegensteuern, wenn Sie sehen, dass ein Bewerber sich für Ziele engagiert, die erstens schwer erreichbar und zweitens vielleicht gar nicht zur Persönlichkeit passend sind. Steckt jemand noch in der Ausbildung und z. B. vor der Entscheidung für einen Master, kann die Übersicht helfen, durch kluge Wahl des Studienorts und der Praktika den richtigen Kurs einzuschlagen.

Erst einmal sollten Sie jedoch immer das Thema Persönlichkeit und die Frage »Was will ich eigentlich« mit Ihrem Klienten bearbeiten – und dann erst zu den Zielen kommen. Fragen Sie Ihren jungen Klienten, welche Arbeitgeber er für sich sieht und warum. Bringen Sie das mit dem zusammen, was Sie zur Persönlichkeit ausgearbeitet haben. Beispiel: Ihr Klient möchte gern gestalten und früh Verantwortung übernehmen. Das wird er eher in einem überschaubaren Umfeld können.

Hoch = beste Chancen bei Konzernen und Strategieberatungen	Niedrig = kaum Chancen
■ Eliteuni oder private Universität ■ Überdurchschnittlicher Abschluss ■ Kurze Studiendauer ■ Ungewöhnliche Kombination aus Bachelor und Master ■ Hochwertige Praktika bei namhaften Unternehmen ■ Interessante Hobbys oder Engagements ■ Auslandserfahrung, die über ein Erasmusjahr hinausgeht	■ Durchschnittliche Uni oder Fachhochschule ■ Mittlere oder lange Studiendauer ■ Bunte Praktika ■ Praktika bei unbekannten Unternehmen oder Beratungsfirmen ■ Bewerbung in beliebten Bereichen wie Marketing oder auf Traineeships ■ Nebenjobs im Verkauf oder Service

Konzernkarrierefaktor

66. T-Shape-Karrieremodell und Karrierequadrat

Typ	Quelle/Urheber	Einsatzbereich	Aufwand	Nutzen
Modell	IBM, in Deutschland Elisabeth Heinemann, Karrierequadrat: Svenja Hofert	Karriereplanung	Etwa zwei Stunden	Visualisierung, Erkennen von Weiterentwicklungsbedarfen

T-shaped: tiefes und breites Wissen

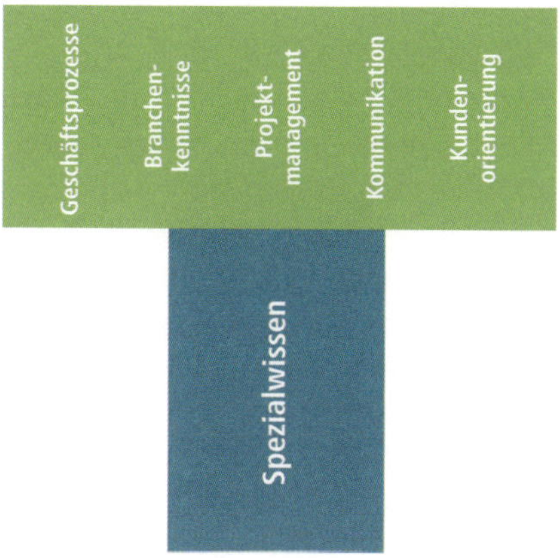

Was ist das?

Es handelt sich um Karriereentwicklungs-Tools. T-Shape kursiert vor allem in der IT-Branche, es ist überall einsetzbar, wo Expertise eine Rolle spielt, also in allen Wissensberufen. Das wiederum sind inzwischen fast 50 Prozent aller Jobs.

»T-shaped« ist ein Kompetenz-Profil, wenn es sowohl Wissen in der Tiefe besitzt als auch interdisziplinäre, methodische und kommunikative Kompetenzen, um dieses Wissen anwenden zu können.

Das Karrierequadrat ist ein von mir entwickeltes Tool, um verschiedene Karriereziele durchzusprechen und Weiterbildungsbedarf zu erkennen.

Was Sie dazu wissen sollten

Bildungs- und Personalverantwortliche erkannten schon vor fast 20 Jahren, dass Expertise allein nicht reicht. Um Jobs professionell und erfolgreich auszuüben, sind auch Kenntnisse von Geschäftsprozessen, Methodenwissen und Soft Skills nötig. Damals tauchte der Begriff »T-shaped« in der Fachliteratur auf. IBM legte Mitte der 90er-Jahre des vergangenen Jahrhunderts das Modell einer »T-shaped Career« zugrunde. In Deutschland hat zunächst Professor Elisabeth Heinemann das Thema aufgegriffen, die einen Lehrstuhl für Schlüsselqualifikationen an der Fachhochschule Worms innehatte und ein Buch dazu geschrieben hat.

Wie anwenden?

Ihr Kunde möchte sein Profil schärfen oder ist unsicher, auf welche Maßnahmen er setzen sollte. Ein erster Schritt liegt darin, dass Sie ihm folgende Fragen stellen:

»1. Was ist Ihr persönliches ›T‹? Wo sind Sie Experte?«

»2. Welches interdisziplinäre Wissen, welche Methoden und welches Können brauchen Sie, um diese Fachkompetenz erfolgreich einsetzen zu können?«

Öfter werden Sie hören: »Ich bin nirgendwo Experte.« Meist stimmt das nicht. Natürlich ist auch jemand, der seit fünf Jahren Marketing im Luxussegment betreibt, auf seinem Gebiet Experte. Auch Führungskräfte können Experten sein: Experten für Führung in schwierigen Situationen oder Experten für die Leitung von virtuellen Teams. Es muss nicht immer die Fachkenntnis sein, die den unteren Balken des T füllt, wenn man T-Shaping weiterdenkt.

Fragen Sie vier Bereiche ab:

1. Fachkenntnisse und Erfahrung, auch in der Führung,
2. interdisziplinäre Kenntnisse (Branchen, Geschäftsprozesse),
3. Methodenkenntnisse (wie mache ich etwas?),
4. Soft Skills.

Der untere T-Balken kann sich nur aus Bereich 1 speisen. 2 bis 4 sind wichtig, manchmal sogar sehr wichtig, aber allein normalerweise nicht tragfähig, also Ergänzungskompetenzen.

Fallbeispiele

Mein Klient Andre hatte seit Jahren Software-Tests geplant und durchgeführt. Das war eindeutig seine Expertise. Er merkte jedoch, dass ihm im Vergleich zu anderen offensichtlich etwas fehlte, denn Bewerbungen kamen immer zurück. Ich gab ihm die Aufgabe, herauszufinden, was andere Bewerber mit einem ähnlichen Profil denn mitbrächten. Das Ergebnis: Man vermisste methodische Kenntnisse etwa in bestimmten Test-Tools.

Petra war fachlich top und wollte eine Projektleitung übernehmen. Dafür fühlte sie sich noch nicht sicher genug. Mit dem T-Shape-Modell ermittelten wir, dass ihr Projektmanagementkenntnisse auf fortgeschrittenem Niveau fehlten, außerdem fühlte sie sich in der Gesprächsführung unsicher.

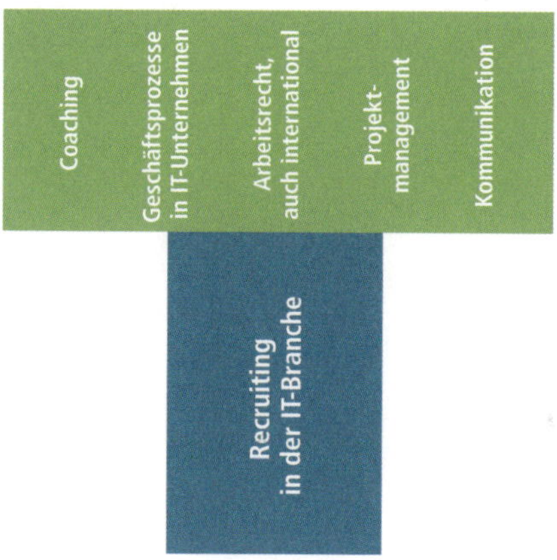

T-Shape-Beispiel

Erweiterung: das Karrierequadrat

Eine Weiterentwicklung von T-Shape ist mein Karrierequadrat. Ich habe festgestellt, dass es manchmal schwierig ist, die verschiedenen Ebenen zu trennen: Gehört das nun in den vertikalen T-Strich oder in den horizontalen? Außerdem ist Karriere heutzutage durch noch mehr Faktoren bestimmt. Das visualisiert das Quadrat:

Überall kann man in die Karriere einsteigen – mit Fachwissen, Erfahrungswissen, Kompetenzen oder Persönlichkeit. Und alles braucht eine erfolgreiche Karriere von heute – und zwar gleichermaßen. Durch die Visualisierung können Sie dem Kunden deutlich machen, wie das alles zusammenhängt, und ihm seine eigenen Stärken erkennen helfen. Welche Seite ist am meisten ausgeprägt? Wo schwächelt er?

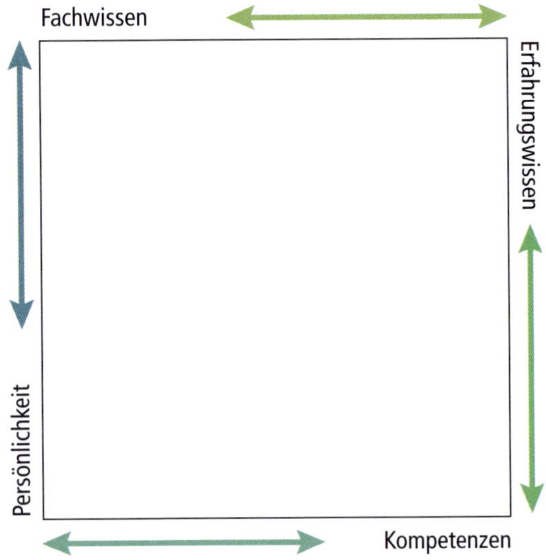

Das Karrierequadrat: Basismodell

Weiterhin dient das Modell dazu, einen Entwicklungsplan zu entwerfen. Sie können es dazu an das Flipchart malen und die einzelnen Seiten mit Post-its bekleben. Das darf auch viel dichter sein als im Beispiel.

Als Nächstes fragen Sie nach dem Karriereziel. Nun sortieren Sie die Zettel danach: Was dient dem Ziel, was nicht so sehr?

Wenn Sie nun Weiterbildungs- und Entwicklungsbedarf symbolisieren wollen, arbeiten Sie innerhalb und außerhalb der Linien des Quadrats. Nach innen kleben Sie das, was da ist, und außerhalb das, was fehlt. Das kann auch nur eine einzige Sache sein.

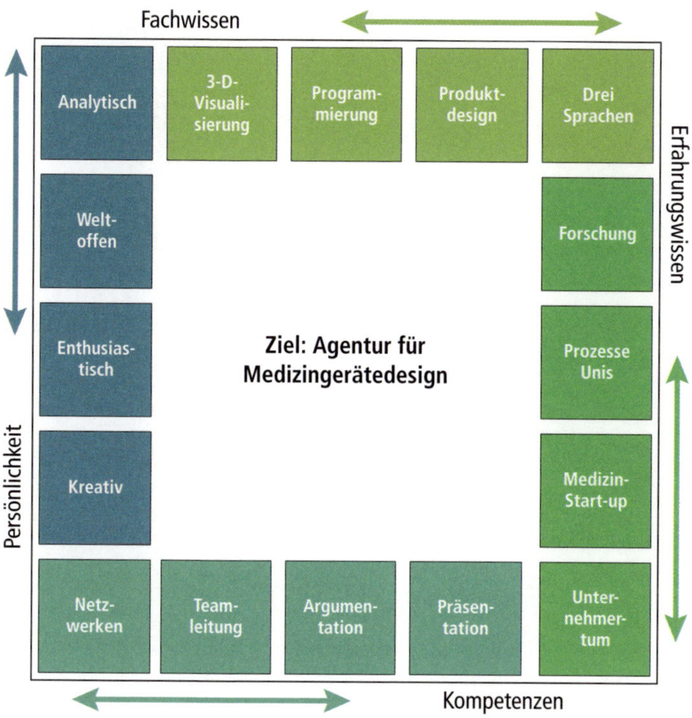

Das Karrierequadrat: nur innen ausgefüllt …

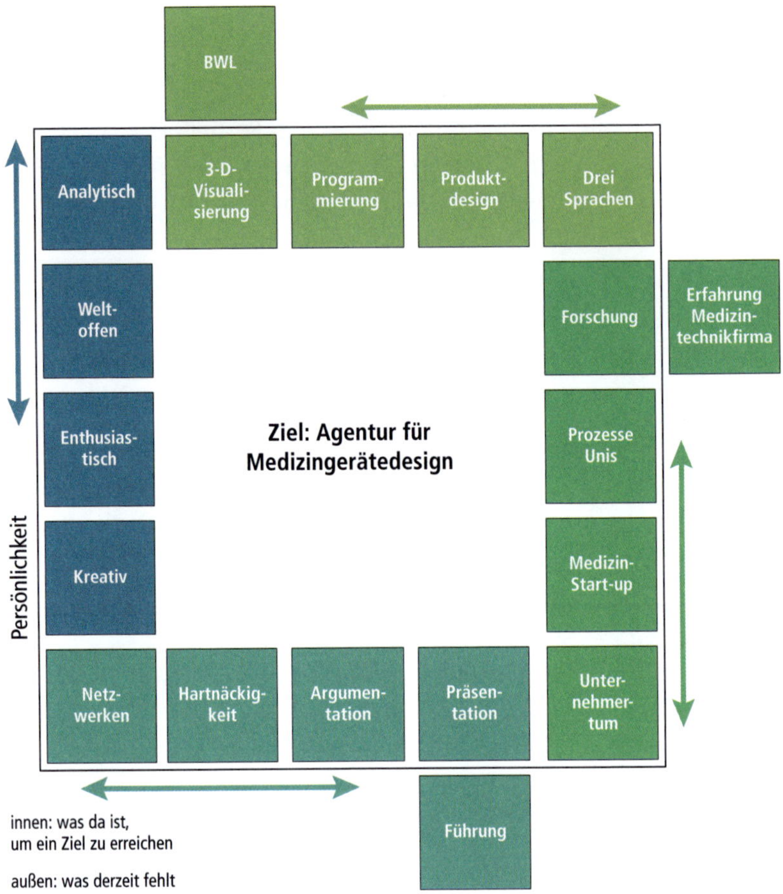

… und hier mit Themen außerhalb, die den Entwicklungsbedarf visualisieren.

67. KODE-Kompetenzatlas

Typ	Quelle/Urheber	Einsatzbereich	Aufwand	Nutzen
Modell	Einfacher Atlas: Svenja Hofert, mithilfe der Big Five erstellt. KODE®-Kompetenzatlas John Erpenbeck, Volker Heyse und Horst Max; Anbieter-Tipp hierzu: The Competence House GmbH (www.competencehouse.de)	Karriereplanung	Mehrere Stunden	Bewusstmachung von erworbenen Kompetenzen und Kompetenzentwicklung

Was ist das?

Mein eigener Kompetenzatlas ist eine Übersicht relevanter beruflicher Fähigkeiten (nicht Fertigkeiten!). Das von mir erstellte Formular beruht auf dem Big-Five-Modell (Tool 94) und lässt sich natürlich ergänzen. Hinweise, wie leicht oder schwer sich Kompetenzen entwickeln lassen, ergeben sich aus dem Gedanken, dass Persönlichkeit bei einigen Kompetenzen eine größere Rolle spielt als bei anderen. So ist etwa Kreativität stark an eine Persönlichkeit gebunden, die unabhängig denkt und damit oft auch weniger anpassungsfähig ist. Insofern ist Kreativität oft schwieriger zu entwickeln als etwa »Zuhören«. Zu prüfen ist allerdings, ob ein Klient sich selbst bremst, zu eng denkt und vielleicht Kreativität freisetzen könnte, würde er dazu ermuntert.

Ein sehr detaillierter Kompetenzatlas nach Professor Erpendeck ist der KODE-Kompetenzatlas. Er zeigt 64 im Beruf benötigte Kompetenzen, die Bereichen zugeordnet sind. Es geht in dieser Variante also um sichtbare und erworbene Kompetenzen. Unterschieden werden personale Kompetenzen, sozial-kommunikative Kompetenzen, Aktivitäts- und Handlungskompetenzen sowie Fach- und Methodenkompetenz. Jeder kann theoretisch all diese Kompetenzen lernen, jedoch gibt es fraglos Schwerpunkte. Zudem sind in bestimmten Jobs nur einige der Kompetenzen wesentlich. Diese können für ein Stellen- und auch Karriereprofil definiert und genau beschrieben werden. Tipp: Das Tool liegt online als Fragebogen für die Selbst- und Fremdeinschätzung vor, etwa bei http://www.competenzia.de.

Was Sie dazu wissen sollten

Kompetenzen sind in der beruflichen Entwicklung *das* zentrale Element. Demografischer Wandel, Fachkräftemangel und die Veränderung der Arbeitswelt machen es heute viel nötiger als früher, an und mit Kompetenzen zu arbeiten – in der Karriere- genauso wie in der Personalentwicklung.

Wie anwenden?

a) Arbeit mit meinem Fragebogen

Sie können den Fragebogen im Rahmen eines beruflichen Coachings auch unabhängig von speziellen Stellen- oder Jobprofilen durchgehen. Hier ist das Ziel, vorhandene Kompetenzen zu reflektieren, etwa im Rahmen einer Standortanalyse.

Arbeiten Sie mit dem Fragebogen, so behalten Sie die Information, ob Kompetenzen leicht oder schwer entwickelbar sind, erst einmal für sich – als Hintergrundinformation für den Coach oder Berater. Den Klienten fragen Sie, was er bei sich wahrnimmt, in welchen Situationen sich dieses Verhalten wie zeigt und wie er eine nicht so ausgeprägte Kompetenz entweder besser zeigen (falls er sich gebremst fühlt) oder entwickeln kann.

Recht typisch ist z. B. das Fehlen der Kompetenz »Delegieren« bei Führungskräften. Fragen Sie:

- »Was müssten Sie tun, um diese Fähigkeit zu entwickeln?«
- »Wie haben Sie sich bisher verhalten? Und wie werden Sie es in Zukunft tun?«
- »Wann werden Sie das neue Verhalten ausprobieren? Wie werden Sie Ihre Erfahrung mit dem neuen Verhalten dokumentieren?«

Karriere & Entwicklung

Svenja Hofert

KOMPETENZATLAS

Aufbereitung in dieser Kurzform Svenja Hofert, www.karriereundentwicklung.de

	Kompetenz	Wie entwickelbar?	Relevanz (1-6) für Job	Kandidat (1-6)
1	Anpassungsfähigkeit	Schwierig		
2	Coaching	Leicht		
3	Definition von Leistungsstandards	Schwierig		
4	Delegieren	Leicht		
5	Disziplin (hält sich an Verfahren und Prozesse)	Schwierig		
6	Ehrgeiz	Schwierig		
7	Einfühlungsvermögen	Leicht		
8	Entscheidungsqualität	Schwierig		
9	Entschlossenheit	Schwierig		
10	Ergebnisorientierung	Mittel		
11	Fortschrittskontrolle	Leicht		
12	Führung von Mitarbeitern	Leicht		
13	Hartnäckigkeit	Schwierig		
14	Initiative	Schwierig		
15	Integrität (hält sich an soziale und ethische Normen)	Schwierig		
16	Kontaktfreudigkeit	Möglich		
17	Kreativität	Schwierig		
18	Kundenorientierung	Leicht		
19	Lernfähigkeit	Teils leicht, teils schwieriger		
20	Loyalität (hält sich an Ziele der Organisation)	Mittel		
21	Marktorientierung	Schwierig		
22	Mündliche Kommunikation	Leicht bis schwer*		
23	Netzwerkarbeit	Leicht		
24	Planen und organisieren	Leicht		
25	Präsentationsfähigkeit	Leicht		
26	Problemanalyse	Leicht		
27	Qualitätsorientierung	Mittel		
28	Schriftliche Kommunikation	Bis zu einem gewissen Niveau leicht		
29	Selbstentwicklung	Schwierig		
30	Selbstorganisation	Teils leicht, teils schwieriger		
31	Stresstoleranz	Kaum (da in Persönlichkeit verankert)		
32	Teamleitung	Leicht		
33	Teamwork	Möglich		
34	Überzeugungskraft	Relativ leicht		
35	Unabhängigkeit	Schwierig		
36	Unternehmertum	Schwierig		
37	Verhaltensflexibilität	Schwierig		
38	Verhandeln	Leicht		
39	Vision	Schwierig		
40	Wirkung auf andere	Leicht		
41	Zuhören	Leicht		

Nutzen Sie den Kompetenzatlas, um mit Ihrem Kunden ins Gespräch zu kommen. Stellen Sie eine Beziehung zum Job her! Arbeiten Sie in der Personalentwicklung, bedenken Sie, dass es leichter (delegieren) und schwerer zu entwickelnde Kompetenzen gibt (kreativ sein).

Anderes Beispiel: Kreativität. Nehmen wir an, Ihr Klient sieht diese Kompetenz bei sich kaum ausgeprägt. Fragen Sie:

- »Wann waren Sie kreativ?«
- »Welche Kreativität bewundern Sie bei anderen?«
- »Wie könnten Sie ausprobieren, kreativer zu sein?«
- »Was könnte ein erster Schritt zur Entwicklung Ihrer Kreativität sein?«

Finden Sie als erste Schritte ganz konkrete Situationen im Unternehmen, z. B. »Ideen einbringen in Meetings«. Möglicherweise traut sich Ihr Kunde gar nicht zu sagen, was ihm einfällt. Ermitteln Sie zunächst das »Problem« und finden Sie dann gemeinsam Lösungen. Diese soll Ihr Klient in der Zeit zwischen zwei Coachingterminen als »Hausaufgabe« üben. Dazu ist es hilfreich, eine Art »Entwicklungstagebuch« zu führen, in dem Ihr Klient seine Erfahrungen aufschreiben kann.

Eine gute Übung speziell für Kreativität ist es, Gedanken im Moment des Auftauchens zu »fangen« und sie einfach einmal auszusprechen, etwa in einem Meeting oder auch in kleinerer Runde – um dann die neue Erfahrung auf sich wirken zu lassen. Dies kann, wenn sich der Klient nicht traut, durchaus erst einmal im Familien- oder Freundeskreis ausprobiert werden. Wichtig ist es, dem Klienten zu verdeutlichen, dass es hier um den Mut geht, etwas Neues zu tun, und dass die »Qualität« des Gedankens nicht wichtig ist.

b) Arbeit mit den KODE-Kompetenzen

Fragen Sie Ihren Klienten z. B.: »Welche Kompetenzen brauchen Sie als Projektmanager?« Die Antwort dürfte je nach Unternehmen und Situation etwas unterschiedlich ausfallen, aber wahrscheinlich sind folgende Fähigkeiten zentral:

- Projektmanagement
- Systematisch-methodisches Vorgehen
- Planungsverhalten
- Marktkenntnisse
- Fachübergreifende Kenntnisse
- Integrationsfähigkeit

Haben Sie den Eindruck, dass Ihr Kunde nicht die wesentlichen Kompetenzen nennt, hinterfragen Sie seine Antworten. Es wird Kandidaten geben, die z.B. sagen, dass sie keine methodischen Projektmanagementkenntnisse bräuchten, es wäre auch immer so gegangen. Das mag für die derzeitige Arbeitssituation gelten, aber natürlich nicht generell. Um entscheiden zu können, dass man etwas *nicht* anwendet, muss man es kennen. Ich sage meinen Klienten, die jahrelang alles »freestyle« gemacht haben, dass alle berühmten Künstler erst malen lernten, bevor sie mit der modernen Kunst begannen.

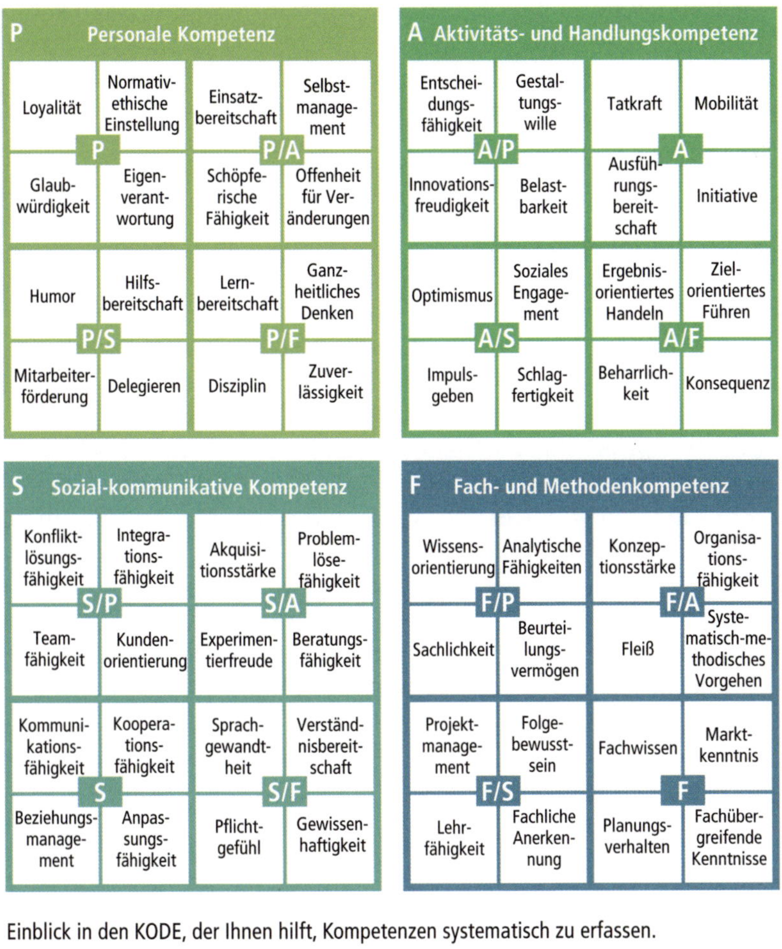

Einblick in den KODE, der Ihnen hilft, Kompetenzen systematisch zu erfassen.

Fragen Sie Ihren Klienten, was genau hinter den für seinen Job notwendigen Kompetenzen steht und welche Situationen ihm einfallen, in denen er das eine oder andere professionell angewendet hat (oder eben nicht). Konzentrieren Sie sich auf wenige Punkte. Zeigten Sie Kunden den Kompetenzatlas, so würden sie mehr oder weniger alles ankreuzen, wenn die Zahl der Kompetenzen nicht begrenzt wäre.

Anhand einer Liste, die Sie mit Ihrem Kunden gemeinsam erstellen können, definieren Sie sechs bis sieben Punkte, die für den jetzigen oder einen angestrebten Job zentral wichtig sind.

Angenommen, Ihrem Klienten fehlt es an Integrationsfähigkeit. Er ist aufbrausend und bringt die Projektmitglieder eher gegeneinander auf als ins Miteinander. Diskutieren Sie mit ihm, ob genau das ein Entwicklungspunkt sein könnte, an dem Sie beide arbeiten sollten.

Meine Empfehlung für Sie

Mit dem Kompetenzmodell können Sie leichter erkennen, in welchen Feldern Weiterbildungsbedarf besteht. Auch dazu sollte definiert werden, welche Kompetenzen der angestrebte Job verlangt – gerade auch im Vergleich zum jetzigen. Die Antwort könnte lauten: Kommunikationsfähigkeit. Da der Job international ist, reicht Deutsch nicht aus, gefragt sind auch Englisch und Chinesisch. Englisch kann der Klient auf dem Sprachniveau B1 (notwendig ist allerdings C1), aber Chinesisch gar nicht. Der Weiterbildungsbedarf besteht also in Englisch: Anheben von B1 auf C1 sowie in Chinesisch.

Tipp: Die Bewertung der Sprachkenntnisse erfolgt hier nach dem Europäischen Referenzrahmen, den ich für ein sehr gutes Basismodell halte. Hier gibt es zahlreiche Informationen im Web (Wikipedia) und auch kostenlose Niveau-Tests, etwa bei Klett oder Cornelsen.

68. Jobschlüssel

Typ	Quelle / Urheber	Einsatzbereich	Aufwand	Nutzen
Modell	Svenja Hofert	Karrierecoaching	Etwa zwei Stunden	Visualisierung dessen, was wirklich wichtig ist, Verdichten von Kriterien

Was ist das?

Vielfach ist nicht die Tätigkeit entscheidend, sondern das Umfeld. Das ist nur wenigen Menschen wirklich bewusst. Das heißt: Dieselbe Tätigkeit kann in einem anderen Umfeld viel befriedigender sein als im jetzigen. Der Jobschlüssel zeigt die drei bis sechs wesentlichen Kriterien für Zufriedenheit im Job.

Der Jobschlüssel: die wichtigsten Kriterien für Zufriedenheit im Job

Wie anwenden?

Fragen Sie:

- »Was macht Sie zufrieden?«
- »Was muss in der Arbeit erfüllt sein, damit Sie sich glücklich fühlen?«
- »Wie muss der Ort aussehen?«
- »Wie muss die Umgebung gestaltet sein?«
- »Was sollten Kollegen erfüllen?«
- »Was ist mit Blick auf dem Chef wichtig?«

Schreiben Sie die Antworten auf Post-its und verdichten Sie sie zu bis zu sechs Punkten, die Ihr Kunde an einem auf das Flipchart gemalten Schlüssel anbringen soll.

69. Personal SWOT

Typ	Quelle / Urheber	Einsatzbereich	Aufwand	Nutzen
Methode	Svenja Hofert	Stärken / Schwächen hinsichtlich Karriere	Etwa zwei bis drei Stunden	Klarheit über Plus und Minus hinsichtlich der eigenen Karrierevorhaben

Was ist das?

SWOT-Analysen für Gründer sind bekannt, aber auch für normale Angestellte? Ja! Sie können so ganz systematisch erfassen, was Ihr Klient mitbringt und was ihm fehlt. Das ist eine sehr gute Ausgangsbasis für die Bewerbung und hilft auch dabei, die passenden Stellen auszuwählen. Dabei erfasst die Tabelle nicht nur, was in die Bewerbung eingeht, sondern auch Aspekte darüber hinaus, die für die Strategie wichtig sind.

Personal SWOT

Copyright: Kexpa Svenja Hofert

Stärken	Schwächen	Chancen	Herausforderungn	Bereich	Faktor
Durchsetzungsbereitschaft	wenig Präsentationserfahrung	sich im Präsentieren üben	größere Gruppen begeistern	Persönlichkeit	3
im Vergleich zu anderen besser	schlechtes Englisch	fachlichen Vorteil ausbauen	Kenntnisse kommunizieren	fachliche Kenntnisse	2
learning by doing	keine Methodenkenntnissee	intuitives Vorgehen hat sich bewährt	gegen methodisch versiertere Personen bestehen	methodische Kenntnisse	1
mittel	wenig Kenntnisse digitaler Medien	wachsender Markt, sich hier einen Namen machen	viel jüngere Konkurrenz	Branchenkenntnisse	2
ja, umfangreich	längere Pause	erfahrener als andere, viele Krisen bewältigt	Akzeptanz dieser Erfahrungen bewirken	Erfahrungen im ähnlichen Kontext	3
mittel	rede ungern über Geld	bisheriges Gehaltsniveau verbessern	über Geld reden	finanzielle Möglichkeiten	1
zwei sehr gute Kontakte	nicht sehr groß	ausbauen	sich genügend Zeit freischaufeln	Netzwerk	3

Vorhaben:
50-jährige Agenturbetreiberin möchte sich nach längerer beruflicher Pause für Managementaufgaben in den digitalen Medien qualifizieren. Der erste Schritt dorthin soll die Übernahme des Vorsitzes in einem digitalen Frauenverband sein.

Personal SWOT: ein Beispiel

Wie anwenden?

Typische Einsatzgebiete: Ihr Klient ist sich nicht sicher, auf welche Stellen er sich bewerben kann, möglicherweise hat er festgestellt, dass bisher der Erfolg auf sich warten ließ. Auch in den Rahmen einer Karriereplanung passt das Tool wunderbar als erster Schritt.

Meine Empfehlung für Sie

Oft ist es schwer, das eigene Job-Profil einzuschätzen und seinen Wert am Markt zu erkennen. Hier hilft Xing: Was haben Menschen gemacht, die eine ähnliche Karriere durchlaufen haben? Oder auch ganz normale Stellenangebote: Was wird da verlangt und was bringt Ihr Kunde dazu mit? Nehmen Sie sich Zeit für die Ausarbeitung. Und sprechen Sie an, wenn Sie vermuten, dass die Qualifikation nicht ausreicht, um bestimmte Ziele zu erreichen. Besprechen Sie weiter Maßnahmen, um die persönlichen Themen zu entwickeln.

70. Soll-Ist-Planung

Typ	Quelle / Urheber	Einsatzbereich	Aufwand	Nutzen
Methode	Unbekannt	Planung für die nächsten Karriereschritte	Etwa zwei bis drei Stunden	Visualisierung von Meilensteinen und Zeiträumen

Was ist das?

Eine Soll-Ist-Analyse erarbeite ich meist mit dem Flipchart. Ich male dann eine Straße auf das Chart und schreibe unten *Ist* hin und oben *Soll*. Eine Variante ist, mit Start und Ziel zu arbeiten. Sie können das gut an eine Standortanalyse knüpfen, also z.B. ein, zwei Stunden Standort und dann ein, zwei Stunden Soll-Analyse.

Auch hier arbeite ich wegen der Flexibilität am liebsten mit Post-its, die sich versetzen lassen. Ich baue meist die Frage ein, was den Klienten derzeit am meisten hindert, die gewünschten Ziele zu erreichen. Das können fehlende Networkingkompetenzen sein, Kommunikationsdefizite und vieles andere. Ich bespreche dann adäquate Maßnahmen, ein Training zum Beispiel.

Wie anwenden?

Alle überschaubaren Fragen zur Karriereentwicklung, aber auch zu persönlichen Themen, Lebensplänen oder Vorhaben eignen sich. Immer wenn der Klient eine vage oder auch schon etwas konkretere Vorstellung vom Ziel hat, ist diese Vorgehensweise sehr hilfreich.

Fallbeispiel

Der Banker Karlheinz wollte in eine Filiale in die USA, um einen für ihn wichtigen nächsten Karriereschritt zu gehen. Ich fragte ihn, wo er derzeit stehe und was er schon alles mitbringe. Dann eruierte ich durch genaues Nachfragen, was er anstrebte und in welchem Zeitraum er das alles sah: Wie genau hieß die Position? Auf welcher

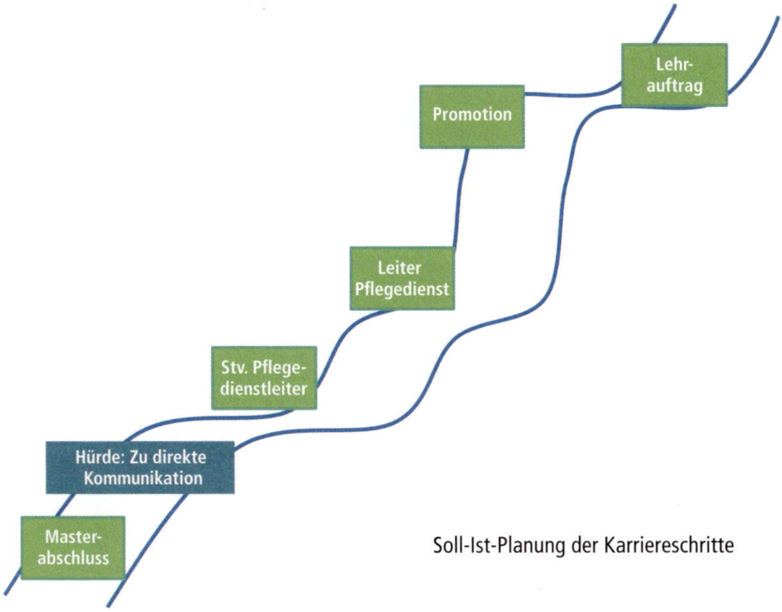

Soll-Ist-Planung der Karriereschritte

Ebene würde sie angesiedelt sein? Was verdiente er da? Wie würde er leben?

Haben Sie vier, fünf Eckpunkte gesammelt, geht es darum, die Wegstrecke mit Meilensteinen zu füllen. Leiten Sie bewusst den Blick nach oben, ins Soll:

- Sagen Sie: »Wie fühlt sich das an, was da oben steht? Wie attraktiv ist das?«

Und dann nach unten:

- Fragen Sie: »Wenn Sie jetzt hier unten stehen, was müssen Sie als Erstes tun, um dahin zu kommen, wo Sie in zwei Jahren sein wollen?«
- »Was steht Ihnen dabei am meisten im Wege?«

Karlheinz wusste sofort, was ihm im Weg stand: das Nichtaussprechen von Bedürfnissen und Wünschen aus dem Glaubenssatz heraus: »Das tut man nicht.« Das malte ich als Hürde in die Straße, über die Karlheinz springen musste. Ich fragte, wie man diese Hürde wegbekäme. »Ich muss an den richtigen Stellen klare Signale setzen«, kam von ihm spontan. An diesem Punkt hielten wir uns länger auf und vereinbarten, dass Karlheinz demnächst jeden Tag ein deutliches Signal setzte – in Deutschland und vor seinen Vorgesetzten, aber auch in den USA.

Meine Empfehlung für Sie

Die meisten Kunden kommen von selbst darauf, was sie tun müssen, um zu erreichen, was sie erreichen wollen. Manche brauchen aber auch Anregungen. Ich warte immer ab, was kommt, und greife ein, wenn ich merke, dass der Klient den Punkt nicht sieht, den ich für wesentlich halte – er da einen blinden Fleck hat. Auch bei den Zielen greife ich ein, wenn sie zu fern sind (mehr als fünf Jahre) oder zu wenig konkret.

71. Teppichhandel-Methode

Typ	Quelle / Urheber	Einsatzbereich	Aufwand	Nutzen
Methode	Unbekannt, in dieser Form Svenja Hofert	Gehaltsverhandlungen, alle anderen Verhandlungen	Ein bis zwei Stunden	Roter Handlungsfaden für den Kunden

Was ist das?

Eine Methode, um Verhandlungspositionen vorzubereiten, etwa im Rahmen des Gehaltsgesprächs.

Wie anwenden?

Definieren Sie mit Ihrem Klienten konkret, was er erreichen möchte. Beginnen Sie mit dem Kernziel. Das ist das, was wirklich gewollt und für realistisch erachtet wird. Wie beim Teppichhandel ist es aber natürlich nicht die erste »Zahl«, die auf den Tisch kommt. Die beinhaltet das Idealziel, das 2 bis 5 Prozent darüber liegen sollte. Das Ausstiegsziel kommt zum Schluss. Darunter geht Ihr Klient auf keinen Fall.

Das System ist so angelegt, dass es nicht nur um Geld, sondern immer auch um weitere Posten geht, die ganz individuell ausgefüllt werden können.

Merkt Ihr Klient, dass er seine Position nicht komplett durchsetzen kann, kann er etwas aufgeben, das ihm am unwichtigsten scheint. Wichtig ist dabei, nicht zu viel zu verschenken. Es hilft, das Verhandeln als Spiel zu betrachten, an dessen Ende man möglichst viel gewonnen haben will.

Bereiten Sie dazu im Gespräch Argumente für mehr Gehalt vor und sprechen Sie Einwände durch. Üben Sie das Verhandeln, wenn Sie Argumente und Einwände besprochen und Positionen ausgefüllt haben, ganz konkret mit oder ohne Kamera. Eventuell gestalten Sie die Situation so, dass Sie selbst die ausgefüllten Positionen gar nicht sehen, sondern am Ende fragen, ob Ihr Klient durchsetzen konnte, was er wollte.

	Gehalt	Weiterbildung	Auto	Flexibilität
Idealziel	85 000 EUR/Jahr	Budget von 5000 EUR/Jahr	A 4 zur privaten Nutzung	Zwei Tage die Woche Home-Office
Kernziel	82 000 EUR/Jahr	Budget von 3000 EUR	A 4 aus Firmen-pool	Ein Tag die Woche Home-Office
Ausstiegsziel	78 000 EUR/Jahr + Erhöhung um 4000 EUR in der Probezeit	Projekt-management-seminar	Wiedervorlage in einem Jahr	Nach Bedarf, testweise

Teppichhandel: Beispiel

Persönlichkeit und ganzheitliches Jobcoaching

So wie ich Karriere verstehe, ist es immer ein ganzheitliches Thema. Ohne die Einbeziehung privater und persönlicher Aspekte ist nur Oberflächenberatung möglich. Ich berücksichtige also alle Aspekte, je nach Arbeitsauftrag intensiver oder weniger intensiv. In diesem Kapitel geht es um Tools, die zu einem ganzheitlichen Blick hinführen, aber durchaus auch im Karriere- und Neuorientierungskontext einzusetzen sind. Auch Themen wie »Entscheiden«, »Ziele erreichen« und »Innere Schweinehunde überwinden« sind hier verankert.

Ich bin der Meinung, dass Jobcoaching und Therapie ab einer gewissen Phase parallel laufen dürfen. Therapie dauert Monate, manchmal Jahre – ein akutes Jobproblem aber muss gelöst werden, weil es sonst die berufliche Situation verschlimmert. Eine solche pragmatische Lösungssuche ist in einer akuten Burnout- oder Depressionsphase nicht möglich, wohl aber danach. Therapeuten sehen das unterschiedlich, da sie aus meiner Sicht teils nicht mitbekommen, welche Realitäten in der Arbeitswelt herrschen.

Ein Beispiel: Die Therapeutin einer etwas ängstlichen Kundin empfahl ihr den Abbruch einer erfolgreichen Selbstständigkeit und die Suche nach einem festen Job – in einem Bereich, in dem es kaum mehr feste Jobs gibt. Das ist jetzt drei Jahre her, die Kundin hält sich seitdem in einem unterqualifizierten Job über Wasser, der die psychische Angespanntheit eher erhöht. Hier wäre es besser gewesen, Handwerkszeug zur Bewältigung des durch die Selbstständigkeit entstehenden Stresses zu vermitteln.

Spüren Sie, wann Sie in die Tiefe gehen können und sollen und wann es besser ist, pragmatisch die Situation in den Fokus zu nehmen und nicht gleich das ganze Umfeld.

Ich stelle Ihnen einige Klassiker vor sowie Tools, die bei der praktischen Arbeit helfen. Seien Sie gespannt.

72. Antreiberkonzept

Typ	Quelle / Urheber	Einsatzbereich	Aufwand	Nutzen
Konzept und Fragebogen	Eric Berne, Fragebogen Svenja Hofert	Persönlichkeits-entwicklung	Zwei bis sechs Stunden	Klarheit über eigene Motivationen für Leistung und beruflichen Erfolg

Was ist das?

Die Transaktionsanalyse des Psychiaters Eric Berne beinhaltet das Antreiberkonzept. »Was treibt mich?« ist dessen zentrale Frage. Sich das bewusst zu machen, kann Augen öffnen.

Was Sie dazu wissen sollten / Wie anwenden?

Es gibt nach diesem Konzept mehrere typische Treiber, die Menschen motivieren, etwas zu tun oder ihr Leben zu gestalten. Diese können Sie zusammen mit Ihrem Kunden herausfinden:

Sei perfekt! Das ist der Antreiber für alle, die nie gut genug sind. Alles kann man besser machen, nichts macht zufrieden. Sei-perfekt-Menschen können schlecht loslassen, weil es sein könnte, dass sie einen Fehler gemacht haben. Im Reiss-Profil (siehe Tool 99) könnte sich dieser Treiber in einer »grünen Anerkennung« zeigen, aber auch anderswo seinen Niederschlag finden. Ein Gegenmittel liegt darin, dem Coachingpartner die Erlaubnis zu geben, Fehler zu machen. Empfehlen Sie ihm zu tun, was er sonst nie tun würde, z.B. bewusst eine Mail mit Tippfehlern loszuschicken.

Streng dich an! Das ist der Treiber für alle, denen es nie zu schwer sein kann. Nichts darf leichtfallen, denn dann ist es nichts wert. Ein Gegenmittel liegt darin, Lockerheit in die Arbeit zu bringen. Empfehlen Sie Ihrem Klienten, einmal um 16 Uhr Schluss zu machen oder nicht das ganze Buch zu lesen, wenn es eigentlich nicht interessant ist.

Beeil dich! Die Handlungsorientierten unter uns könnten sich hier wiederfinden. Schnell etwas erledigen, schneller sein, auch wenn zur Eile kein Grund besteht. Alles muss sofort gemacht werden, nichts kann warten. Ein Gegenmittel ist es, sich bewusst Zeit zu lassen und die eigene Eile zu hinterfragen. Fragen Sie: »Müssen Sie das wirklich innerhalb so kurzer Zeit erledigen? Muten Sie sich nicht zu viel zu?« Es reicht so gut wie immer auch morgen.

Sei stark! Das ist möglicherweise ein Treiber, der bei sachorientierten Menschen besonders ausgeprägt ist. Sie wollen keine Gefühle zeigen und erlauben es sich nicht, sich gehen zu lassen. Selbst in kritischen Situationen funktionieren sie scheinbar emotionslos.

Ein Gegenmittel ist, sich selbst zuzugestehen, dass Schwäche sympathisch ist und menschlich. Sagen Sie Ihrem Coachee: »Sie müssen nicht immer funktionieren. Und Sie dürfen auch als Mann mal weinen.«

Mach's den anderen recht. Sei-stark-Treiber sind vermutlich öfter männlich, dieser hier, der Mach's-anderen-recht-Treiber, ist wohl häufiger weiblich. Hinter ihm steckt: Du selbst bist nicht wichtig, die anderen sind es. (Übertriebene) Fürsorge für Mann und Kind hat hier oft ihre Ursache. Das logische Gegenmittel: Finden Sie mit Ihrem Klienten heraus, was er / sie eigentlich möchte. Helfen Sie, verschüttete Bedürfnisse zu artikulieren.

kexpa SOLUTION

Antreiber-Konzept (Transaktionsanalyse)

Was treibt Sie? Gehen Sie dem auf den Grund. Für jeden Block haben Sie 100 % Zustimmung, pro Frage 25 %. Wie sehr stimmen Sie den einzelnen Blöcken zu?

Sei perfekt!

- □ Ich muss alles immer richtig gut machen.
- □ Fehler möchte ich auf jeden Fall vermeiden.
- □ Ich bin sehr genau.
- □ Mir ist sehr wichtig, was andere von mir denken.

%

Streng dich an!

- □ Leistung lohnt sich.
- □ Ohne Fleiß kein Preis.
- □ Man muss viel lernen, wissen, gut sein.
- □ Arbeit muss keinen Spaß machen.

%

Sei schnell!

- □ Die Dinge können nicht warten.
- □ Bei mir heißt es immer: sofort.
- □ Ich bin sehr schnell.
- □ Ich handle sofort.

%

Sei stark!

- □ Ich zeige keine Gefühle.
- □ Ich kann mit allem umgehen.
- □ Gefühle sind nur etwas für ganz private Situationen.
- □ Die Sache steht immer im Vordergrund.

%

Mach's den anderen recht!

- □ Ich stelle mich nie in den Vordergrund.
- □ Ich kümmere mich immer um andere.
- □ Liebe bekommt man nur, wenn man Erwartungen erfüllt.
- □ Fürsorge ist meine Hauptaufgabe.

%

Fragebogen: Was treibt Ihren Kunden an?

73. Kreativmethoden

a) Büroklammer-Experiment

Typ	Quelle/Urheber	Einsatzbereich	Aufwand	Nutzen
Übung	Büroklammer unbekannt	Zwischendurch im Coaching zur Förderung des Kreativen, als Aufgabe in einem Assessment-Center	Fünf Minuten	Ideen denken und aussprechen; sehen, wie kreativ jemand ist

Was ist das?

Eine kleine Übung, um die eigene Kreativität zu trainieren – oder Ihrem Kunden zu beweisen, dass er durchaus kreativ sein kann.

Wie anwenden?

»Was kann man alles mit einer Büroklammer machen?« Bitten Sie eine Gruppe oder Ihren Klienten, das auf ein Blatt Papier zu schreiben, möglichst viele Anwendungen – und möglichst verrückte. Geben Sie die Erlaubnis, vollkommen schräge Dinge aufzuschreiben, etwa:

- Einen Turm bauen
- Buchstaben modellieren
- Löffel
- Kettenhemd
- Kette
- Armband
- Ring
- Bilderrahmen
- Gürtel
- Aufhänger für Gardinen
- Schloss
- Seil, um aus dem Fenster zu klettern

Haben Sie einen Kunden mit begrenzter Vorstellungskraft, könnten Sie ihm z. B. die Aufgabe geben, sich jeden Tag einen anderen Gegenstand vorzunehmen, um diesen gedanklich zweckzuentfremden.

Meine Empfehlung für Sie

Möglicherweise haben Sie es auch mit Personen zu tun, die eine blühende Fantasie haben. Diese könnten Sie auffordern, konkreter zu denken, denn meist ist mangelnde Genauigkeit die Kehrseite sprudelnder Ideen. Wie genau ließe sich aus einer Büroklammer ein Haus bauen? Was müsste man dafür tun? Das wiederum schärft die analytische Seite der Kreativität und schafft damit die Voraussetzungen für das, was ich Querdenker-Kreativität nenne.

Es gibt viele Varianten. Manchmal fordere ich den Kunden auf:

- »Sie haben eine Minute Zeit, um mir zu erzählen, was man alles mit einem Fisch machen kann.«
- »Nennen Sie mir 50 Sachen, die man aus oder mit einem Schrank machen kann.«
- Oder Ähnliches.

b) Textmarker-Experiment (der kürzeste Persönlichkeitstest der Welt)

Typ	Quelle / Urheber	Einsatzbereich	Aufwand	Nutzen
Übung	Svenja Hofert	Zwischendurch im Rahmen eines Trainings für Vorstellungsgespräche oder Assessment-Center	Fünf Minuten	Sehen, wie kreativ jemand ist

Was ist das?

Sie nehmen einen Textmarker oder einen Flipchartstift und bitten Ihren Kunden, ihn a) zu beschreiben und b) zu erzählen, was man alles damit machen kann. Wie zufällig lassen Sie einen anderen Stift und ein Zentimetermaß auf dem Tisch liegen.

Aus der Art der Antwort können Sie eine Menge schließen und hinterfragen, ob Sie damit richtig liegen. Wenn jemand z. B. gleich das Zentimetermaß nimmt und sich den Stift detailliert ansieht und ihn ebenso beschreibt, spricht das für einen genauen Typ. Bleibt Ihr Kunde auch bei b) dicht an den bekannten Möglichkeiten (Texte hervorheben), ist er wahrscheinlich sehr sensitiv in seiner Wahrnehmung. Spinnt er dagegen herum und malt gleich Bilder, ist er vermutlich fantasievoll.

Wie anwenden?

Ob Assessment-Center-Training, Vorstellungsgespräch oder allgemein Herausfinden persönlicher Stärken: Dieses kleine Experiment ist ideal, um etwa im Rahmen eines Vorstellungsgesprächs zu sehen, wie spontan jemand reagiert und wie er bei der Lösung von Aufgaben vorgeht. Eher analytisch und logisch? Eher spontan und fantasievoll? Die Arbeit mit dem Textmarker kann ein super Einstieg in eine etwas andere Unterhaltung über Stärken und Schwächen sein.

Hier ein paar Beispiele:

- Ich treffe Menschen, die erst einmal die Kriterien definieren, nach denen sie den Textmarker nun beschreiben (Länge, Breite, Farbe, Aussehen) – oft sind es auch sonst visuell orientierte Personen, die eher genau und tatsachenorientiert denken. Fragen Sie, ob diese Genauigkeit in der Beschreibung auch in beruflichen Situationen abgebildet ist. Testen Sie, ob auch die Fantasieseite vorhanden ist, indem Sie fragen: »Wenn Sie den Textmarker völlig zweckentfremden, was ließe sich damit tun?« Wenn Ihr Gegenüber nicht darauf antworten kann, stellen Sie ihm die Frage, ob ihm gar nichts eingefallen ist oder ob er sich einfach nicht getraut hat, einen verrückten Einfall zu benennen.

- Andere nehmen den Stift und beschreiben ihn haptisch (fühlt sich glatt an und weich), beißen vielleicht sogar spontan drauf – möglicherweise intuitive Kinästheten. Fragen Sie diese Personen, ob sie oft über das Anfassen, Ausprobieren und Experimentieren lernen und ob ihnen Situationen einfallen, in denen sie das tun. Fragen Sie sie, ob sie die Bedienungsanleitung einer Kaffeemaschine lesen würden oder einfach ausprobieren (meist Letzteres) – und wo sich dieses Verhalten im Job niederschlägt. Mit positiven und auch negativen Seiten.

- Einige Menschen werden den Stift nehmen und damit malen, was bei einem Textmarker durchaus eine Zweckentfremdung ist. Naheliegend wäre an dieser Stelle eine situative Frage: »Haben Sie das schon öfter gemacht? Gibt es Situationen, in denen Sie den Dingen einen neuen Kontext gegeben haben?«

- Schließlich wird es Personen geben, die überlegen, was man mit dem Material sonst noch machen könnte, wenn man es anders verarbeitete, oder die den Umweltaspekt beleuchten. Hier könnte man anknüpfen und das erstaunliche Wissen über z. B. Farbpigmentierung hinterfragen.

Meine Empfehlung für Sie

Der »kleinste Test der Welt« ist ein guter Einstieg in ein Gespräch über persönliche Stärken und Eigenschaften. Je nachdem, wie erfahren und reflektiert Ihr Klient ist, sollten Sie ihm erklären, dass es oft gegensätzliche Eigenschaften gibt, die eine Person in sich kaum vereinen kann. Dann fordern Sie ihn auf: »Was glauben Sie: Sagt das etwas über Ihre Persönlichkeit aus? Über die Art, wie Sie im Beruf vorgehen?«

74. Charisma-Kasten

Typ	Quelle/Urheber	Einsatzbereich	Aufwand	Nutzen
Übung mit Modell	Improvisationstheater/Schauspiel	Vor Präsentationen, Aufbau von Selbstbewusstsein	Eine Stunde, öfter wiederholen	Wahrnehmen und Steuern der eigenen Wirkung

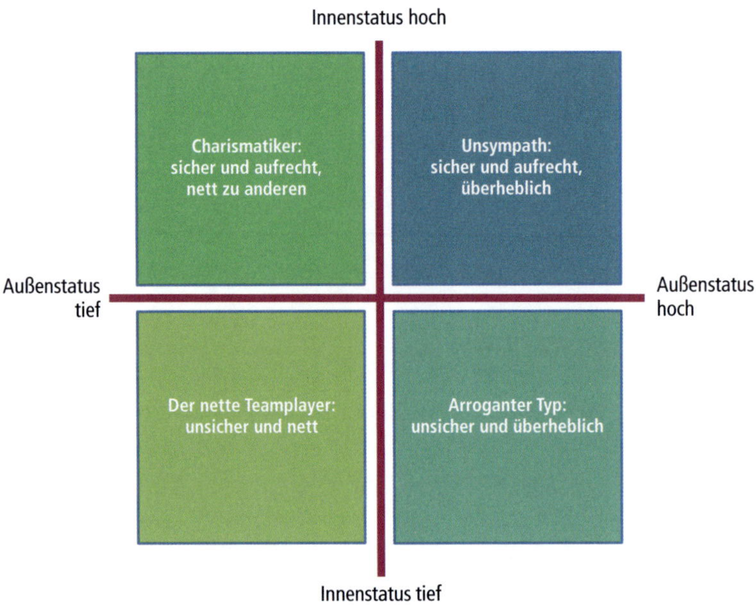

Der Charisma-Kasten verdeutlicht den Status eines Menschen.

Was ist das?

Charisma kann man ganz bewusst annehmen, Arroganz ganz bewusst ablegen. Und auch Unsicherheit muss niemand außen merken. Wenn ich das sage, sind meine (oft unsicheren) Klienten ganz erstaunt.

Mit dem Charisma-Kasten zeige ich ihnen, was Wirkung auslöst, in Übungen, dass man ganz bewusst eine Haltung annehmen kann, die vielleicht gar nicht immer »echt« ist:

- Innen und außen Hochstatus = sicherer Typ, aber nicht besonders sympathisch
- Innen und außen Tiefstatus = netter Teamplayer
- Innen Tiefstatus und außen Hochstatus = arrogantes A...
- Innen Hochstatus und außen Tiefstatus = Charismatiker

Wer Wirkung erzielen will, muss sich nach links oben im Kasten bewegen, wer beliebt sein will, nach links unten.

Wie anwenden?

Ihr Klient steht vor einer Präsentation oder einem Vorstellungsgespräch. Wie schätzt er seine eigene Wirkung ein, was meinen Sie dazu? Angenommen, er kommt als Unsympath rüber, ist sich dessen aber nicht bewusst. Gehen Sie mit ihm durch den Raum und später auch durch Ihre Straße, etwa zum Bäcker. Bitten Sie ihn ganz bewusst, herunterzugehen und sich auf die Menschen einzulassen, indem die sonst straffe Körperhaltung entspannt und der Blick vielleicht auch einmal weicht. Mit einem außen und innen unsicheren Menschen üben Sie raumgreifendes Gehen und den klaren Blick, der nicht sofort ausweicht. Nehmen Sie das mit Video auf.

Sie können Ihren Kunden durch verbale Suggestion in die Hochstatus-Körperhaltung versetzen:

- Gerade gehen, Füße leicht nach außen, Kopf hoch, direkter Blickkontakt, den Blicken der anderen nie als Erstes ausweichen.
- Größere Schritte, den ganzen Raum nutzen.
- Aufrecht gehen, Brust raus.

Sich bewusst in den Hochstatus zu versetzen, ist eine gute Übung vor Präsentationen oder Vorträgen, wenn Ihr Kunde zum Niedrigstatus neigt. Für Hochstatus-Menschen ist es genau andersherum hilfreich.

Fallbeispiel

Die TV-Redakteurin Sarah wollte in ihrem Sender weiterkommen, doch sie wurde nicht beachtet – obwohl sie ständig Gespräche führte und ihre Chefs daran erinnerte, was sie vorhatte.

Ich nahm die Rolle der Chefin ein und führte mit ihr Gespräche. Unseren Dialog nahm ich mit Video auf. Die Szenen sah sie sich an und war ganz überrascht, wie überheblich sie wirkte. Ich versetzte sie in eine weichere Körperhaltung, bat sie, etwas Privates zu erzählen und über ihre Gefühle zu sprechen. Die Aufnahme wurde ganz anders, sehr viel sympathischer.

Meine Empfehlung für Sie

Vor allem der Mensch mit der inneren Tiefhaltung ist sich seiner arroganten Wirkung auf andere oft nicht bewusst. Mit Video können Sie hier die besten Aha-Erlebnisse erzielen.

75. Circle of Influence

Typ	Quelle / Urheber	Einsatzbereich	Aufwand	Nutzen
Modell	Stephen Covey	Führungsstil- und Persönlichkeitsentwicklung	Zwei bis sechs Stunden	Verdeutlichen, was Führung alles ist

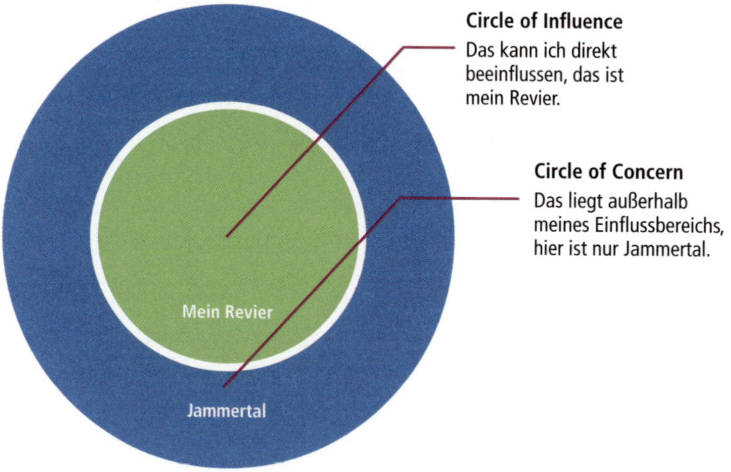

Der Circle of Influence: Was lässt sich beeinflussen?

Was ist das?

Stephen Coveys Modell des Circle of Influence wird oft im Kontext eines fortgeschrittenen Zeitmanagements hervorgeholt. Ich halte nicht viel von Zeitmanagement, weil ich überzeugt bin, dass mit der richtigen Motivation gar keines notwendig ist. Deshalb greife ich mir aus dem Modell nur einen einzigen Aspekt heraus, den ich aber für zentral halte: die Unterscheidung zwischen »mein Revier« und dem »Jammertal«. Das eine ist der Bereich, den ich beeinflussen kann, auf den anderen habe ich keinen Einfluss.

Wie anwenden?

Ich hole das Modell in ganz unterschiedlichen Kontexten hervor. Bei einem Bewerbungsprojekt etwa kann ich so verdeutlichen, an welchen Schrauben sich drehen lässt – und an welchen nicht. Das sind oft mehr, als der Klient sieht – aber jedes muss man immer separat betrachten. Beispielsweise ist das der Arbeitsmarkt für Journalisten in Hamburg, über den der Kunde jammert. Wenn Sie ihm das aufmalen, sieht er es deutlicher. Sie können dann auch thematisieren, dass es einen weiteren Einflussbereich gibt: die eigenen Kriterien an die Jobsuche – man könnte über Hamburg hinaus suchen. Oder die Weiterbildung: Es läge im eigenen Einflussbereich, sich neue Themen zu erschließen.

Auch bei der Gründung ist der Circle of Influence gefragt, wenn Ihr Kunde über den schlechten Fortschritt klagt und darüber, dass niemand zurückruft. Die Rückrufe hat er tatsächlich nicht in der Hand, wohl aber das Nachfassen und die Art der Ansprache. Auch die Zahl der Akquisen kann er erhöhen. Allein das Auseinanderdividieren von Revier und Jammertal und die Visualisierung bewirken oft einen Schub.

76. Denkstrukturmodell

Typ	Quelle/Urheber	Einsatzbereich	Aufwand	Nutzen
Modell	Svenja Hofert	Erkennen von persönlichen Denkstrukturen in Jobcoaching, Karriereentwicklung, Kompetenzentwicklung	Fünf Minuten	Besseres Verständnis der eigenen Person

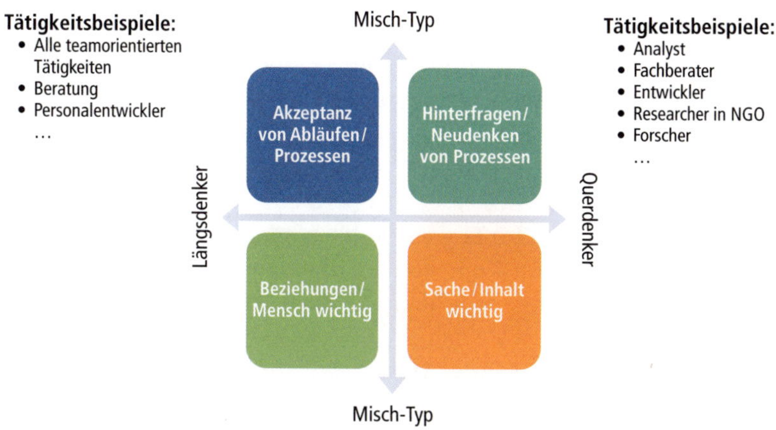

Das Denkstrukturmodell

Was ist das?

Menschen, die eher entlang von Prozessen denken und diese befolgen, sind *Längsdenker.* Jene, die immer überlegen, wie es anders und besser geht, sind *Querdenker*. Natürlich gibt es enorm viele Facetten, aber auch eine grundsätzliche Aussagekraft: Längsdenker eignen sich eher zum Bewahren, Ausführen und Optimieren. Im Job sind Längsdenker oft Menschen, die gut dort aufgehoben sind, wo bereits Strukturen vorhanden sind (und die sich auch an diese halten, zu einem gewissen, höheren Grad jedenfalls). Sie passen sich an, teils, weil es zu ihrem Selbstverständnis gehört, teils, weil sie vor allem die Beziehungen sehen und sich an diesen orientieren.

Querdenker fühlen sich wohler und entfalten mehr Potenzial, wenn sie etwas Innovatives schaffen und schöpfen können – neu oder aus dem Alten heraus. Querdenker haben es in der normalen Arbeitswelt meist schwerer, da sie oft nicht so anpassungsfähig sind.

Was Sie dazu wissen sollten

Denkt jemand entlang von Prozessen, Abläufen und Vorgaben und damit parallel dazu? Oder distanziert er sich davon, wenn er etwas anderes für sinnvoller hält – der Querdenker: logisch-inhaltlich und ablaufbezogen (»das hat keinen Sinn«) oder menschlich (»das ist nicht fair«)? Längsdenker haben meist eine hohe Gewissenhaftigkeit und Normgebundenheit, Querdenker oft eine niedrige Normgebundenheit und / oder niedrige Gewissenhaftigkeit.

Wie anwenden?

Nutzen Sie das Modell für Fragestellungen der persönlichen Entwicklung, des Einsatzes von Kompetenzen und der beruflichen Orientierung. »Wie denke ich?« sagt über alle diese Themen etwas. Hier die Kernfragen:

- Persönliche Entwicklung: Möchte Ihr Klient vielleicht einmal die Seiten wechseln, um den eigenen Verhaltensradius auszuweiten?
- Einsatz von Kompetenzen: Ist das präferierte Denken im derzeitigen Umfeld gefragt? Könnte es ein passenderes geben?
- Berufliche Orientierung: Welche Jobs passen dazu?

Zeigen Sie es Ihrem Klienten und fragen Sie, wo er sich verortet. Stellen Sie Fragen wie:

- »In welchen Situationen zeigt sich das?«
- »Wann, glauben Sie, ist Längsdenken besser als Querdenken (und umgekehrt)?«
- »Würden Sie anders handeln wollen?«
- »Was sagt das über Ihre beruflichen Präferenzen?«

77. Grundformen der Angst

Typ	Quelle/Urheber	Einsatzbereich	Aufwand	Nutzen
Psychologisches Modell	Fritz Riemann	Hintergrundwissen, z.B. bei der Berufsorientierung oder Jobproblemen	–	Einordnung

Was ist das?

Fritz Riemann schrieb 1990 *Die Grundformen der Angst* – ein tolles Grundlagenbuch, und wenn Sie keinen psychologischen Hintergrund haben, Pflichtlektüre. Riemann beschreibt in seinem Buch vier menschliche Grundtendenzen und damit verbundene Ängste. Daraus lässt sich auch die eine oder andere Verhaltenstendenz im Beruf erklären.

- Der *depressive* Mensch sucht die Geborgenheit in anderen, will Gemeinsamkeit und fürchtet Isolation. Einsamkeit bedeutet für ihn einen kleinen Tod. Beruflich zieht ihn das Soziale an.
- Der *schizoide* Mensch kreist mit seinen Gedanken und Gefühlen um sich selbst, ist häufig Einzelgänger. Seine Hauptangst ist die vor Ich-Verlust und Abhängigkeit. Beruflich sucht er nach Theoretisch-Abstraktem, was er etwa in den Wissenschaften findet.
- Der *zwanghafte* Mensch strebt eine feste, verlässliche Zukunft und Planbarkeit an. Er fürchtet das Irrationale, Unvorhergesehene, Neue. Im Job sucht er Verlässlichkeit und Struktur, etwa als Beamter.
- Der *hysterische* Mensch will sich immer wandeln, Veränderungen und Entwicklung bejahen sowie Vertrautes aufgeben. Das Neue hat für ihn einen unwiderstehlichen Reiz. Er fürchtet Ordnung, Regeln und Festlegungen. Im Job wird er Musiker, Werber, Regisseur.

Wie anwenden?

In jedem Genie liegt auch der Wahnsinn. Und natürlich docken sich manchmal extreme Talente auch an Übertreibungen an. So treibt das Unabhängigkeitsstreben den Wissenschaftler in die Erforschung neuer Themenfelder, die er gegen andere verteidigt. Zu uns in die Praxis kommt so jemand zum Beispiel, weil er dadurch einsam geworden ist oder merkt, dass ihm Netzwerke fehlen. Hier geht es also letztendlich auch um die Bekämpfung von Ängsten – in dem Beispiel der Angst vor Nähe und Abhängigkeit von anderen. Eine Methode, sich an etwas Neues zu gewöhnen, ist es, sich damit zu konfrontieren. Sie könnten also mit Ihrem unabhängigen, Nähe vermeidenden Klienten überlegen, in welche angstauslösende Situation er sich einmal selbst begeben möchte.

Fallbeispiel

Anton war ein übertriebener Planer und Strukturmensch. Jede Minute des Tages musste eingeplant sein, jedes Vorgehen genauestens strukturiert. Handeln ohne Ziel war für ihn undenkbar. Ein »einfach so« gab es nicht. Das machte ihn selbst unzufrieden. Er fühlte sich auch unkreativ. Wir besprachen, dass ein Clowntraining hier eine adäquate Maßnahme sein könnte, um einmal das freie Herumalbern, Spielen und Toben auszutesten – also die hysterische Seite im Sinne Riemanns. Er entdeckte so, dass es auch einen Sinn in der Ziellosigkeit geben kann und dass durch Loslassen neue Energie entsteht.

Meine Empfehlung für Sie

Der psychisch gesunde Mensch ist in Riemanns Sicht ausgewogen, bewegt sich also zwischen allen Polen. Gleichsam zeigt sich Persönlichkeit oft gerade in der Übertreibung. Soll man also eher die Grundtendenzen – oder vielmehr die sich daraus entwickelnden Kompetenzen – oder die Ausgewogenheit fördern? Die Antwort kann wohl nur lauten: Es hängt davon ab. Ein Steve Jobs hätte ohne seine schizoid-hysterische Prägung nie die Leistungen erbracht, die er erbracht hat. Ähnliches gilt für alle, die wir als Genie kennen. Selten leben Genies ein glückliches Privatleben. Möglich ist es aber – und der Impuls für den Ausgleich wird immer in den jeweils anderen, nicht stark ausgeprägten Tendenzen liegen. Der Zwanghafte sucht nach hysterischem Wechsel, der Schizoide nach Gemeinsamkeit. Als Coach ist es natürlich Ihre Aufgabe, die Augen des Klienten dafür zu öffnen und ihn sich selbst in der Mitte auspendeln zu lassen, von da aus erreichen die meisten am meisten.

78. Energielevelmessung

Typ	Quelle/Urheber	Einsatzbereich	Aufwand	Nutzen
Modell	Unbekannt, aus der Sportpsychologie, Formular Svenja Hofert	Unzufriedenheit im Job	Ein bis zwei Stunden	Analyse des Ist-Zustands, Veränderungsmanagement

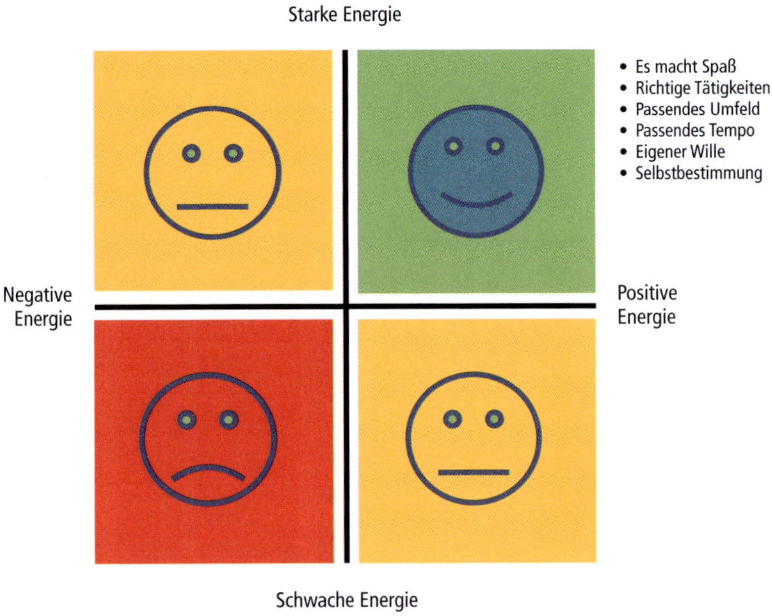

Ist die Energie stark oder schwach, positiv oder negativ?

Was ist das?

Wo stehe ich selbst? Was macht mein grünes Feld aus? Wie komme ich dahin? Mit dem Energielevelmodell kann sich Ihr Coachee selbst verorten – oder Sie finden gemeinsam die derzeitige Position. Von dort aus können Sie zur Frage kommen, durch was das grüne Feld gekennzeichnet ist und wie es erreicht werden kann. Vielleicht nur durch eine kleine Änderung des Umfelds? Eventuell durch eine neue Position und Aufgabe?

Was Sie dazu wissen sollten

Der erste Gegensatz ist der zwischen starker und schwacher Energie. Starke Energie liegt überall da vor, wo ein Mensch Tätigkeiten ausübt, die Freude bereiten und zu seiner Persönlichkeit passen. Im sportlichen Sinn spielt er auf der richtigen Position. Auch das Umfeld passt: Gemeint sind damit das Team, der Vorgesetzte, das Unternehmen.

Schwache Energie ist dann kennzeichnend, wenn jemand Tätigkeiten ausübt, die Energie rauben und ihn anstrengen. Das Team ergänzt ihn nicht, und der »Trainer« (also Vorgesetzte) entlädt Batterien eher, als dass er sie auflädt.

Der zweite Gegensatz ist der zwischen positiver und negativer Energie. Positive Energie liegt vor, wenn Ihr Coachee Dinge aus sich heraus macht und weil er das möchte. Er kann selbstbestimmt agieren und ist bei sich selbst. Negative Energie ist dann gegeben, wenn jemand nicht aus sich heraus handelt, krampfhaft nach Anerkennung strebt oder sich von anderen treiben lässt.

Wie anwenden?

Nutzen Sie das Modell, wenn Sie es mit einem unzufriedenen Kunden zu tun haben, der Ursachen nicht genau benennen kann. Für viele ist es ein Aha-Effekt zu erkennen, dass sie einfach nur auf der falschen Position spielen und in der falschen Mannschaft. Deshalb funktioniert das Bild aus dem Sport hier im Allgemeinen sehr gut – auch zur Besprechung weiterer Maßnahmen. Vielleicht ist ja nur die Position falsch? Könnte eine Veränderung dadurch erreicht werden, dass Ihr Coachee statt im Sturm in der Abwehr spielt?

Um dem näher zu kommen, besprechen Sie nacheinander folgende Themen:

Starke – schwache Energie

- »Was sind die Tätigkeiten, die Sie täglich ausüben? Welche davon sind positiv? Welche negativ?«

- »Empfinden Sie das, was Sie tun, als sinnvoll oder nicht?«
- »In welchem Umfeld arbeiten Sie? Fördert es Ihre Energie oder hemmt es sie?«
- »Welchen Einfluss auf Ihre Position auf dem Feld hat Ihr Chef? Fördert er Ihre Energie oder hemmt er sie?«
- »Welchen Einfluss auf Ihre Position auf dem Feld hat das Unternehmen, also die Organisation? Fördert es Ihre Energie oder hemmt es sie?«

Positive – negative Energie

- »Tun Sie die Dinge, die Sie tun, aus sich heraus oder weil man es erwartet / weil es so ist oder ›man‹ es so tut?«
- »Wissen Sie, was Sie wollen?«
- »Sind Sie selbstbestimmt?«

Zum Energielevel liegt auf der DVD auch ein Fragebogen vor, der eine Selbsteinschätzung für Sie oder Ihren Kunden ermöglicht.

Meine Empfehlung für Sie

Der kritische Bereich ist der der negativen Energie. Wenn Coachees nicht wissen, was sie wollen, und keinen oder kaum einen »eigenen Kern« spüren, ist das auf jeden Fall ein therapeutisches Thema. Oft suchen Menschen in der Arbeit Bestätigung, bauen ihren Eigenwert ausschließlich oder sehr dominierend aus dem Feedback von anderen auf. Das ist einerseits ein starker Erfolgstreiber, andererseits – bei negativer Energie – ein sehr wunder Punkt.

Spüren Sie, dass es im Jobcoaching letztendlich auch um Familienkonstellationen geht und / oder die Selbstwahrnehmung komplett überlagert ist von anderen Gefühlen und Eindrücken, dann arbeiten Sie nicht mit diesem Modell. Finden Sie eine Lösung für das aktuelle Thema, mit dem der Klient zu Ihnen gekommen ist, und verweisen Sie weiter an einen Therapeuten, mit dem Sie kooperieren.

Energielevel-Bestimmung

Diese Übung hat ihren Ursprung im Sport. Von dort wissen wir: Spieler, die aufmerksam und konzentriert spielen, agieren auf einem hohen Energielevel. Spieler, die wenig motiviert sind, haben einen niedrigen Energielevel. Das kann z. B. daran liegen, dass sie auf der falschen Position spielen. Oder dass die Teamzusammensetzung nicht stimmt.

Das Modell aus dem Sport kann leicht auf den Job übertragen werden. In diesem Formular versuchen Sie, sich selbst zu positionieren. Der optimale Bereich ist der grüne. Rot ist ein Energieräuber-Platz und Gelb so lala.

Wie sich starke und schwache, positive und negative Energie unterscheiden, lesen Sie weiter unter.

Starke und schwache Energie (vertikal):

Stürmer oder Torwart? Bei starker Energie stimmen Tätigkeit, Position (Rolle im Team), Umgebung und Trainer (Chef, Auftraggeber). Bei schwacher rauben alle diese Faktoren oder einer davon die Energie. Im ersten Schritt geht es darum, die passende Position auf der vertikalen Leiste zu finden.

1. Schreiben Sie in dem Kasten unten detailliert auf, welche Tätigkeiten Sie ausüben und wie oft und lang am Tag oder in der Woche. Wiederholen sich Abläufe täglich, entscheiden Sie sich für einen Tag. Repräsentiert eher die Woche die ganze Palette Ihrer Jobs, nehmen Sie diese als Grundlage. Bewerten Sie Ihre Tätigkeiten hinsichtlich des Energielevels stark, mittel, schwach. Zählen Sie am Ende alle Tätigkeiten zusammen. Wie oft haben Sie stark (A), mittel (B) und schwach (C) gesagt?
2. Beispiel:

- E-Mails beantworten, ca. 2 Stunden = schwach
- Verhandlungen führen, ca. 1 Stunde = stark

Fragebogen zum Energielevel (Seite 1)

79. 5 Identitätssäulen und 7 Säulen der Zufriedenheit

Typ	Quelle/Urheber	Einsatzbereich	Aufwand	Nutzen
Modell	Hilarion Petzold, Erweiterung 7 Säulen der Zufriedenheit Svenja Hofert	Ganzheitliches Coaching, fast alle Themen	Eine Stunde	Bewusstmachung von Zusammenhängen

Was ist das?

Hilarion Petzold, Psychologieprofessor in den Niederlanden und Mitbegründer des Fritz-Perl-Instituts, entwickelte die integrative Therapie, die unter anderem mit Psychodrama- und Gestalttherapie-Elementen arbeitet.

Die fünf Säulen der Identität sind sein wichtigstes Werkzeug. Diese Säulen benennt Petzold so:

- Partnerschaft und Soziales
- Materielle Sicherheit
- Beruf und Leistung
- Körper
- Werte

Bei der 5. Säule, den Werten, ist zu beachten, dass es einerseits um jene individuellen Werte geht, die zu einer Person gehören. Andererseits können es auch Werte sein, die durch Gruppenzugehörigkeit geprägt sind – so die Werte einer kirchlichen Gemeinschaft.

Eine Balance verbunden mit einem positiven Lebensgefühl entsteht, wenn alle Lebensbereiche ausgefüllt und positiv besetzt sind. Gerät eine Säule aus dem Gleichgewicht, reißt sie andere oft mit.

Bei beruflichen Neuorientierungen ist dies ein ganz entscheidender Faktor. Neuorientierung ist in der Säule »Beruf und Leistung« angesiedelt. Sie kann nur gelingen, wenn alle anderen Säulen diese Veränderung tragen, also weitgehend stabil sind. Ist dagegen nur

5 Säulen der Identität: Hier ist alles in Balance, da jeder Bereich erfüllt ist. Neuer Kurs im Leben? Warum? Hier geht es um Entwicklung und nicht um Veränderung.

Hier sind die Säulen außer Balance.

eine Säule außer Balance, also instabil, wird sie kaum gelingen. Ist materielle Sicherheit nicht gegeben, haben die meisten Menschen nicht die Durchhaltekraft, sich allen Höhen und Tiefen einer Veränderungsreise zu stellen, dauert diese meiner Erfahrung doch oft zwei bis drei Jahre.

Es geht hier nicht darum, dass Veränderung einen Gehaltsverzicht fordert – dies ist meistens eine Konsequenz von stärkerer Veränderung nach vielen Jahren im Beruf. Weniger zu verdienen stellt die soziale Sicherheit nicht infrage. Teure Eckreihenhäuser kann man verkaufen. Nein, es geht um Existenzsicherung. Nehmen Sie nur dieses Beispiel: Ein Familienvater möchte mit 50 noch Musik studieren und dann als Musiklehrer arbeiten. Er hat keine Rücklagen, eine kranke Frau, drei Kinder und niemanden, der ihn finanzieren könnte. Setzt er sein Vorhaben in die Tat um, reißt er nicht nur die Säule »Materielle Sicherheit« ein, sondern setzt vermutlich zugleich auch die Partnerschaft aufs Spiel. Das gilt es zu bedenken.

Was Sie dazu wissen sollten

Viele sprechen von »ganzheitlicher« Karriereberatung und meinen, dass sie nicht nur den Beruf sehen, sondern die Persönlichkeit insgesamt. Ich finde das selbstverständlich. Immer wenn es um berufliche Orientierung geht, beziehe ich alle Lebensbereiche in meine Beratung mit ein. Je nach Auftrag gehe ich dabei mal mehr und mal weniger in die Tiefe. Ich variiere auch die Zeitpunkte, zu denen ich Fragen nach dem Privaten stelle, abhängig vom Auftrag und, Sie werden lachen, auch abhängig vom Geschlecht. Ich habe festgestellt, dass ich die privaten Seiten bei Männern meist nicht schon im ersten Termin auf den Tisch legen sollte. Männer tauen langsamer auf und gewinnen Vertrauen oft erst nach einem oder mehreren Terminen. Manchmal kommen Anliegen wie »ich möchte mehr über meine Stärken erfahren« von Männern erst im zweiten Termin. Dann spätestens ist es aber Zeit, die fünf Säulen hervorzuholen, die ich auch als Modell nachgebaut habe. So kann der Kunde damit spielen und sie z. B. gewichten.

Erweiterung: Die 7 Säulen der Zufriedenheit

Oft male ich die fünf Säulen an das Flipchart, wobei mir auffällt, dass Klienten Schwierigkeiten haben, Partnerschaft und Soziales in einem zu denken. Weiter ist die Zusammenfassung von Kopf und Werten nicht ganz einfach. Ich bin dann irgendwann dazu übergegangen, pragmatisch mehr Säulen aufzumalen. Die Säule »Interessen« ist vor allem im Zuge beruflicher Orientierung relevant, aber auch bei einer Unzufriedenheit im Job, die auf fehlende Hobbys zurückzuführen ist.

Ich lasse meine Klienten die aufgemalten Säulen mit Plus, Minus und Plus / Minus bewerten. Meist stellen sie selbst fest, dass die Schieflage nicht nur im Job begründet ist. Vor allem ein leeres Feld »Interessen« und »Werte« ist für leistungsorientierte Menschen zwischen 40 und 50 Jahren charakteristisch. Hier würde ich immer bei den Werten anfangen. Aber auch fehlende Interessen können viele Coachingstunden füllen, denn nicht selten kommt es vor, dass 10, 20 Jahre alle Interessen brachlagen und nicht einmal mehr ein gutes Buch gelesen wurde.

Wie anwenden? / Fallbeispiel

Wir haben ein Excel-Tool (Tool 91) entwickelt, das Sie mit Fragen durch die fünf Säulen führt und Ihnen schön »grün« (alles klar) bis »rot« (Alarm) anzeigt, wie es um die Balance Ihres Gesprächspartners bestellt ist. Die Fragen lassen sich durch eigene ersetzen, denn natürlich hat jeder Mensch einen anderen Energielevel, ist für den einen Bewegung und für den anderen Ruhe besser – sehr gut bei Reiss zu sehen.

Manchmal ist es nötig, sich die nichtberuflichen Lebensbereiche früher anzusehen, auch bei den Herren. Etwa, wenn es um weitreichende Entscheidungen geht. So war es bei Alexander, Jurist bei einer Behörde. Er fühlte sich unterfordert und kam zu mir mit der Frage, ob er den Job kündigen sollte. Er war sich unsicher, denn er verdiente gut und arbeitete wenig. Mit dem Reiss-Profil (Tool 99) fanden wir heraus, dass er unbedingt etwas leisten möchte. Leistung war aber nun in seinem Unternehmen nicht wirklich gefragt, die Unternehmenskultur war vom Dienst nach Vorschrift geprägt. Nur mit Blick auf die berufliche Seite hätte ich ihn ermutigt, den Schritt nach draußen zu gehen. Nun kam beim Hinterfragen der Partnerschaft

7 Säulen der Zufriedenheit: Hier stimmt's …

… und hier nicht …

aber heraus, dass es eine höchst problematische Paarbeziehung gab. Er führte eine Beziehung weiter, die er eigentlich längst hätte beenden wollen – die Freundin litt an einer Depression. Mit der Frage Trennung »ja« oder »nein« hing auch die räumliche Entscheidung zusammen. Diese wiederum war absolut wesentlich für die Suche nach einer neuen Tätigkeit. Mithilfe der fünf Säulen hatten wir damit die Prioritäten neu besetzt: Zunächst war es wichtig, Klarheit in die Partnerschaft bringen, erst dann wäre es Zeit, sich der beruflichen Veränderung zu widmen.

Meine Empfehlung für Sie

Manchmal habe ich die fünf Säulen einfach nur im Hinterkopf, wenn ich meine Kunden frage. Ich gehe erst einmal den allgemeineren Dingen auf den Grund, wie: »Mögen Sie mir ein wenig über Ihr Leben außerhalb des Jobs erzählen?« Oder ich frage ganz konkret nach, etwa: »Was lesen Sie denn gern?« Bei Antworten wie »Das letzte Buch habe ich vorm Abitur gelesen, dazu habe ich keine Zeit« ergründe ich den Hinter- und Beweggrund. Am Ende komme ich dann vielleicht darauf, dass hier jemand sich mit gar nichts außer seinem Job beschäftigt und sich eigentlich auch für nichts interessiert. Meist sorgt dann auch die Frage »Was gibt Ihrem Leben Sinn?« für Schulterzucken. Vielleicht stoße ich mit beharrlichem Nachfragen dann doch auf etwas, vielleicht aber auch nicht. Es wird in der Traumjobliteratur oft behauptet, jeder hätte irgendetwas in seinem Leben, das auch beruflich relevant ist, aber ich sehe durchaus Fälle, in denen die reine Konzentration auf den Job ins große Nichts geführt hat. Keine Frage, dass es in so einer Situation noch nicht um konkrete berufliche Orientierung gehen kann. Zunächst müssen Interessen gefunden werden. Ich habe einer Kundin schon einmal ein Drei-Monats-Programm Interessensuche verordnet, das sehr effektiv war. Sie blieb beim Tanzen hängen ...

80. Raum-Modell

Typ	Quelle/Urheber	Einsatzbereich	Aufwand	Nutzen
Modell	Svenja Hofert	Ihr Kunde kommt nicht voran, bleibt in seinen Überlegungen stecken	–	Raus aus dem »Quark« kommen

Was ist das?

Ein Modell, um Ihrem Klienten zu verdeutlichen, dass er in den nächsten Raum muss, um endlich aus dem »Quark« zu kommen. Ich kam auf die Idee, als ein befreundeter Psychoanalytiker den Begriff »Handlungsraum« im Zusammenhang mit seinen Patienten nannte. »Die seien im Handlungsraum, wir Berater im Kommunikationsraum.« Oder im »Denkraum«, fügte ich gedanklich hinzu, als ich mir all die Klienten vor Augen hielt, deren Denken sich im Kreis dreht. Erfolg beim Erreichen von Zielen, welcher Art auch immer, verlangt auf jeden Fall den Eintritt in den Handlungsraum. Daran scheitern die meisten.

Was Sie dazu wissen sollten

Gerade Frauen denken und denken und drehen sich im Kreis. Manche kommunizieren auch, sprechen mit Bekannten, Freunden über ihr Vorhaben. Doch es passiert: nichts. Denn sie handeln nicht. »Ich habe über alles schon nachgedacht«, höre ich oft. »Ich weiß das alles.« Oder: »Ich spreche ständig über mein Vorhaben.« Dann ist es Zeit, etwas zu tun.

Wie anwenden?

Ich stelle die drei Räume dar und frage den Kunden, wo er gerade ist und wie lange schon. Folgende Überlegungen sind sinnvoll:

- Wenn jemand im Denkraum ist, dann kreisen seine Gedanken immer um sich selbst. Hier gilt es, Stärken zu stärken, zu fragen, was man machen könnte, etc.
- Befindet sich jemand im Kommunikationsraum, dann spricht er über seine Ziele und darüber, dass er keine Zeit hat, zu nichts kommt, ... Er braucht Handlungsanreize.
- Ist Ihr Klient im Handlungsraum, ist er aktiv, tut viel, macht und macht ..., teilweise aber unüberlegt.

Natürlich kann Ihr Klient auch in verschiedenen Räumen sein, wenn sich seine Energie zu jeweils einem Drittel verteilt – wunderbar. Durchschreiten Sie mit Ihrem Kunden alle drei Räume und fragen Sie immer das Gleiche, wie in der Grafik gezeigt. Sie erkennen dadurch, wo ein Ungleichgewicht ist.

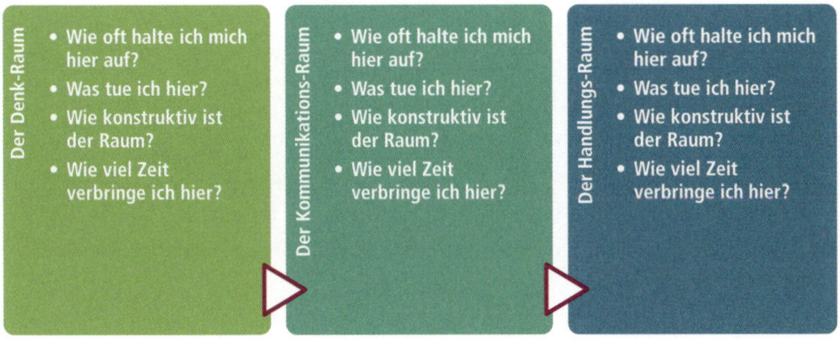

Das Raum-Modell

Wenn ein Raum sehr stark dominiert, überlegen Sie mit Ihrem Kunden, was Sie tun können, damit er es schafft, ihn zu verlassen. Geben Sie z.B. eine Denk-, Kommunikations- oder Handlungsaufgabe für den Raum, der unterrepräsentiert ist.

81. Lebenskompass

Typ	Quelle/Urheber	Einsatzbereich	Aufwand	Nutzen
Modell	Integrales Coaching, Ken Wilber, etwas abgewandelt	Zur Standortbestimmung und ausführlichen Reflexion	Mehrere Stunden, evtl. mehrere Tage	Bewusstmachung, Sichtbarmachen von Zusammenhängen

Was ist das?

Ein Modell, nach dem Ihr Kunde ausführlich seinen Standort reflektieren kann. Ihm werden Zusammenhänge deutlich und er erkennt vernachlässigte Lebensbereiche.

Wie anwenden?

Ideal ist der Lebenskompass, wenn Ihr Kunde seine derzeitige Situation reflektieren möchte, und zwar ausführlich. Je mehr Sie in die Details gehen, Gegenwart und Vergangenheit beleuchten, desto intensiver wird das Coaching.

Idealerweise legen Sie einen leeren Kompass – also noch ohne die blauen Einteilungen – mit Klebeband oder Seilen am Boden nach oder verwenden ein riesiges Stück Papier, z.B. zwei aneinandergeklebte Flipchartblätter. Daneben platzieren Sie das Modell von Seite 271 als Beispiel.

Fordern Sie Ihren Kunden auf, nach dieser Vorlage einen Kompass mit eigener Aufteilung zu erstellen. Nur die Richtungen – ich, du, sein, wir – sind vorgegeben. Bitten Sie den Klienten, sich zunächst der Größe der einzelnen »Kuchenstücke«, also Abschnitte im Kompass, zuzuwenden. Sind diese gleich groß wie auf dem Modell oder unterschiedlich?

Danach bitten Sie Ihren Kunden, sich spontan einen Bereich, also ein »Kuchenstück«, auszusuchen und darüber laut nachzudenken. Dabei können und sollen Verbindungen zu anderen Bereichen sichtbar gemacht werden.

Helfen Sie mit Fragen nach:

- »Sie haben den Abschnitt sehr groß gemacht: Was bedeuten Freunde für Sie?«
- »Was bedeuten Sie Ihren Freunden?«
- »Wie gestalten Sie Beziehungen zu Freunden?«
- »Was ist gut in diesem Abschnitt?«
- »Welchen Einfluss hat die Partnerschaft (Werte etc.) auf die Freundschaften?«
- »Was fehlt Ihren Freundschaften?«

Die wichtigsten Stichworte sollte der Kunde dann auf einem Zettel notieren und in den entsprechenden Abschnitt legen. Auch hier kann man Post-its nehmen und gewinnt damit erneut den Vorteil der leichten Veränderbarkeit. Hat der Kunde einen Teilbereich in der eigenen Wahrnehmung erschöpfend behandelt, sucht er den nächsten Abschnitt auf etc.

Wenn Sie sich ausführlich dieser Übung hingeben, füllt sie drei bis vier Stunden, detailliert sogar ein oder zwei Tage Intensivcoaching. Hier muss es dann auch darum gehen, »enge« Sichtweisen zu weiten und Perspektivenwechsel vorzunehmen.

Ziemlich sicher werden Sie an mindestens einem zentralen Thema hängen bleiben. Beispiel: Beziehungen werden als belastet und belastend empfunden. Suchen Sie gemeinsam mit dem Kunden nach Neudeutungen und Lösungen aus eventuellen Einbahnstraßen.

Fallbeispiel

Petra, 52 Jahre alt, hatte eine sehr erfolgreiche Konzernkarriere hinter sich und alles erreicht, was sie sich vorgenommen hatte. Nun steckte sie in einem unterfordernden Job fest und sah draußen keine Perspektive, da ihr Gehalt in Bereichen lag, die auf dem heutigen Arbeitsmarkt nicht realistisch zu erzielen sind. Ihre Kenntnisse waren weiterhin sehr speziell, was eine Veränderung auf hohem Niveau schwierig machte.

Die Beziehungen kamen immer zu kurz. Während sie beruflich nach Unabhängigkeit strebte, klammerte sie sich an Männer. Beziehungen bestanden immer nur wenige Wochen oder Monate. Petra kam eigentlich mit dem Anliegen, in einer beruflichen Sackgasse zu stecken. Mit dem Kompass reflektierten wir aber die Partnerschaft und ihre Werte sehr intensiv. Wir stellten schließlich Zusammenhänge zwischen den einzelnen Bereichen fest. Die Konzentration auf den Job war auch eine »Protesthandlung« gewesen, weil eine große Liebe gescheitert war. Am Ende landeten wir beim Männerbild. Ich will nicht zu viele Details verraten, aber das Ergebnis war: Petra erkannte, dass sie auf einen bestimmten Typ festgelegt war, der sie davon abhielt, echte, erwachsene Beziehungen einzugehen. Wir definierten ihr noch sehr romantisches Bild von der Liebe neu. Weiterhin empfahl ich ihr eine Verhaltenstherapie und vermittelte eine entsprechende Adresse. Durch die Therapie löste sich auch ihr Jobthema. Nach dem Coaching – und unterstützt durch die Therapie – besuchte sie Veranstaltungen, Seminare und lernte, dass es eine Welt jenseits der Arbeit gibt.

Meine Empfehlung für Sie

Wichtig: Wenn Sie in einem Coaching merken, dass hinter dem eigentlichen Thema ein anderes steckt, und dieses aufgreifen, holen Sie sich die Erlaubnis, dies zu tun. Ich habe oft von verärgerten Coachees gehört, die plötzlich 1000 Euro für ein Coaching zu partnerschaftlichen Fragen zahlen sollten, obwohl sie berufliche Themen klären wollten. Ihr Auftrag – und seine Veränderung im Prozess – sollte jederzeit transparent sein. Entwickeln Sie zudem ein sicheres Gespür für therapeutische Fragestellungen, und ziehen Sie die Grenze früh. Wenn ich Zweifel habe, bitte ich meine Kollegin, noch einmal auf einen »Fall« zu schauen.

Da ich viel mit beruflich sehr leistungsorientierten Menschen zu tun habe, mache ich die Erfahrung, dass diese oft im Bereich Werte, Glauben, Emotionen und Geist stecken bleiben. Meist sind es Menschen um die 40, 50, die ihr Leben neu definieren und dabei – als Leistungsmenschen – feststellen, dass der Beruf so ziemlich alles, auch die Werte, bestimmt hat. Es kann sein, dass dabei die Werte- und auch die emotionale Entwicklung auf der Strecke geblieben sind. Hier sind auf jeden Fall Folgetermine sinnvoll, über einen Prozess von mindestens acht Wochen. Werte können auf unterschiedlichem Weg entdeckt werden: Durch Reisen in die Vergangenheit (siehe Interessenreise, Tool 17) oder durch andere Übungen. Ganz einfach anzulegen wäre ein »Was ist mir wichtig?«-Buch, in dem der Kunde über zwei Wochen notiert, was ihm einfällt. Idealerweise fällt das in eine Zeit der Entlastung, also in den Urlaub oder eine andere (erzwungene oder freiwillige) Auszeit.

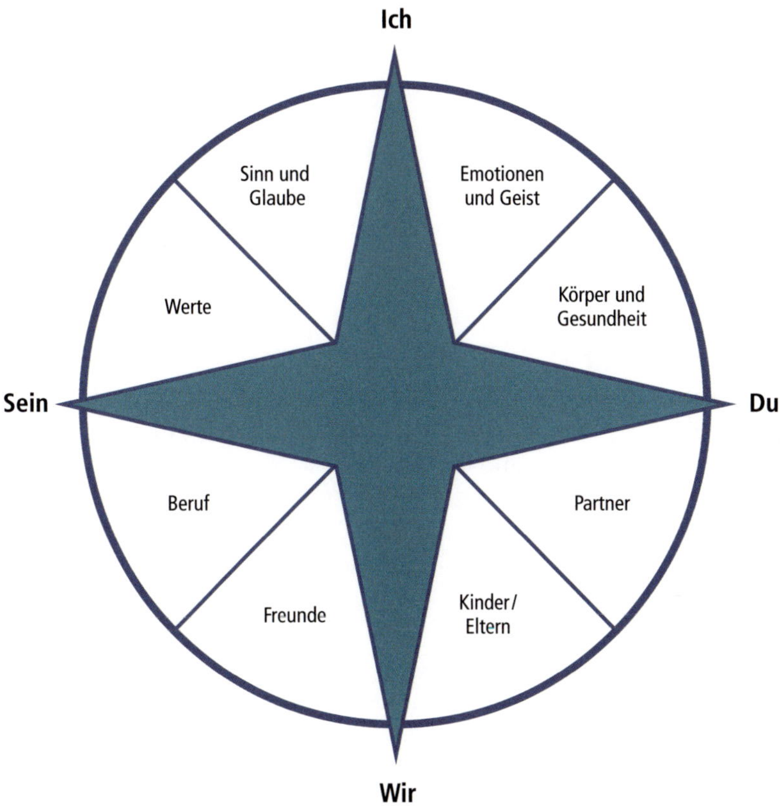

Der Lebenskompass: Wo steht Ihr Klient?

82. Resilienz-Fragebogen und -Stärkung

Typ	Quelle/Urheber	Einsatzbereich	Aufwand	Nutzen
Checkliste	Unbekannt, Fragebogen Svenja Hofert	Ihr Klient kommt nicht voran	Mehrere Coaching-einheiten	Blockaden lösen

Was ist das?

Ein kurzer Fragebogen, der analysiert, wie widerstandsfähig Ihr Klient ist. Füllen Sie ihn gemeinsam aus. Sprechen Sie über die Antworten.

Wie anwenden?

Folgende Situation könnte sich anbieten: Im Coaching kommen Sie ins Stocken. Der Kunde setzt Vorhaben, die er selbst in Angriff nehmen wollte, nicht um und dreht sich im Kreis.

(Spätestens) In dieser Situation ist es sinnvoll, die Resilienz zu hinterfragen. Wie und wodurch könnte sie gestärkt werden? »Pläne verfolge ich, auch wenn etwas dazwischenkommt« ist eine Frage im Check. Angenommen, Ihr Klient muss sich hier niedrige Punktzahlen zuschreiben, fragen Sie:

- »War das immer so?«
- »Gibt es Situationen, in denen Sie Pläne leicht verfolgen?«
- »Was hilft Ihnen beim Verfolgen von Plänen?«
- »Was lenkt Sie ab?«

So können Sie bei jeder Frage vorgehen, die Sie als zentral identifizieren, z.B. »Mein Interesse bleibt meist stabil«:

- »Sind Sie schon einmal bei einer Sache geblieben? Vielleicht ganz früher? Denken Sie mal zurück«
- »Was lenkt Sie ab?«
- »Wie geht es Ihnen, wenn Sie sich auf eines konzentrieren?«

Fallbeispiel

Sandra wollte beruflich weiterkommen. Sie nahm sich viele Dinge vor, führte sie aber nicht durch. Ich fragte sie, was ihr helfen würde, sich doch an Pläne zu halten. Sie nannte mir etwas, mit dem ich nie gerechnet hätte: »Ordnung im Büro.« Tatsächlich half es, erst einmal aufzuräumen.

Meine Empfehlung für Sie

Wenn Menschen eine niedrige Resilienz haben, stellt sich die Frage, wie man diese stärken kann. Oft stecken schädliche Glaubenssätze hinter dem Verhalten. Diese lassen sich umdeuten. Da ich davon ausgehe, dass Sie eine Coachingausbildung haben, thematisiere ich hier nicht weiter, wie das geht.

Manchmal arbeite ich mit Honigtöpfen. Zufälligerweise haben wir eine große Sammlung. Honigtöpfe symbolisieren eigene Ressourcen, positive Energiequellen. Ich bitte den Klienten, die Töpfe im Raum aufzustellen und mit den Ressourcen zu füllen, die er selbst bei sich wahrnimmt. Das kann die Qualität eines »Phönix aus der Asche« sein oder ein wundervoller Humor. Kommt der Klient selbst nicht auf Ideen, frage ich z. B.:

- »Denken Sie an eine Situation, in der Sie mit sich ganz zufrieden waren / in der Sie eine Lösung herbeigeführt haben / sich aus einer Zwickmühle befreit haben / sich einem Thema zugewandt haben. Was könnte das sein?«
- »Woraus schöpfen Sie Energie? Womit laden Sie leere Batterien auf?«

In schwierigen Fällen arbeitet meine Kollegin mit EMDR, einer Technik aus der Traumatherapie. Wingwave greift daraus Aspekte auf, wobei ich die wissenschaftliche Seriosität hier nicht beurteilen kann und will. Bei EMDR weiß ich aber: Es funktioniert in etwa fünf Stunden und auch bei Therapiepatienten, wenn es auch keine Wunder wirkt. Ob der Klient keine Bewerbungen auf den Weg gebracht hat oder in anderer Form nicht weiterkam, damit habe ich nur positive Erfahrungen gemacht.

Erkennen Sie Ihre Grenzen und schicken Sie Ihre Klienten zu einem anderen Experten oder Therapeuten, wenn Sie nicht weiterkommen. Ich sage dann: »Meine Bordmittel sind erschöpft. Ich denke, Sie brauchen jetzt etwas anderes.« Gut, wenn Sie direkt eine Empfehlung haben.

kexpa SOLUTION

Testen Sie die Resilienz

	0	1	2	3	4	Aussage
1.						Pläne verfolge ich, auch wenn etwas dazwischenkommt.
2.						Was auch immer passiert, ich kann damit umgehen.
3.						Ich schaffe alles irgendwie, meine Grundhaltung ist optimistisch.
4.						Mich kann nichts aus der Bahn werfen.
5.						Ich bin entschlossen, auch wenn es Widerstände gibt.
6.						Normalerweise bleibe ich auf dem Weg, den ich einmal eingeschlagen habe.
7.						Ich habe immer genug Energie, die Dinge umzusetzen.
8.						Ich mache auch etwas, das mir unangenehm ist.
9.						Ich packe an und schiebe Unangenehmes nicht auf.
10.						Ich kann damit umgehen, wenn mehrere Dinge gleichzeitig passieren und ich darauf reagieren muss.
11.						Mein Interesse bleibt meist stabil.
12.						Es ist okay, wenn mich nicht jeder mag, das macht mir nichts.

Wie sehr stimmen Sie jeder Aussage zu? Vergeben Sie Punkte von 0 bis 4. 4 steht für starke Zustimmung. Je höher Ihre Punktzahl, desto größer die Resilienz. Das spricht dafür, dass Sie sich viel zutrauen. Und dies wiederum ist die Basis dafür, dass Sie Dinge umsetzen und erreichen.

Testen Sie die Resilienz.

83. Ressourcen-Konzentrator

Typ	Quelle/Urheber	Einsatzbereich	Aufwand	Nutzen
Formular	Aus dem Projektmanagement, abgewandelt	Ihr Kunde möchte Vorhaben realisieren, steht aber wie ein Ochs vor dem Berg der To-dos	Besprechung der Ergebnisse etwa ein bis zwei Stunden	Lernen, sich auf das Wesentliche zu konzentrieren

Was ist das?

Was hat der Mensch nicht alles vor! Doch worauf konzentrieren? Die Entscheidung fällt manchmal schwer. Zu viel auf einmal löst Zielkonflikte aus. Mitunter sieht man dabei den Wald vor lauter Bäumen nicht. Der Ressourcen-Konzentrator basiert auf einem Tool aus dem Projektmanagement, das für das Coaching abgewandelt wurde. Sie stellen hier die verschiedenen Ziele nebeneinander und bewerten systematisch, wie sie aufeinander wirken.

Zweck ist, für sich herauszufinden, wo die Zielkonflikte liegen, und somit eine Entscheidungsgrundlage zu haben. Was ist der stärkste Verbündete bei einem bestimmten Vorhaben und was sollte man vorläufig besser opfern? Das Tool wird vor allem logische Menschen ansprechen, ist aber gerade auch für jene interessant, die schnell alles wollen und sich alles zutrauen.

Wie anwenden?

Sie können das Modell mit vier oder sechs Stufen nutzen (vgl. Seite 277). Auch mehr Stufen sind denkbar, die Komplexität steigt dann aber sehr an. Nun definieren Sie mit Ihrem Kunden seine Ziele und Vorhaben für das nächste Jahr oder das nächste halbe Jahr.

Diese erfassen Sie wahlweise in der vier- oder sechsstufigen Matrix aus diesem Buch. Schreiben Sie sie senkrecht und waagerecht in die Tabelle. Und nun gehen Sie Punkt für Punkt durch und fragen:

- »Wie wirkt A auf B?« Im Beispiel 1 wäre das: MBA machen auf Netzwerk intensivieren.

Die Antwort ist keine Wahrheit, sondern liegt im Kunden begründet. Fragen Sie:

- »Fördert und unterstützt A B?« Dann geben Sie +1 oder +2 (sehr)
- »Stört und behindert A B?« Dann geben Sie –1 der –2 (sehr)
- »Verhält sich A zu B neutral?« Dann tragen Sie eine 0 ein.

Rechnen Sie am Ende die Spalten unten und rechts zusammen. Was ist verbündet? Das besagt die höchste Punktzahl in der unteren Reihe. Was stört? Dies ist die niedrigste Punktzahl in der unteren Reihe. Begünstigt wird das, was in der rechten Spalte die höchste Punktzahl erhält. Am besten zu opfern ist das mit der niedrigsten Punktzahl in der linken Spalte. Meist kommt bei »zu opfern« und »stört« das Gleiche heraus – jedoch nicht notwendigerweise.

Auf der DVD finden Sie die Vorlage auch als selbstrechnende Excel-Tabelle. Ich empfehle allerdings aufgrund eigener Erfahrung, die Tabellen mit dem Kunden zusammen auszufüllen. Ungeübte sind damit oft überfordert. Sie haben zudem die Möglichkeit, zielgerichtete Fragen zu stellen.

Ihr Klient will viel erreichen, aber ist auch alles sinnvoll? Sollte man sich nicht besser auf die wichtigsten Ressourcen konzentrieren? Solche Situationen kommen immer wieder vor. Auch bei Überlastung ist der Ressourcen-Konzentrator ideal, z. B. wenn jemand einfach nicht vorankommt und nie schafft, was er / sie sich vorgenommen hat.

Wenn Sie Reiss-Profil-Anwender sind, können Sie das Tool zur Klärung verwenden, auf welche Motivationen sich Ihr Klient konzentrieren sollte. Vor allem bei Menschen, die viel wollen, kann das hilfreich sein.

Meine Empfehlung für Sie

Händigen Sie das Tool nicht aus, sondern gehen Sie es gemeinsam mit Ihrem Kunden durch. Besprechen Sie die Konsequenzen des Ergebnisses offen. Was bedeutet das, was in »zu opfern« steht? Ergibt der mathematische Vorschlag Sinn? Was würde das dann konkret bedeuten?

ZIELE / VORHABEN	MBA machen	Netzwerken intensivieren	Führungsposition	Familie	GESAMT
MBA machen		2	2	-2	2
Netzwerken intensivieren	0		2	-1	1
Führungsposition	-1	2		-2	-1
Familie	0	0	0		0
SUMME SPALTE	-1	4	4	-5	
	x4	x3	x2	x1	
GESAMT	-4	12	8	-5	

Verbündet	**Netzwerk**	**Stört**	**Familie**
Begünstigt	**MBA**	**Zu opfern**	**Führungsposition**

Beispiel für einen ausgefüllten vierstufigen Ressourcen-Konzentrator. Ergebnis ist hier, dass es sinnvoll ist, sich erst einmal auf das Netzwerk zu konzentrieren. Die Führungsposition ist hintanzustellen … Die wird sich später ergeben. Bitte beachten: Jeder Kunde wird seine Tabelle anders ausfüllen. Ob der MBA wie hier negativ auf die Führungsposition wirkt, ist letztlich auch vom Umfeld abhängig. Ihren vierstufigen Ressourcen-Konzentrator zum Selbstausfüllen finden Sie auf der DVD.

ZIELE / VORHABEN	Yogakurs	Doktorarbeit	Buch schreiben	Familie	Umziehen	Auto	GESAMT ZEILE
Yogakurs		0	1	0	0	0	1
Doktorarbeit	-1		-2	-2	-2	0	-7
Buch schreiben	0	-2		-2	-2	0	-6
Familie	-1	-2	-2		2	2	-1
Umziehen	-1	-2	-2	2		2	-1
Auto	0	0	0	2	2		4
SUMME SPALTE	-3	-6	-5	0	0	4	
	x6	x5	x4	x3	x2	x1	
GESAMT	-18	-30	-20	0	0	4	

Verbündet	**Auto**	**Stört**	**Doktorarbeit**
Begünstigt	**Auto**	**Zu opfern**	**Doktorarbeit**

Beispiel für einen ausgefüllten sechsstufigen Ressourcen-Konzentrator. Hier stört definitiv die Doktorarbeit – lieber aufschieben. Das neue Auto sollte indes auf jeden Fall angeschafft werden. Ihren sechsstufigen Ressourcen-Konzentrator zum Selbstausfüllen finden Sie auf der DVD.

84. Rücken stärken

Typ	Quelle/Urheber	Einsatzbereich	Aufwand	Nutzen
Übung	Svenja Hofert	Im Team den Zusammenhalt stärken, auch zwei oder drei Geschäftsführer/Unternehmer	Je nach Teilnehmerzahl ein bis zwei Stunden	Sich bewusst werden, was Kollegen an Ihrem Klienten schätzen

Was ist das?

Eine kleine Übung, die ab zwei Personen funktioniert. Wichtig ist, dass sich beide kennen. Die Aufgabenstellung: »Welche fünf positiven Eigenschaften fallen dir zu A ein? Schreibe diese auf Post-its.« Sind die Post-its fertig, geht B auf A zu und liest laut vor, was er aufgeschrieben hat. Am Ende klebt er die Post-its A symbolisch auf den Rücken und macht ein Foto davon.

Wie anwenden?

Die Übung funktioniert gut in einem Teamtraining, aber auch im Rahmen anderer Gruppenseminare, in denen sich Teilnehmer kennen, etwa Bewerbungstrainings. Stellen Sie sich zwei Geschäftsführer vor, die ihre Aufgabenbereiche voneinander abgrenzen wollen, oder Streithähne, denen Sie den Blick auf positive Seiten öffnen wollen. Deshalb müssen es fünf Eigenschaften sein – und nur positive.

Fallbeispiel

Die Erzieherinnen Susi, Andrea, Lilo und Petra waren nicht gut aufeinander zu sprechen. Jede sah nur, was die jeweils andere nicht oder schlecht machte. In einer Supervision bat ich alle, fünf positive Eigenschaften der jeweils anderen aufzuschreiben und ihnen den Rücken zu stärken. Eine Erzieherin schrieb also dreimal fünf Zettel, also 15. Alle waren am Ende überrascht, dass die anderen so ein gutes Bild von ihnen hatten.

85. Riemann-Thomann-Modell

a) Riemann-Thomann-Modell Persönlichkeit

Typ	Quelle / Urheber	Einsatzbereich	Aufwand	Nutzen
Psychologisches Modell	Fritz Riemann / Christoph Thomann, Fragebogen Svenja Hofert	Bewusstmachen von Gegensätzen im Verhalten zwischen Kollegen oder unterschiedlicher Wahrnehmung von Situationen im Betrieb	Eine Stunde	Verständnis für das eigene Verhalten

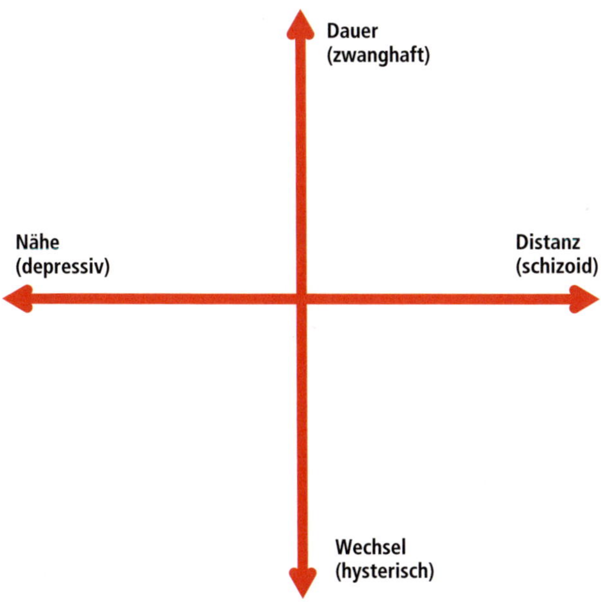

Das Grundmuster des Riemann-Thomann-Modells

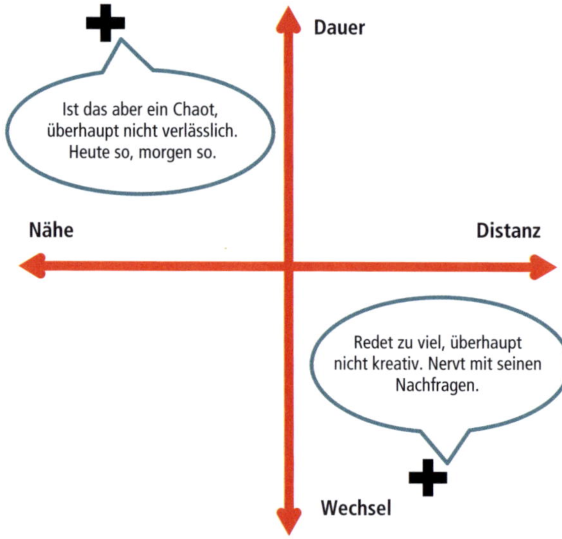

Das z. B. denkt der Nähe-Dauer-Typ über den Distanz-Wechsel-Menschen.

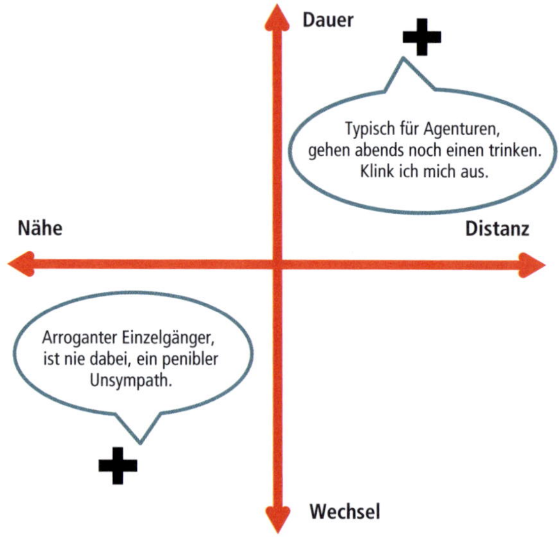

Und so sieht es bei Dauer-Distanz versus Nähe-Wechsel aus …

Was ist das?

Sind die Grundformen der Angst letztendlich nicht mehr als Grundtendenzen, die sich auch im Kommunikationsstil abbilden? Der Schweizer Psychologe Thomann sah das so und ergänzte Riemann 1988. Damals entstand das Riemann-Thomann-Kreuz. Danach lassen sich in Analogie zu den Grundformen der Angst vier menschliche Grundausrichtungen beobachten: das Bedürfnis

- nach Nähe (zwischenmenschlicher Kontakt, Harmonie, Geborgenheit),
- nach Distanz (Unabhängigkeit, Ruhe, Individualität),
- nach Dauer (Ordnung, Regelmäßigkeit, Kontrolle)
- und nach Wechsel (Abwechslung, Spontaneität, Kreativität).

In der Kommunikation verbünden sich oft zwei Tendenzen und werden als Unterschiede zwischen Menschen und auch Gruppen spürbar.

Wie anwenden? / Fallbeispiel

Mein Kunde hatte keine Erfahrung mit Persönlichkeitsmodellen. Er wunderte sich, dass seine Kollegin immer vor sich hinarbeitete und jeden Small Talk ablehnte. Er dachte, das sei unnormal, weil ja jeder letztendlich das Bedürfnis habe, über Privates zu sprechen. In dem Moment malte ich das Kreuz auf einen Zettel und erklärte die Grundtendenzen, die sich natürlich besonders deutlich im Kommunikationsverhalten niederschlagen. Für Menschen, die sich nie damit beschäftigt haben, dass es ganz unterschiedliche Bedürfnisse, Denk- und Verhaltensweisen gibt, ist das oft eine Erhellung.

Meine Empfehlung für Sie

Mit Riemann-Thomann kann man wenig falsch machen. Wo steht Ihr Coachee? Ist der eigene Standort klar, wird deutlich, dass man die Welt durch die eigene Brille sieht. Vor allem bei sehr ausgeprägten Tendenzen hilft es, sich dies bewusst zu machen. Ich habe allerdings festgestellt, dass Selbstzuordnungen mit der Frage »Wo sehen Sie sich?« oft in die Irre führen. So sind bestimmte Haltungen gesellschaftlich eher akzeptiert als andere. Augenfällig ist das bei Nähe, einer, wenn Sie so wollen, »extrovertierten« Verhaltenstendenz.

kexpa SOLUTION

Fragebogen Riemann-Thomann-Modell Einzelperson

Fragen Nähe

1. Sprechen Sie gern über Privates?
2. Ist Ihnen Austausch wichtig?
3. Arbeiten Sie gern eng im Team?
4. Sind Sie herzlich?

Schreiben Sie hier auf, wenn Sie sich in verschiedenen Situationen unterschiedlich verhalten.

Fragen Distanz

1. Beobachten Sie erst einmal, was passiert, bevor Sie reden?
2. Überlegen (und arbeiten) Sie erst einmal gern für sich?
3. Haben Sie gern Ihren eigenen Bereich?
4. Sind Sie sachlich?

Schreiben Sie hier auf, wenn Sie sich in verschiedenen Situationen unterschiedlich verhalten.

Fragen Dauer

1. Mögen Sie geregelte Abläufe?
2. Mögen Sie es zu planen?
3. Möchten Sie wissen, was genau auf Sie zukommt?
4. Bevorzugen Sie es, wenn Sie wissen, was in welcher Zeitspanne passiert?

Schreiben Sie hier auf, wenn Sie sich in verschiedenen Situationen unterschiedlich verhalten.

Fragen Wechsel

1. Mögen Sie Abwechslung?
2. Sind Sie spontan?
3. Stellen Sie sich immer auf das ein, was gerade kommt?
4. Nehmen Sie die Dinge, wie sie kommen?

Schreiben Sie hier auf, wenn Sie sich in verschiedenen Situationen unterschiedlich verhalten.

Der Fragebogen bietet Ihnen eine Selbsteinschätzung und die Möglichkeiten, Coachees strukturiert zu befragen und im Kreuz einzuordnen.

Auswertung

Ordnen Sie sich nun im Modell ein. Gehen Sie dabei immer von der Mitte nach oben. Je mehr Fragen Sie mit „Ja“ beantwortet haben, desto höher, tiefer, mehr nach rechts und links gehen Sie. Beispiel: Sie haben zwei Dauerfragen mit „Ja“ und drei Distanzfragen ebenfalls mit „Ja“ beantwortet. Wandern Sie zwei Striche nach oben und drei nach rechts.

Reflexionsfragen:

- Wenn Sie hier stehen, was halten Sie für richtig und gut?
- Wenn Sie hier stehen, wie sehen Sie die anderen?
- Wie erklären sich aus Ihrer Position mögliche Konflikte oder Dissonanzen?
- Wie erreichen Sie eine Person, die auf der „anderen Seite“ steht?

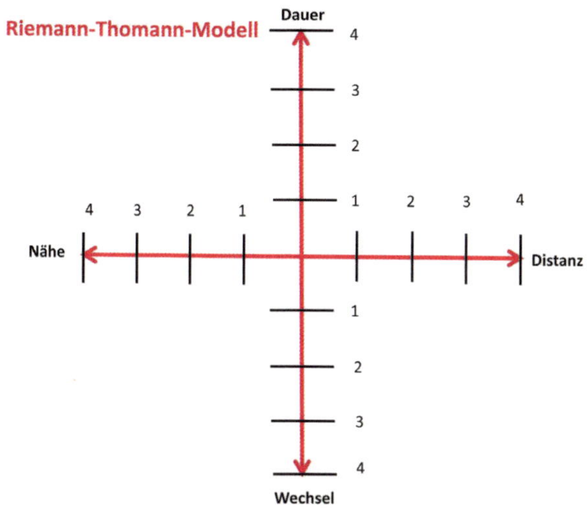

In vielen Skizzen des Modells ist bei Nähe ein Herz eingezeichnet, was Sympathien weckt. Auch die meisten Distanzmenschen werden sich eher dazugehörig fühlen (wollen), sehen sich selbst nicht als distanziert. So ist es normal, dass bei einer Selbstzuordnung »die Nähe« anziehender ist, einfach, weil sie sympathischer wirkt. Hinzu kommt, dass ein Distanzmensch oft ein gewisses Nähebedürfnis hat und seine Wirkung nicht einschätzen kann.

Konfrontieren Sie den Klienten mit Ihrem Eindruck. »Sie wirken auf mich distanziert, weil ...« Nicht ganz so ausgeprägt ist der Effekt bei Dauer und Wechsel. Es ist letztendlich branchen- und bereichsabhängig, ob eine kreative Wechselhaltung goutiert wird oder eine strukturierte Dauertendenz.

b) Riemann-Thomann-Kreuz für Teams

Was ist das?

Für das Buch *Ich hasse Teams*, das ich zusammen mit Thorsten Visbal geschrieben habe, haben wir das Riemann-Thomann-Modell auf Teams übertragen. Wir haben festgestellt, dass in Teams oft Strömungen vorherrschen. In einem Nähe-Wechsel-orientierten Team findet sich etwa die Haltung eines Stammtischs, an dem sich die Kollegen gerne treffen, aber alle unstrukturiert durcheinandersprechen. Das Dauer-Distanz-Team hat etwas Militärisches, hier ist alles geregelt. Ist Ihr Klient anders geprägt als das Team, wird er sich unwohl fühlen.

Wie anwenden?

Ihr Kunde fühlt sich irgendwie fehl am Platz? In der personenzentrierten Beratung können Sie mithilfe des Modells das direkte Umfeld analysieren. Liegt es an der unterschiedlichen Prägung? Arbeiten Sie mit Teams, können Sie das Modell auch als Basis für eine Teamentwicklung nutzen. Warum sind die Tendenzen so ausgeprägt? Durch welche Maßnahmen lässt sich in ein Wechsel-Distanz-orientiertes Team Nähe und Ordnung bringen? Regelmäßige moderierte Teambesprechungen mit Anwesenheitspflicht wären hier eine einfache, aber wirksame Maßnahme. Das muss natürlich von der Führung gedeckt sein. Und normalerweise gilt: Wie das Team, so sein Herr. Möglicherweise müssen Sie sich hier Ihren Auftrag ganz genau betrachten – und natürlich auch hinterfragen, was gewünscht ist.

Fallbeispiel

Die Agentur Müller bestand aus lauter wechselorientierten und feierfreudigen Individuen (Wechsel-Nähe). Jeder kam, wann er wollte, und alle Aufgaben, die Struktur erforderten, wurden vernachlässigt. Die Stellung des kaufmännischen Leiters war entsprechend undankbar. Er fühlte sich immer außen vor. Als es um die Neueinstellung einer Geschäftsführungsassistentin ging, war der Inhaber zunächst geneigt, wieder jemand mit kreativer Persönlichkeit einzustellen. Ich riet davon ab und empfahl mit kurzer Modell-Skizze eine Mittfünfzigerin mit spürbarer Dauer-Prägung. Das erwies sich als gute Ent-

kexpa SOLUTION

Fragebogen Riemann-Thomann-Modell Team

Fragen Nähe

1. Unternimmt Ihr Team öfter etwas außerhalb der Arbeit, etwa Sport oder gemeinsames Mittagessen?
2. Weiß jeder auch Privates von den anderen?
3. Fühlen Sie sich sehr als „wir"?
4. Sind Sie sehr persönlich miteinander?

Schreiben Sie hier auf, wenn Sie das differenziert wahrnehmen oder sich das nur auf Teile des Teams bezieht.

Fragen Distanz

1. Arbeitet jeder für sich?
2. Hat jeder einen eigenen Bereich?
3. Wird wenig privat gesprochen?
4. Dominiert die sachliche Kommunikation?

Schreiben Sie hier auf, wenn Sie das differenziert wahrnehmen oder sich das nur auf Teile des Teams bezieht.

Fragen Dauer

1. Gibt es viele Regeln für alle?
2. Halten sich alle Teammitglieder an Vorgaben?
3. Wird regelkonformes Verhalten belohnt?
4. Sind Abläufe immer gleich?

Schreiben Sie hier auf, wenn Sie das differenziert wahrnehmen oder sich das nur auf Teile des Teams bezieht.

Fragen Wechsel

1. Ist Ihr Team manchmal chaotisch?
2. Haben die Teammitglieder alle eigene Vorstellungen?
3. Wird Kreativität und Ideenreichtum goutiert?
4. Gibt es viel Flexibilität?

Schreiben Sie hier auf, wenn Sie das differenziert wahrnehmen oder sich das nur auf Teile des Teams bezieht.

Wie ist das Team zusammengesetzt? Geben Sie den Fragebogen allen Teammitgliedern und werten Sie ihn gemeinsam aus. Sind die Prägungen klar? Was bedeutet das? Sie können den Fragebogen auch einem einzelnen Teammitglied geben. Dann kann diese Person ihn über ihre persönliche Auswertung legen. Wo steht der Betreffende, wo das Team?

Auswertung
Ordnen Sie Ihr Team nun im Modell ein. Gehen Sie dabei immer von der Mitte nach oben. Je mehr Fragen Sie mit „Ja" beantwortet haben, desto höher, tiefer, mehr nach rechts und links gehen Sie. Beispiel: Sie haben zwei Dauerfragen mit „Ja" und drei Distanzfragen ebenfalls mit „Ja" beantwortet. Wandern Sie zwei Striche nach oben und drei nach rechts.

Reflexionsfragen:

- Wenn Ihr Team so geprägt ist, harmonieren Sie damit oder haben Sie sich angepasst?
- Ist es gut für die Zusammenarbeit, wenn alle ähnlich ticken?
- Wie erklären sich mögliche Konflikte oder Dissonanzen im Team?
- Wenn Ihr Team eine sehr klare Prägung hat: Was von der „anderen Seite" könnte es fruchtbarer und effizienter machen?

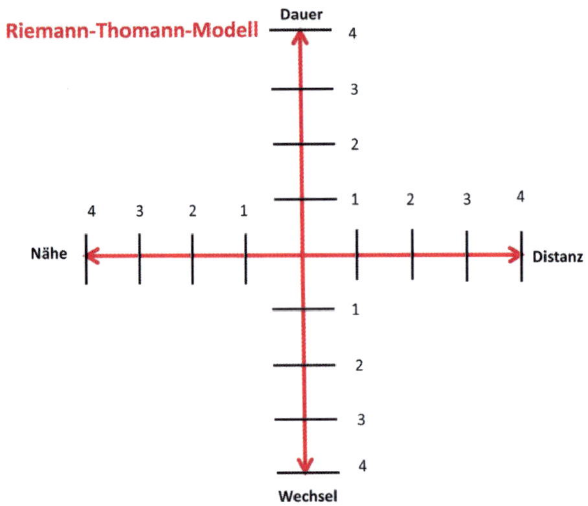

scheidung, denn nach einigen Missstimmungen brachte die Dame Ordnung ins Team.

Meine Empfehlung für Sie

Natürlich lassen sich mit Tests wie etwa den Big Five (Tool 94) Eigenschaften viel differenzierter erfassen. Aber manchmal kommen Sie in die Situation, in der die einfache, in einer Minute verständliche Typisierung besser angenommen wird. Geht es um hochkomplexe Anforderungsprofile, empfehle ich KODE (Tool 67) und / oder Big Five (Tool 94), für eine ideale Teamzusammensetzung Reiss (Tool 99).

86. Selbst- und Fremdbild

Typ	Quelle / Urheber	Einsatzbereich	Aufwand	Nutzen
Formular	Unbekannt, Formular Svenja Hofert	Selbstbewusstsein stärken durch Feedback	Zwischen zwei Coaching-terminen	Sich bewusst werden, was andere an Ihrem Klienten schätzen

Was ist das?

Ein einfaches Formular, mit dem Ihr Klient systematisch Feedback einholen kann. Die abgefragten Eigenschaften haben keinerlei Anspruch auf Vollständigkeit. Ich habe ein wenig darauf geachtet, dass Kompetenzen auftauchen, die im Berufsleben eher positiv bewertet werden. Natürlich gibt es noch viele andere. Wäre das Formular aber länger, schreckte es ab, so meine Erfahrung mit komplexeren Ansätzen. Besonders wichtig sind die Freitextfelder, in denen ein positiver Punkt herausgehoben und ein »Optimierungsvorschlag« gemacht werden kann.

Wie anwenden?

Ich empfehle den Einsatz eines solchen Formulars vor allem bei Klienten, die mit dem Einholen von Feedback noch keine Erfahrung haben. Es ist ein einfacher Einstieg, der vor allem die Funktion hat, den Fragenden zu stärken und zur Reflexion anzuregen. Auch ein Training bietet einen guten Rahmen, wenn sich die Teilnehmer gut kennen und auf derselben hierarchischen Ebene arbeiten.

Wichtig ist, dass Ihr Klient die Ausgabe des Fragebogens an verschiedene Personen richtig moderiert. »Mir ist es wirklich sehr wichtig, dass du / Sie ehrlich antwortest / antworten. Ich mache das im Rahmen einer persönlichen Orientierung. Das hilft mir sehr.«

Fallbeispiel

Maria war die Frau eines Vorstandsvorsitzenden und hatte drei Kinder. In den 15 Jahren der Kindererziehung hatte sie ihr berufliches Selbstbewusstsein verloren. Sie wusste nicht, was sie konnte, mochte und konnte nur Situationen beschreiben. Mit dem Fragebogen ging sie zum Diakon, der sie kannte, zu zwei Nachbarinnen und Freunden. Das Feedback und die Gespräche halfen ihr sehr. Zum Beispiel erkannte sie, dass sie oft als sehr sozial eingeschätzt wurde. Daraus würde sich drei Jahre später die Idee zu einem Studium der sozialen Arbeit ableiten, die ich im Coaching schon früh hatte. In einer Phase, in der man sich erstmals intensiver mit Kompetenzen auseinandersetzt, wäre das Anbringen einer solchen Idee aber noch zu früh. Sie können solche Ideen formulieren, manchmal wirken sie auf Ihren Klienten über Monate und Jahre. Aber es ist so gut wie unmöglich, einen Menschen, der 15 Jahre Familienleben hinter sich hat, keinerlei finanzielle Not verspürt und keinen beruflichen Ehrgeiz entwickelt hat, zu einem so großen Schritt zu coachen.

Meine Empfehlung für Sie

Entscheiden Sie situationsbedingt, mit welchen Tools Sie arbeiten. So ein Fragebogen ist besonders gut, wenn die Menschen wenig selbstbewusst sind und unsicher. Besprechen Sie die Auswertungen und fragen Sie dazu, aus welcher Perspektive, Beobachtung und Situation diese Einschätzung gegeben wurde. Regen Sie an, sich darüber mit demjenigen, der den Bogen ausfüllt, zu unterhalten.

Selbstbild – Fremdbild

kexpa

Das Selbstbild ist das, was Sie selbst in sich erkennen. Das Fremdbild ist die subjektive Beschreibung der eigenen Person durch andere, z.B. Familienmitglieder, Freunde, Kollegen, Mitarbeiter, Vorgesetzte.

Machen Sie Kopien dieser zwei Seiten. Füllen Sie eine für Ihr Selbstbild aus und geben Sie die anderen Exemplare an Personen Ihres Vertrauens weiter, damit diese Ihnen ihr Fremdbild spiegeln. Achten Sie darauf, dass die Personen Ihnen ihre ehrliche Meinung aufschreiben.
Wenn Sie nicht „Ihre" Adjektive finden, erweitern Sie die Liste ruhig.
Instruieren Sie Ihre Fremdbild-Geber, dass 1 der schwächste (oder: gar nicht ausgeprägt) und 5 der stärkste Wert ist (extrem ausgeprägt). Betonen Sie, dass gerade auch die letzte Zeile „dieser Punkt" sehr wichtig für Sie ist.

	1	2	3	4	5
Du bist offen für Neues	☐	☐	☐	☐	☐
Hörst aktiv zu	☐	☐	☐	☐	☐
Hast eine eigene Meinung	☐	☐	☐	☐	☐
Lernst aus Fehlern	☐	☐	☐	☐	☐
Löst Probleme	☐	☐	☐	☐	☐
Zögerst nicht, Entscheidungen zu treffen	☐	☐	☐	☐	☐
Hast eine gute Selbsteinschätzung	☐	☐	☐	☐	☐
Reagierst flexibel in jeder Lebenslage	☐	☐	☐	☐	☐
Siehst Veränderungen als Chance	☐	☐	☐	☐	☐
Hast gute Ideen	☐	☐	☐	☐	☐
Bist organisationsstark	☐	☐	☐	☐	☐
Bist gewissenhaft / genau	☐	☐	☐	☐	☐
Bist höflich	☐	☐	☐	☐	☐
Bist kritisch	☐	☐	☐	☐	☐
Hast eigene Vorstellungen	☐	☐	☐	☐	☐
Bist freundlich	☐	☐	☐	☐	☐
Bist selbstbewusst	☐	☐	☐	☐	☐
Bist optimistisch	☐	☐	☐	☐	☐
Bist schlagfertig	☐	☐	☐	☐	☐
Bist authentisch (meinst, was du sagst)	☐	☐	☐	☐	☐
Oder eher clever?	☐	☐	☐	☐	☐
Bist handwerklich kreativ	☐	☐	☐	☐	☐
Bist Ideen-kreativ	☐	☐	☐	☐	☐

	1	2	3	4	5
Bist tolerant	☐	☐	☐	☐	☐
Bist sozial	☐	☐	☐	☐	☐
Bist zuverlässig	☐	☐	☐	☐	☐
Bist vertrauenswürdig	☐	☐	☐	☐	☐
Bist mutig	☐	☐	☐	☐	☐
Bist ehrlich	☐	☐	☐	☐	☐
Bist humorvoll	☐	☐	☐	☐	☐
Bist kritikfähig	☐	☐	☐	☐	☐
Bist sensibel	☐	☐	☐	☐	☐
Bist empathisch	☐	☐	☐	☐	☐
Bist geduldig	☐	☐	☐	☐	☐
Bist hilfsbereit	☐	☐	☐	☐	☐
Bist führungsstark	☐	☐	☐	☐	☐
Bist motivierend	☐	☐	☐	☐	☐
Bist gebildet	☐	☐	☐	☐	☐

Diesen Punkt / diese Punkte möchte ich ganz besonders positiv bei dir / Ihnen hervorheben:

____

____

____

Und das wollte ich dir immer schon mal sagen, weil ich finde, hier könntest du dich verbessern:

____

____

____

Feedback-Fragebogen zur Persönlichkeitseinschätzung

87. Selbstwirksamkeitsstärkung

Typ	Quelle / Urheber	Einsatzbereich	Aufwand	Nutzen
Checkliste und Methode	Nach Andreas Hinz	Selbstreflexion im Coaching	Mehrere Stunden	Aktivieren von Möglichkeiten

kexpa SOLUTION

Selbstwirksamkeitserwartung

	0	1	2	3	4	Aussage
1.						Wenn sich Widerstände auftun, werde ich diese immer beseitigen können.
2.						Ich sehe mich stets in der Lage, schwierige Probleme zu lösen.
3.						Ich bin überzeugt, dass ich alle Ziele realisieren kann, die ich mir gesetzt habe.
4.						Auf unerwartete Situationen reagiere ich mit dem angemessenen Verhalten.
5.						Ich komme mit allen Ereignissen zurecht.
6.						Wenn ich etwas möchte, erreiche ich es auch.
7.						Wenn Probleme da sind, weiß ich immer, wie ich sie lösen kann.
8.						Ich habe großes Zutrauen in meine Fähigkeiten.

Wie sehr stimmen Sie jeder Aussage zu? Vergeben Sie Punkte von 0 bis 4. 4 steht für starke Zustimmung. Je höher Ihre Punktzahl, desto größer die Selbstwirksamkeit. Das spricht dafür, dass Sie sich viel zutrauen. Und dies wiederum ist die Basis für beruflichen Erfolg – in fast jeder Hinsicht.

Die Fragen lehnen sich an die „Skala zur allgemeinen Selbstwirksamkeitserwartung“ von Andreas Hinz u. a. an.

Fragebogen zur Selbstwirksamkeit

Was ist das?

Ein Fragebogen, anhand dessen Sie die Selbstwirksamkeitserwartung Ihres Kunden einschätzen können.

Was Sie dazu wissen sollten

Erfolg hängt eindeutig damit zusammen, ob ein Mensch an sich glaubt und daran, dass er etwas bewirken kann. Glaube ich an meine Fähigkeiten? Bin ich sicher, zum Ziel zu gelangen? Je höher meine Überzeugung in diesen Fragen ist, desto wahrscheinlicher werde ich Dinge erreichen, die ich mir vornehme. Das spielt etwa bei Existenzgründungen eine sehr zentrale Rolle. Es gibt Hinweise darauf, dass die Höhe der Selbstwirksamkeitserwartung mit dem Erfolg in enger Beziehung steht.

Wie anwenden?

Sie können die Selbstwirksamkeitserwartung Ihres Klienten nicht ändern, aber annehmen. Angenommen, Ihr Klient hat kein großes Zutrauen in seine Fähigkeiten. Fragen Sie:

- »Gab es Situationen, in denen Sie Ihre Fähigkeiten schon als positiv wirksam erlebt haben? Welche waren das?«
- »Was könnte das Zutrauen in Ihre Fähigkeiten erhöhen?«
- »Wo könnten Sie Ihre Fähigkeiten in einem geschützten Raum unter Beweis stellen?«

Fallbeispiel

Peter traute sich nicht zu, zu verkaufen. Er hatte super Ideen und war in meiner Wahrnehmung enorm kompetent. Aber wenn er sich mit Menschen verglich, die Luftschlösser bauen und viel versprechen, schnitt er schlecht ab, so sah er das. Er glaubte deshalb nicht, überzeugen zu können. Ich sah das anders und empfahl als ersten Schritt, dass wir ganz praktisch Verkaufsgespräche übten und mit Video aufnähmen. Er sah dann selbst, dass er wirklich überzeugen konnte. Das allein bewirkte noch keine dramatische Wendung, aber es leitete einen Prozess ein. Er traute sich nach und nach mehr zu. Damit stieg auch die Selbstwirksamkeitserwartung. Sie ist also kein Schicksal, sondern änderbar – jedenfalls bis zu einem gewissen Grad.

88. Transaktionsanalyse nach Eric Berne

Typ	Quelle/Urheber	Einsatzbereich	Aufwand	Nutzen
Psychologisches Modell	Eric Berne	Jobcoaching und auch viele andere Themen, z. B. Neuorientierung	–	Freilegen von positiven Kräften

Was ist das?

Kennen Sie das auch? Da stellt sich ein Klient ständig selbst ein Bein. So die Kundin, die eine Garantie dafür wollte, dass die Veränderung, die sie anstrebt, auch wirklich funktioniert. In so einer Situation ist es sinnvoll, die psychologischen Haltungen dahinter sichtbar zu machen. Die Kundin, die die Garantie wollte, glaubte, dass sich Engagement nur lohnt, wenn man auch genau weiß, was dabei herauskommt. Ein kindlicher Glaubenssatz. Durch Perspektivenwechsel ins Erwachsenen-Ich konnte sie das erkennen.

Folgende Ich-Zustände gibt es:

- Trotziges Kind-Ich
- Freies, ungestümes Kind-Ich
- Fürsorgliches Eltern-Ich
- Kritisches Eltern-Ich
- Erwachsenen-Ich

Wie anwenden?

»Ich kann das nicht« (trotzig). »Ich will meinen Spaß« (frei). »Das macht man nicht« (kritisch). »Das wird sicher schiefgehen« (fürsorglich).

Sie und auch Ihr Kunde wechseln ständig zwischen diesen Zuständen, die nicht erwachsen sind. Erklären Sie das Ihrem Kunden und machen Sie ihn auf seine nichterwachsenen Positionen, die sich in Verhalten und Aussagen spiegeln, aufmerksam. Ich arbeite mit Figuren, die Zustände verkörpern. Fragen Sie, aus welchem Zustand heraus er eine Aussage gemacht hat. Bitten Sie, die Aussage aus der Perspektive des Erwachsenen umzuformulieren.

Fallbeispiel

Anne hasste ihren Mitarbeiter Stefan. Sie hielt ihn für hinterhältig. Das führte dazu, dass sie dem Kollegen nicht ins Gesicht sehen konnte, nicht einmal mit ihm sprach. Um ihn nicht ansehen zu müssen, stellte sie ihren Schreibtisch zur Wand. Sie kam sich mit ihren Gefühlen selbst »blöd« vor.

Ich zeigte ihr meine Figuren und fragte sie, aus welcher Rolle heraus sie wohl den Schreibtisch umgestellt hätte. Sie identifizierte schnell das trotzige Kind-Ich. Wie das der Mitarbeiter wohl empfinde? Wir stellten die Szene in einem Rollenspiel nach. Sie war Stefan, und ich spielte sie. »Es fühlt sich an, als habe ich ihm Raum gegeben«, erkannte sie. »Ja, Sie haben Platz gemacht und sich damit einverstanden erklärt, dass nicht Sie die Chefin sind, sondern er. Im übertragenen Sinn haben Sie Ihr Territorium aufgegeben.« Diese Erkenntnis bewirkte ein Umdenken. Anne sah, dass sie im Kind-Ich ihrer Rolle nicht gerecht würde.

»Was wäre die Lösung, wenn Sie die Erwachsenen-Perspektive einnehmen?« – »Ich müsste mir erst einmal den Raum zurückerobern und dann mit Stefan reden.«

Ich habe die Erfahrung gemacht, dass Reden in solchen Situationen nicht viel bringt. Wirksamer ist nonverbales Verhalten. So wie das Verschieben des Schreibtischs – und der aufrechte Gang und der klare Blick.

Meine Empfehlung für Sie

Man sollte meinen, dass die Erwachsenen-Perspektive die »wahre« und »richtige« ist. Manchmal ist dem nicht so. Als Coach können Sie mit den Zuständen »spielen« und z. B. bewusst in das Eltern-Ich gehen, um dem Klienten Bestätigung und Ermutigung zu geben.

»Ist das der richtige Weg?«, fragt der Klient (Kind-Ich).

»Das ist richtig, tun Sie das!«, erwidern Sie (fürsorgliches Eltern-Ich).

89. Walt-Disney-Methode

Typ	Quelle / Urheber	Einsatzbereich	Aufwand	Nutzen
Kreativitätsmethode	Robert Dilts	Ideenentwicklung	–	Bewusstmachung von Zusammenhängen

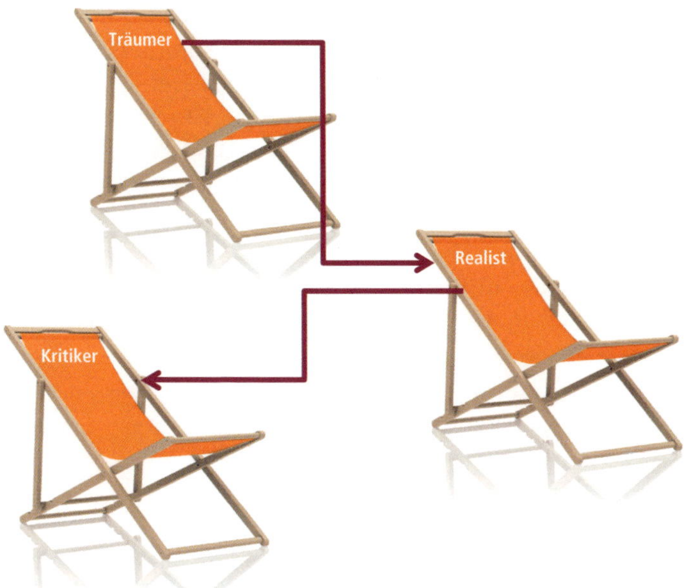

Die Rollen nach der Walt-Disney-Methode

Was ist das?

Hierbei handelt es sich um eine Methode, um einzelne Prozessschritte bei der Entwicklung von Ideen zu trennen. Typischerweise werden Ideen zu schnell als unrealistisch verworfen. Durch die Konzentration auf Rollen wie *Träumer* (Ideen entwickeln), *Realist* und *Kritiker* werden Prozesse getrennt. Die Walt-Disney-Methode kann in einer Gruppe angewendet werden, aber auch im Einzelcoaching. Dabei setzt sich Ihr Klient reihum auf verschiedene Stühle und nimmt dort die jeweilige Rolle ein. Sie moderieren das nur und schreiben auf.

Wie anwenden?

Ob es um das Finden von Lösungen für scheinbar eingefahrene Situationen geht oder um das Entwickeln einer Geschäftsidee: Die Walt-Disney-Methode kann in unterschiedlichen Fällen gute Dienste leisten, denn sie gibt Prozessen Struktur.

Geht es Ihrem Kunden um Geschäftsideen, würde ich erst einmal einen Termin zur Ideenfindung verabreden (der Träumer). Die Ideen können dann nach Hause mitgenommen und weitergesponnen werden. Der nächste Termin dient der realistischen Betrachtung. Was davon lässt sich überhaupt realisieren? Gibt es dazu persönliche und finanzielle Möglichkeiten und einen Markt (der Realist)?

Die dritte Phase, der Kritiker, lässt sich beim Thema Geschäftsidee noch effizienter gestalten, wenn Sie weitere Personen zu diesem Termin einladen. In meinem Buch *Das SlowGrow-Prinzip* habe ich das *5-Kritiker-Tisch-Gespräch* genannt. Wer kann die Idee unter unterschiedlichen Gesichtspunkten kritisch beleuchten, etwa aus der Sicht des Wettbewerbs, der Finanzierung, des Marketings, des Vertriebs und der personellen Ressourcen?

Fallbeispiel

Hermann steckte in der Sackgasse. Er war 48 Jahre alt und in seinem Konzern gab es keine einzige Person mehr über 55 Jahre. Gerade hatte er seinen Job verloren und bewarb sich intern – fand aber aufgrund seines Alters nichts Adäquates. Wollte er im Konzern bleiben, musste er eine Stelle unter seinem Niveau annehmen. Würde er sich außerhalb bewerben, könnte er kaum 50 Prozent seines derzeitigen Gehalts erwarten, wenn er überhaupt etwas fände, da er zu firmenindividuell spezialisiert war. Das war die Ausgangssituation. Nun ging es auf den Stuhl des Träumers: Was könnte Hermann tun? Welche verrückten Dinge wären denkbar? Auch solche, die er sich gar nicht zu denken getraute?

Ich moderierte seine Ideen, zu denen unter anderem ein Vorruhestand gehörte (eine solche Regelung gab es noch ab 50 Jahren), das Krankschreibenlassen bis zum Angebot einer Abfindung und das Umsiedeln nach Indonesien, wo er in der Firma eines Bekannten arbeiten könnte. All die Ideen schrieb ich auf Post-its.

Auf dem Stuhl des Realisten beleuchtete Hermann selbst, was hinsichtlich verschiedener Gedankengänge nicht möglich war. So würde der Vorruhestand bedeuten, dass er zwei Jahre intern keine Position fände, denn nur dann wurde er den Mitarbeitern angeboten. Das würde zwei Jahre lang heißen, alle angebotenen Stellen abzulehnen oder sich so zu verhalten, dass keiner ihn haben wollte. Das entsprach nicht seinem Wertegerüst.

Am Ende blieben zwei Möglichkeiten: nach Indonesien gehen oder einen niedriger qualifizierten Job annehmen. Auf dem Stuhl des Kritikers stellte er sich nun Fragen wie:

- »Wäre ich überhaupt geeignet, als Nummer zwei zu arbeiten?«
- »Reizt mich das Leben in einem Land, in dem Bestechung zur Kultur gehört?«
- »Auf was würde ich rein rechnerisch verzichten, wenn ich kündige?«

Am Ende entschied sich Hermann dafür, vorübergehend einen niedriger qualifizierten Job anzunehmen und das nächste Jahr zu nutzen, um weitere Optionen außerhalb des Unternehmens zu entdecken und sich auch mit der Idee einer eigenen Unternehmensgründung zu beschäftigen.

90. Wertescheibe

Typ	Quelle/Urheber	Einsatzbereich	Aufwand	Nutzen
Vorlage zum Ausdrucken	Svenja Hofert	Bestimmung von Werten	Zwei Stunden	Sich bewusst werden, was wirklich wichtig ist

Was ist das?

Ein Tool in Form eines Kreises. An den äußeren Rand, also außerhalb des eigentlichen Kreises, schreiben Sie oder Ihr Klient die Werte, die ihm im Leben und Beruf wichtig sind.

Was Sie dazu wissen sollten

Meiner Erfahrung nach geht es ganz oft nicht um Berufe oder Funktionen, wenn ein Mensch unzufrieden ist. Oft kann er seine Werte nicht leben. Dazu liefert Spiral Dynamics (Tool 1) ein Erklärungsmodell. Das System ist aber für den einen oder anderen zu komplex. Weiterhin gibt es individuelle Werte. Oft ist es sinnvoll, mit der Wertescheibe einzusteigen, um dann darauf aufbauend mit Spiral Dynamics zu arbeiten.

Wie anwenden?

Wie weit können Werte gelebt und berücksichtigt werden? Lassen Sie Ihren Klienten für jeden Wert eine Zahl zwischen 1 und 10 ankreuzen. 10 heißt absolut und vollkommen, 1 gar nicht. Verbinden Sie dann die Kreuze zu einem Muster, z.B. einem zackigen Stern, wenn sie unregelmäßig gesetzt wurden – oder zu einem kleineren Kreis. Fragen Sie Ihren Kunden, wie der Kreis groß und rund werden könnte. Welche Maßnahmen gibt es insgesamt und welche im Einzelnen?

Beispiel: Der Wert »Freiheit« hat nur zwei Punkte, der Wert »Kreativ sein«, drei. Wie können diese Werte mehr ins Leben in-

Werte-Entwicklungsscheibe

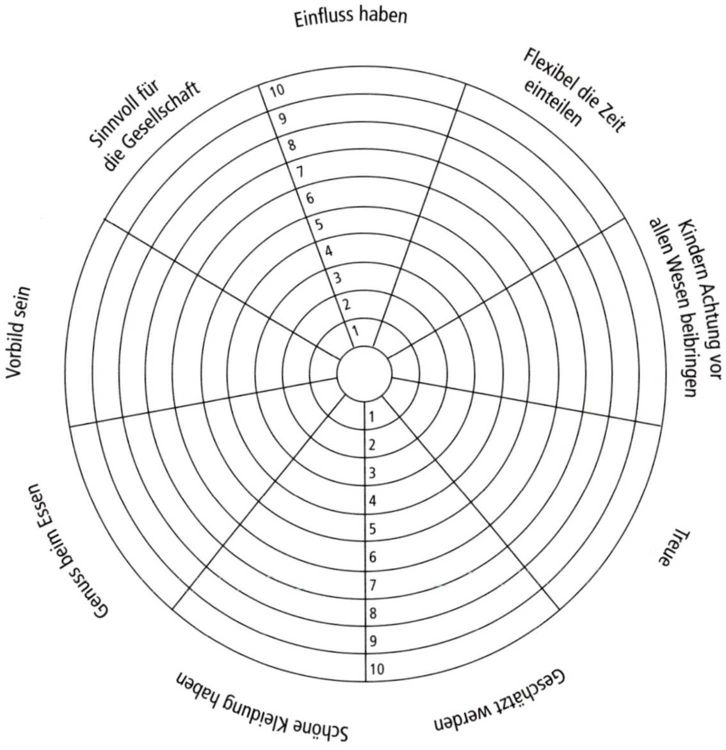

Legen Sie mit Ihrem Klienten bis zu neun Werte fest. Wie kann Ihr Kunde diese in Arbeit und Beruf leben? Wie und durch welche Maßnahmen ließen sich die Werte weiterentwickeln? Oben sehen Sie ein Beispiel.

tegriert werden? Vielleicht durch einen längeren Auslandsaufenthalt, vielleicht dadurch, dass eine Garage als Rückzugsort gemietet wird … Lösungen sind immer individuell. Und Antworten liegen im Klienten.

Um Werte zu ermitteln, nutzen Sie Fragen wie:

- »Was ist Ihnen wirklich wichtig?«
- »Warum tun Sie die Dinge, die Sie tun?«
- »Welche Werte haben Sie von zu Hause mitbekommen? Welche davon sind auch in Ihnen wirksam?«
- »Wenn Sie mit etwas unzufrieden sind, sehen Sie da einen Zusammenhang zu Ihren Werten?« Etc.

Um Maßnahmen zu entwickeln, die ein wertekonformeres Leben ermöglichen, fragen Sie beispielsweise:

- »Was bedeutet XY für Sie?«
- »Wie könnten Sie XY in Ihr Leben integrieren?«
- »Was hindert Sie, XY zu tun?«
- Oder stellen Sie paradoxe Fragen: »Was würde passieren, wenn XY vollkommen aus Ihrem Leben verschwinden würde?« Etc.

91. Work-Life-Bilanz

Typ	Quelle/Urheber	Einsatzbereich	Aufwand	Nutzen
Modell	Excel: Svenja Hofert, Basis: Hilarion Petzold	Ganzheitliches Coaching	–	Bewusstmachung von Zusammenhängen

A Partnerschaft und Soziales		B Materielle Sicherheit		C Beruf und Leistung		D Körper		E Geist (Werte und Sinn)		
1		1		1		1		1		
2		2		2		2		2		
3		3		3		3		3		
4				4		4				
5						5				Gesamt
Durchschnitt	0	Durchschnitt	0	Durchschnitt	0	Durchschnitt	0	Durchschnitt	0	0

Work-Life-Bilanz: Das Excel-Tool leitet durch die verschiedenen Fragen und ermittelt am Ende, ob Ihr Klient im grünen, gelben oder roten Bereich ist. Die Tabelle ändert beim Eintragen automatisch ihre Farben.

Was ist das?

Die Work-Life-Bilanz ist ein Excel-Tool, das ich basierend auf dem Modell »5 Säulen der Identität« (Tool 79) entwickelt habe. Es liegt auf der DVD auch in Excel vor. Es überprüft fünf Lebensbereiche:

- Partnerschaft
- Materielle Sicherheit
- Beruf und Leistung
- Körper (Gesundheit)
- Geist (Werte und Sinn)

Dabei werden die Punkte subjektiv anhand von Fragen, die Sie in der Tabelle sehen, vergeben. Diese Fragen, unten aufgeführt, können Sie auch selbst variieren, z.B. in: »Wie zufrieden sind Sie mit Ihrem Familienleben?« Maximal 100 Punkte sind pro Bereich möglich. Das Tool wird ab 60 langsam hellgrün, dann dunkelgrün für »Alles okay«. Bei niedrigeren Punktzahlen geht es weiter ins Rote für »Aufpassen«.

Wie anwenden?

Sicher kennen Sie das: Ein Klient kommt mit einem Jobproblem zu Ihnen und am Ende zeigt sich, dass in Wahrheit gar nicht der Job, sondern fehlende Werte der Knackpunkt sind. Normalerweise würde ich das im Rahmen eines Coachings besprechen und dann mit den 5 Säulen am Flipchart arbeiten. Manchmal ist es aber sinnvoll, zwischen zwei Coachingsitzungen eine Work-Life-Bilanz zu ziehen. So kann Ihr Klient darüber noch einmal intensiver nachdenken. Außerdem wird keine Coachingzeit auf die Ausarbeitung verwendet. In der nächsten Sitzung könnten Sie direkt beim Ergebnis anknüpfen. Das ist bei knappen Budgets im Privatcoachingbereich manchmal notwendig. Setzen Sie die Work-Life-Bilanz aber nur bei Kunden ein, denen Sie den Umgang damit zutrauen, weil sie psychisch relativ stabil und gut selbstreflektiert sind. Stellen Sie Ihrem Klienten Fragen zu allen Bereichen:

Partnerschaft und Soziales

- »Ist Ihre Partnerschaft stabil?«
- »Hält Ihre Partnerschaft Krisen aus und hat sie das schon bewiesen?«
- »Haben Sie ein stabiles soziales Netz aus Freunden und Bekannten?«
- »Haben Sie Zeit für Ihre Freunde?«
- »Bietet die Familie (Ursprungsfamilie oder / und eigene) einen stabilen Ort für Sie?«

Materielle Sicherheit

- »Geht es Ihnen finanziell gut?«
- »Können Sie genügend Geld zurücklegen?«
- »Können Sie jederzeit auch mit weniger Geld auskommen, wenn es einmal nötig sein sollte?«

Beruf und Leistung

- »Können Sie Ihre Fähigkeiten und Stärken optimal einsetzen?«
- »Können Sie sich weiterentwickeln?«
- »Wird Ihre Leistung wertgeschätzt?«
- »Besitzen Sie Autonomie und Entscheidungsfreiräume?«

A Partnerschaft und Soziales		B Materielle Sicherheit		C Beruf und Leistung		D Körper		E Geist (Werte und Sinn)		
1	0	**1**	30	**1**	0	**1**	20	**1**	20	
2	0	**2**	40	**2**	0	**2**	20	**2**	20	
3	0	**3**	30	**3**	20	**3**	20	**3**	20	
4	20			**4**	20	**4**	20			
5	20					**5**	20			**Gesamt**
Durch-schnitt	40	Durch-schnitt	100	Durch-schnitt	40	Durch-schnitt	100	Durch-schnitt	60	340

Work-Life-Bilanz: Hier ein ausgefülltes Beispiel.

Körper

- »Geht es Ihnen körperlich gut?«
- »Sind Sie gesund und lassen sich regelmäßig untersuchen?«
- »Bewegen Sie sich ausreichend (optimal mindestens 3-mal 30 Minuten / Woche)?«
- »Ernähren Sie sich gesund?«
- »Fühlen Sie sich wohl in Ihrer Haut?«

Werte

- »Kennen Sie Ihre Werte? Können Sie mindestens drei benennen?«
- »Was hält Ihren Kopf und Geist wach (Bücher, Sudoku, anderes)?«
- »Haben Sie ein Hobby und Interessen, die Sie verfolgen?«

Arbeiten Sie nicht mit Excel, sondern auf Papier, lassen Sie den Klienten Punkte vergeben. Wie viele gibt es pro Antwort, wenn maximal 100 Punkte möglich sind?

92. Big 5 for Life

Typ	Quelle/Urheber	Einsatzbereich	Aufwand	Nutzen
Modell	John Streleckey	Visionscoaching	Zwei bis sechs Stunden	Finden von Zielen

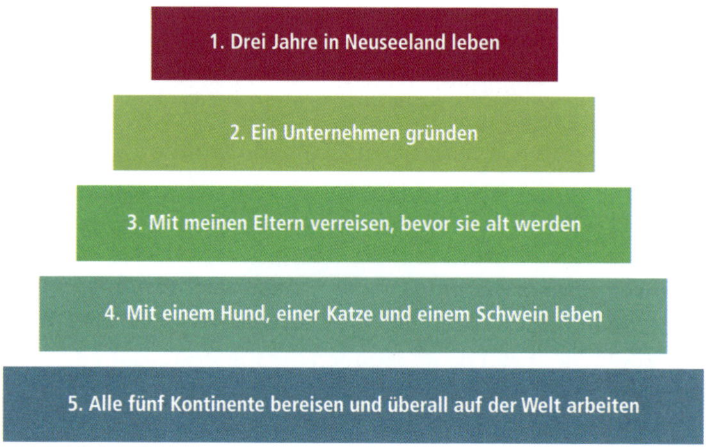

Ein Beispiel für die Big 5 eines Klienten

Was ist das?

John Strelecky beschreibt die Big 5 in seinem Berufsfindungsbestseller. Da ist Jo, ein Angestellter, dessen Leben ziellos verläuft, bis er Tom kennenlernt, einen weisen Geschäftsmann. Er hat eine ganz eigene Führungsphilosophie: Jeder Mitarbeiter soll fünf Lebensziele kennen, die er verwirklichen will. Tom steht seinen Mitarbeitern so als Weiterentwicklungshelfer zur Seite.

Dieses Vordenken des Lebens ist für jeden Menschen wichtig, nicht nur für Führungskräfte. Was will ich eigentlich wirklich? Was ist mehr als nur ein kurzfristiges Bedürfnis nach mehr Status oder Sicherheit?

Wie anwenden?

Wie viele Menschen leben das Leben von anderen, lassen sich treiben! Erst viel zu spät erkennen sie, dass sie nicht agiert, sondern reagiert haben. Die Frage nach dem Lebensende kann hier neue Perspektiven öffnen. »Wissen Sie, was Sie auf jeden Fall erlebt haben möchten, bevor Sie sterben? Auf welche fünf Dinge und Erlebnisse wollen Sie dann zurückblicken?«

Ich frage in Orientierungscoachings immer nach den Big 5. Die meisten Menschen haben sich keine Gedanken dazu gemacht, meist wird das Thema erst im Alter um die 40 relevanter. Bis dahin ist viel auf kurzfristige Ziele ausgerichtet, auf Etablierung – das Ende des Lebens scheint weit weg. Die Frage nach dem Ende rückt es näher. Und bringt manchmal spontane, manchmal verschüttete Träume ans Tageslicht. Auf jeden Fall setzt sie einen Prozess in Gang.

Meine Empfehlung für Sie

Die Big 5 sollten Sie nur einbringen, wenn Sie den Auftrag dazu haben, etwa im Rahmen eines Wertecoachings oder wenn es um Orientierung geht. Wenn Sie es in anderen Kontexten einbringen, könnte der Zeitpunkt dazu einfach zu früh sein. Beispiel: Eine Klientin will den nächsten Karriereschritt machen und im Grunde wissen Sie, dass sie damit weiter in eine Spirale mit einseitiger Konzentration auf das Berufsleben läuft. Darauf können Sie durchaus hinweisen. An dieser Stelle aber mit den Big 5 letztendlich den Sinn des eigenen Lebens zu hinterfragen, wäre falsch – hier kann der »Schuss« auch nach hinten losgehen. Der Zeitpunkt ist richtig, wenn der Klient sich selbst mit diesen Dingen zu beschäftigen beginnt.

Tests

Ich liebe Tests. Es gibt kaum einen Test, den ich nicht selbst gemacht habe. Einige habe ich sofort wieder vergessen, weil sie keine neuen Erkenntnisse brachten oder fragwürdig schienen. Von den guten hat mir jeder eine neue Facette aufgezeigt.

Für mich bieten Tests einen guten Einstieg in ein Coaching, oft zudem eine Brücke zwischen einem ersten und einem zweiten Termin. Sie kürzen vieles ab, was man gesprächsbasiert auch herausfinden könnte, aber mit viel mehr Aufwand und mehr Stunden – zudem trotz aller Fragetechniken und Interventionen ungenauer. Denn keine Coachingausbildung der Welt schützt uns vor der eigenen Brille. Wir interpretieren mit dem, was wir selbst sehen und kennen – auch wenn wir diese Frage stellen und jene nicht.

Ich setze Tests nicht in jedem Fall ein, sondern nur, wenn ich sicher bin, dass der Klient mit den Ergebnissen umgehen kann. Manchmal gebe ich Auswertungen heraus, manchmal beschreibe ich nur die wichtigsten Punkte auf einer DIN-A4-Seite – etwa bei den Big Five, da die Testergebnisse instabile Persönlichkeiten unnötig beschäftigen und verunsichern könnten. Testergebnisse sind nicht immer nur charmant, sondern führen einem auch manchmal vor Augen, dass man sich falsch einschätzt, obwohl sie ja eigentlich nur ein Selbstkonzept beschreiben.

Ich frage auch immer, ob es bereits Testerfahrung gibt und wenn ja, welche.

Wer gegen den Einsatz von Tests argumentiert, begründet dies oft damit, dass diese Schubladendenken förderten. Das ist meiner Meinung nach Unsinn. Tests bieten einen Rahmen, aber jeder reflektierte Menschen weiß, dass in diesem nur ein kleines Bild, ein Teil gezeigt wird. Man darf Tests nicht als absolute Wahrheit sehen, sondern lediglich als Hilfe, Aspekte aufzudecken und Gespräche konstruktiv zu führen. Das setzt voraus, dass der Klient selbstbewusst ist und differenzieren kann. Und es liefert für mich eine Begründung, Persönlichkeitstests nicht bei Menschen unter 20 Jahren anzuwenden und bei jenen, die sehr unsicher sind, die genauen Ergebnisse nicht zu benennen, sondern nur Tendenzen. Andernfalls würde man z. B. sehen, dass man innerhalb einer Normgruppe »schlecht« abschneidet. Auch mit Tests, die Berufsempfehlungen geben, habe ich Bauchschmerzen. Erstens orientieren sie sich immer am amerikanischen Markt, zweitens stets an einer bereits untergegangenen Arbeitswelt, der Arbeitswelt der »Berufe«. Ich sehe uns aber in ein Zeitalter eintreten, in dem Berufe weniger relevant sind als vielmehr Kenntnisse und Kompetenzen – fachliche, methodische, soziale.

Viele Tests habe ich aussortiert, weil ich mit ihnen nichts anfangen kann, andere, weil ich sie für gut halte, aber selbst nicht ausreichend beurteilen kann. Zu den guten Tests gehören das Team-Management-Rad von Margerison / McCann für die Teamentwicklung und der CAPtain-Test für die Erfassung momentaner beruflicher Präferenzen.

Die Auswahl habe ich bewusst so gehalten, dass verschiedene Einsatzbereiche berücksichtigt werden.

Zu fast jedem kommerziellen Verfahren – weitestgehend ausgenommen die gründlich untersuchten Big Five – gibt es immer auch Kritiker, die leider meist eigene Tests vertreiben. Fragen Sie sich, wenn Sie eine Kritik lesen, immer, von wem sie kommt und mit welcher Motivation sie geschrieben worden ist.

Einige Tests sind keine validen Verfahren, sondern »Checks«, etwa der Teamrollen-Test nach Belbin oder der Karriereanker. Meine Kurzversionen sind sämtlich selbst erstellt und haben keinerlei wissenschaftlichen Anspruch.

Weisen Sie Ihre Klienten darauf hin, dass solche Tests *keine* eigentlichen Tests sind, sondern Anhaltspunkte für ein Gespräch liefern sollen – nicht mehr, aber auch nicht weniger.

Ich habe die Beschreibungen so angelegt, dass Sie auch dann noch vom Aufbau und der Zielrichtung der Tests profitieren können, wenn Sie nicht selbst damit arbeiten wollen. So eignen sich die Paradoxe von Harrison, um sie mit dem Meta-Modell der Sprache aus dem NLP zu hinterfragen.

93. Bochumer Inventar

Typ	Quelle / Urheber	Einsatzbereich	Aufwand	Nutzen
Test	Ruhr-Universität Bochum, Prof. Hossiep	Personalauswahl und Personalentwicklung	Online-Test, etwa ein bis zwei Stunden für das Auswertungsgespräch	Basis für die richtigen Fragen, Einschätzung des künftigen Verhaltens

Was ist das?

Das Bochumer Inventar, kurz BIP, ist ein laufend weiterentwickeltes, wissenschaftlich erforschtes Verfahren zur Persönlichkeitsbeschreibung der Ruhr-Universität Bochum. Es liegt in einer Version als Selbstbeschreibung, Fremdbeschreibung und für die Personalauswahl vor. Eine Zertifizierung gibt es nicht, wohl aber Grundlagen- und Auswertungsseminare für Anwender. Testbögen können bei Hogrefe bestellt werden, hier lässt sich der Test für rund 100 Euro auch online absolvieren (www.testzentrale.de).

Was Sie dazu wissen sollten

Das Bochumer Inventar basiert auf den Big Five und ist kürzlich von Hossiep mit dem Faktor Kooperation zum »6F« erweitert worden. »Ziel des BIP ist die standardisierte Erfassung des Selbstbildes eines Testkandidaten im Hinblick auf relevante Beschreibungsdimensionen aus dem Berufsleben« (Hossiep und Paschen, 1998). Sicher hat es auch mit einem teils etwas verstaubten Auftreten und altbackenen Marketing zu tun, dass der Test BIP bei Coachs und Beratern nicht als besonders attraktiv wahrgenommen wird. Informationen des Anbieters sind wissenschaftlich-trocken: Das ist seriös, aber eben nicht so fassbar wie etwa der gut vermarktete Reiss oder der allseits gegenwärtige MBTI.

Ich setzte das Bochumer Inventar bis etwa 2006 schwerpunktmäßig ein. Seitdem ist der Test weiterentwickelt worden, es gibt mehr Facetten und Details und elektronische Versionen.

Martin Test (M - 44;5 Jahre) Seite 12 von 32
BIP+(2.Aufl.) - Selbstbeurteilung Test vom 01.08.2008 13:56

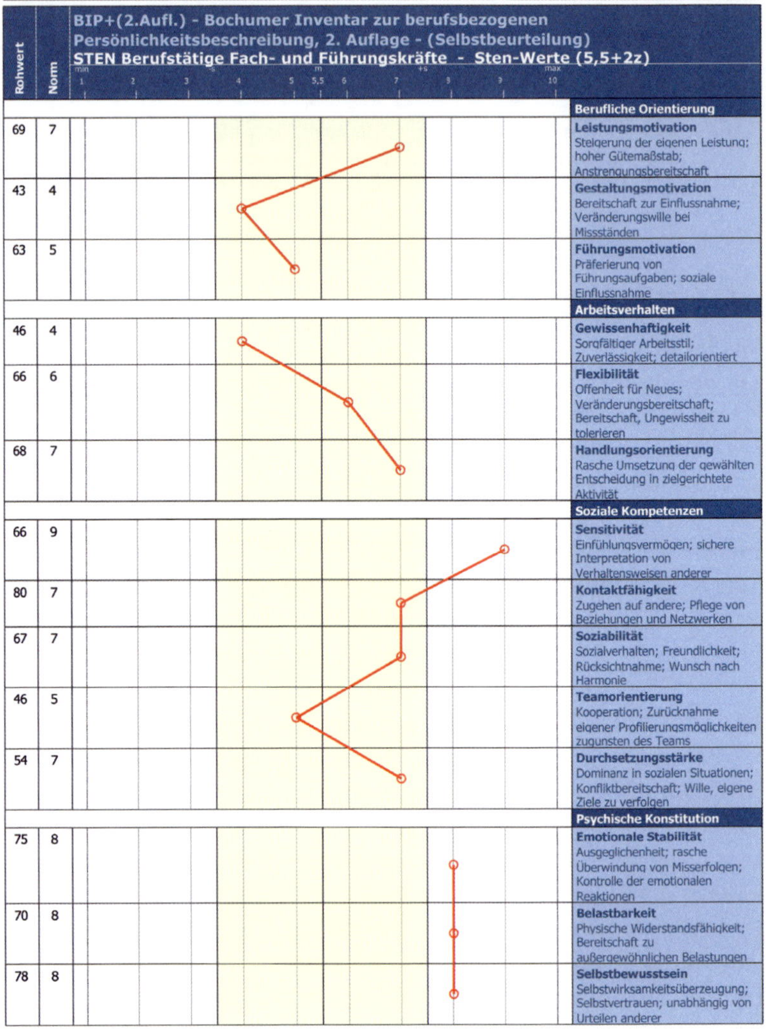

Rohwert	Norm	Skala
		Berufliche Orientierung
69	7	**Leistungsmotivation** Steigerung der eigenen Leistung; hoher Gütemaßstab; Anstrengungsbereitschaft
43	4	**Gestaltungsmotivation** Bereitschaft zur Einflussnahme; Veränderungswille bei Missständen
63	5	**Führungsmotivation** Präferierung von Führungsaufgaben; soziale Einflussnahme
		Arbeitsverhalten
46	4	**Gewissenhaftigkeit** Sorgfältiger Arbeitsstil; Zuverlässigkeit; detailorientiert
66	6	**Flexibilität** Offenheit für Neues; Veränderungsbereitschaft; Bereitschaft, Ungewissheit zu tolerieren
68	7	**Handlungsorientierung** Rasche Umsetzung der gewählten Entscheidung in zielgerichtete Aktivität
		Soziale Kompetenzen
66	9	**Sensitivität** Einfühlungsvermögen; sichere Interpretation von Verhaltensweisen anderer
80	7	**Kontaktfähigkeit** Zugehen auf andere; Pflege von Beziehungen und Netzwerken
67	7	**Soziabilität** Sozialverhalten; Freundlichkeit; Rücksichtnahme; Wunsch nach Harmonie
46	5	**Teamorientierung** Kooperation; Zurücknahme eigener Profilierungsmöglichkeiten zugunsten des Teams
54	7	**Durchsetzungsstärke** Dominanz in sozialen Situationen; Konfliktbereitschaft; Wille, eigene Ziele zu verfolgen
		Psychische Konstitution
75	8	**Emotionale Stabilität** Ausgeglichenheit; rasche Überwindung von Misserfolgen; Kontrolle der emotionalen Reaktionen
70	8	**Belastbarkeit** Physische Widerstandsfähigkeit; Bereitschaft zu außergewöhnlichen Belastungen
78	8	**Selbstbewusstsein** Selbstwirksamkeitsüberzeugung; Selbstvertrauen; unabhängig von Urteilen anderer

Hogrefe TestSystem 4.0.2 Ausgewertet durch:
(c) Hogrefe Verlag Göttingen

Das Bochumer Inventar

Zu dem Zeitpunkt, als ich das BIP nutzte, war meine Beratung noch stärker auf berufliche Entwicklung fokussiert, inzwischen stehen persönliche und strategische Karriere-Fragen im Vordergrund. Die Kunden waren damals im Durchschnitt jünger und manche noch nicht so berufserfahren. Für diese testunerfahrene Zielgruppe ist das BIP aus meiner Sicht ideal. Denn wie das Zitat schon sagt: Es erfasst das Selbstbild und auf Wunsch ein Fremdbild. Daraus ergeben sich die Handlungsmöglichkeiten, die im Moment in einer Person liegen. Denn nur wenn ein Mensch sich als durchsetzungsstark sieht, wird er auch so handeln. Insofern beantwortet das Inventar Fragen wie die nach der Führungsmotivation, aber auch die nach sozialen Eigenschaften. Davon können passende Tätigkeitsprofile abgeleitet werden. So ist jemand mit einer hohen Gewissenhaftigkeit und niedriger Soziabilität eher in Sachbearbeitungen oder bei Hintergrundaufgaben stark, während der Kontext einer durchsetzungsorientierten Führungsaufgabe eine Person fordert, die sich das auch zutraut und zudem ein gesundes Selbstbewusstsein hat.

Gut ausgebildete Klienten können mit dem Ergebnis sicher mehr anfangen als Menschen in einfacheren Berufen. Arbeiten Sie mit Menschen auf niedrigeren Qualifikationsstufen, scheint mir der hier nicht aufgeführte Profilpass ideal zu sein (www.profilpass-online.de).

Meine Empfehlung für Sie

Im Gegensatz zu anderen Tests existiert für das BIP kein aufwendiges und kostenintensives Lizenzierungsverfahren. Dadurch ist der Zugang für Coachs niedrigschwellig. Auch die Kosten liegen nach der Grundinvestition in die Ausstattung (rund 700 Euro) vergleichsweise niedrig.

94. Big Five

Typ	Quelle/Urheber	Einsatzbereich	Aufwand	Nutzen
Test in unterschiedlichen Varianten	Verschiedene, ursprünglich Paul T. Costa/Robert R. McGrae; meine Empfehlung ist das Unternehmen PI Company GmbH (www.pi-company.de). Der Anwender- und Zertifizierungsworkshop kostet derzeit 690 Euro, pro Test etwa 120 Euro.	Personalauswahl und Personalentwicklung	Online-Test etwa 20 Minuten für die Durchführung und etwa eine Stunde für das Auswertungsgespräch	Basis für die richtigen Fragen, Einschätzung des künftigen Verhaltens

Was ist das?

Ein objektives, reliables und valides Verfahren, das bei uns seit den 1990er-Jahren im Einsatz ist, meist in der Version als NEO-FFI. Dabei steht NEO für die Anfangsbuchstaben der drei zentralen Dimensionen *Neurotizismus* (im beruflichen Kontext bezeichnet dies das Bedürfnis nach Stabilität), *Extraversion* und *Offenheit* für neue Erfahrungen. Die zwei weiteren Dimensionen, die den Test zu den »Big Five« machen, sind *Verträglichkeit* und *Gewissenhaftigkeit*.

Was Sie dazu wissen sollten

Bereits in den 1930er-Jahren begann die Entwicklung des Persönlichkeitsmodells auf Basis eines lexikalischen Ansatzes. Auf seiner Grundlage entwickelten Paul T. Costa und Robert R. McCrae das Testverfahren NEO-Fünf-Faktoren-Inventar (NEO-FFI).

Ich selbst bin auf die Version Big Five Reflector zertifiziert, deren Vorteil in einer integrierten Kompetenzauswertung liegt. Dabei bilden 48 Kompetenzen die Basis. Aufgrund der Antworten des Klienten wird ermittelt, welche Kompetenzen einfach oder sehr einfach

Entschlossenheit

Trifft aktiv Entscheidungen; legt sich durch das Ergreifen von Maßnahmen und die Äußerung der eigenen Meinung fest.

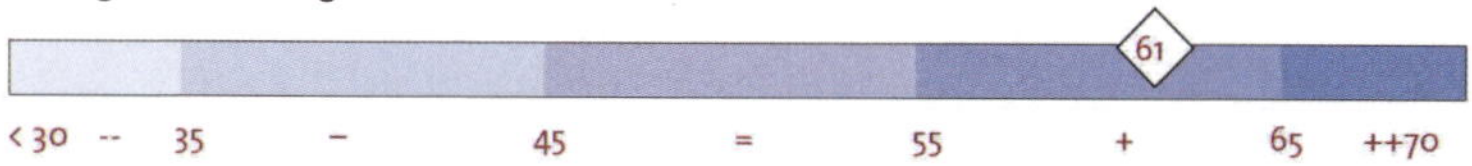

Gewöhnlich erfordert es recht wenig Anstrengung, bis die Kompetenz Entschlossenheit von Personen entwickelt wird, die regelmäßig die Führung übernehmen, ihre Meinung ohne Scheu äußern, regelmäßig eigene Meinungen vertreten, eine relativ hohe Leistungsebene anstreben und sich regelmäßig an Auseinandersetzungen beteiligen.

Die meisten Elemente der Beschreibung treffen für Ihre Persönlichkeit zu.

Ein Ausschnitt aus einer Big-Five-Auswertung von PI Company.

fallen bzw. etwas, viel oder sehr viel Anstrengung erfordern. Natürlich lassen sich die Kompetenzen auch berufsbezogen zuordnen, denn pro Job sind meist nur vier bis fünf Fähigkeiten sehr wichtig.

Meine Tendenz in den Auswertungen: eine hohe Offenheit für Neues, moderater Neurotizismus, was möglicherweise ein Grund dafür ist, dass ich ein paar unternehmerische Risiken eingegangen bin, die Coachs oft scheuen. Die Offenheit könnte auch ein Grund dafür sein, dass mich eine »Bühnenkarriere« mit immer den gleichen Vorträgen wenig reizt. Ich wiederhole mich ungern.

Es gibt Untersuchungen, die besagen, dass ein Zusammenhang zwischen den Big Five und Intelligenz (hohe Offenheit korreliert oft mit einem höheren IQ), Erfolg im Beruf (z. B. haben Wissenschaftler oft hohe Offenheit und hohe Gewissenhaftigkeit) und erfolgreicher Gründung (Offenheit, Gewissenhaftigkeit, niedriger Neurotizismus) besteht. Auch berufsbezogen gibt es Belege für Erfolgsvorhersagewahrscheinlichkeit: Erfolgreiche Vertriebler haben z. B. eine höhere Extraversion, hohe Gewissenhaftigkeit, eher niedrige Verträglichkeit und moderate Offenheit.

Die Erkenntnisse lassen sich leicht nachvollziehen: Jemand, der sich ständig Sorgen macht (= hohes Bedürfnis nach Stabilität), ist womöglich nicht geeignet, die Unsicherheit einer Gründung auszuhalten. Für diese Personen muss es andere Gründungswege geben, die ich in meinem Buch *Das SlowGrow-Prinzip* beschrieben habe. Fehlende Offenheit für Neues – nicht selten gekoppelt an eine niedrigere Kreativität – lässt sich aber kompensieren: etwa in Teamgründungen oder Franchise-Unternehmen.

Manager profitieren meist von einer höheren Extraversion und Gewissenhaftigkeit, wobei es Situationen gibt, in denen auch introvertierte Manager erfolgreich sein können. Zu unterscheiden ist sicher auch die Art und Ausprägung der Introversion, die nur in einem differenzierten Test betrachtet wird. Dort findet sich die Dimension ambivertiert, also ein situationsbezogen extravertiertes oder introvertiertes Verhalten.

Wie anwenden?

Der Big-Five-Test leistet vor allem in Personalauswahl und Personalentwicklung gute Dienste. Varianten tauchen häufig in Assessment-Centern und Personalauswahlverfahren gerade in Konzernen auf. Manchmal bitte ich Kunden, eine Kurzform im Internet zu absolvieren – empfehlenswert auch hier www.opentest.ch –, um über die Ergebnisse zu sprechen und darüber, was danach möglicherweise hinterfragt werden könnte.

Ich empfehle immer, ehrlich zu antworten, auch da E-Assessments häufig vor Ort wiederholt werden und Abweichungen auffallen würden.

Meinen Fragebogen können Sie anwenden, wenn Sie detaillierter fragebezogen und im Dialog mit dem Klienten vorgehen möchten und kein genaues Ergebnis brauchen, sondern nur die Tendenz.

Meine Empfehlung für Sie

Das Testverfahren empfehle ich vor allem den Coachs und Beratern, die eng mit Unternehmen zusammenarbeiten und eine karriereaffine Zielgruppe beraten. Für die Karriereplanung sind mit den Big Five differenzierte Aussagen möglich. Nicht zuletzt ist dieser Test eine sehr gute Vorbereitung aufs Assessment-Center auch für erfahrene Manager und Top-Führungskräfte,. Wenn Sie die persönlichen Herausforderungen kennen (etwa eine niedrige Verträglichkeit), können Sie mit Ihrem Klienten genau an den entsprechenden Punkten arbeiten. Das ist immer und in jedem Alter möglich. Bis etwa zum Alter von 30 Jahren können die Testergebnisse noch etwas variieren, später wächst vor allem Gewissenhaftigkeit, wohingegen Offenheit mit dem Alter häufiger abnimmt.

95. DISG / DISC und Temperamente

Typ	Quelle / Urheber	Einsatzbereich	Aufwand	Nutzen
Test	Modell William Moulton Marston, John Geier, Empfehlung für Langversion Everything DISG: www.voss-training, Kurztest Temperamente (b) Svenja Hofert	Präferenzen im beruflichen Kontext erkennen und spielerisch damit arbeiten	20 Minuten für Kurztest im Team	Selbsterkenntnis für den Kunden

a) Offizieller Test

Was ist das? / Wie anwenden?

Das DISG- oder DISC-Profil ist ein Persönlichkeitstest, der auf einer Selbstbeschreibung des Verhaltens beruht. Er unterscheidet vier zentrale Persönlichkeitstypen, die ihren Ursprung in der Temperamentelehre nach Hippokrates von Kos haben (D: dominant, cholerisch; I: initiativ, sanguinisch; S: stetig, phlegmatisch; G: gewissenhaft, melancholisch). Diese Temperamentelehre ist umstritten, aber selbst der Neurowissenschaftler Gerhard Roth sagt in seinem Buch *Persönlichkeit, Entscheidung und Verhalten*, dass die Tendenzen so falsch nicht sind.

Ich habe diesen Test in verschiedenen Variationen gemacht, über einen Zeitraum von 15 Jahren. Dabei haben sich die Ergebnisse stark verändert. Vieles aus diesem Test spiegelt sich sehr ähnlich in anderen Verfahren, etwa dem Birkman-Test.

Die Variante EverythingDISG, die Voss Training einsetzt, ist auch im Team- und Managementkontext gut verwendbar. Die Teamauswertung zeigt Ergänzungen und Spannungsfelder.

Der Test ist eine gute Diskussionsgrundlage, die vor allem bei test-

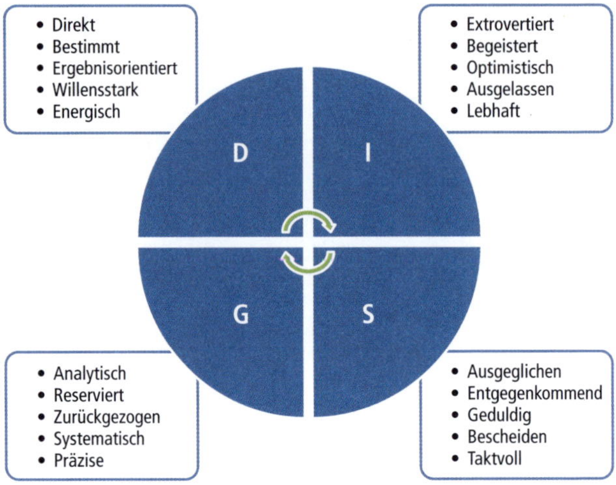

Die typischen Ausprägungen nach DISG

unerfahrenen Klienten aufgrund der Einfachheit mit Buchstaben und Farben eine hohe Akzeptanz besitzt. Die Ergebnisse eignen sich als Verhaltensbeschreibung und sind situativ zu hinterfragen. Beispiel:

- »In welchen Situationen verhalten Sie sich dominant in diesem Sinne?«
- »Fallen Ihnen Situationen ein, in denen Sie eine der anderen Rollen einnehmen?«
- »Wie, denken Sie, nehmen andere Ihr Verhalten wahr?«

b) Kurztest Temperamente

Was ist das? / Wie anwenden?

Ich habe angelehnt an die Temperamente-Idee eine eigene Variante entwickelt, die in keiner Weise valide ist – aber als kleine Aufwärmübung vor allem in Gruppen sehr funktional ist. Sie funktioniert wie auch die meisten DISG-Varianten über Begriffe bzw. Adjektive, die den Temperamenten zugeordnet werden.

Früher habe ich diesen Typen-Fragebogen als Einstieg in ein Seminar genutzt, etwa zu Themen wie Assessment-Center, Standortanalyse und Persönlichkeit. Solche Seminare gebe ich heute nicht mehr, würde den Test aber nach wie vor empfehlen, sofern Sie als Coach ausreichend auf die Risiken einer solchen erst einmal oberflächlichen Katcgorisierung hinweisen.

Die Gruppentendenz ist für mich oft auch ohne Test innerhalb der ersten zehn Minuten spürbar gewesen. Ist die Gruppe eher »blau«, also sehr distanziert und strukturiert, oder gibt es viel »Grün«, mithin Wärme und lebendige Kommunikation? Das merkt man auch am Kommunikationsverhalten. Die roten Typen zeigen sich oft nach spätestens einer halben Stunde.

Seminarteilnehmer ohne große Erfahrung mit Tests nehmen so einen Typen-Fragebogen oft dankbar an, vor allem, wenn Sie ihn spielerisch anwenden.

Fallbeispiel

Sie können beispielsweise vier Bereiche in einem Raum abtrennen, einen grünen, einen roten, einen blauen und einen gelben. Das gelingt mit Fähnchen oder auch farbigen Figuren.

Dann händigen Sie den Kurztest aus, bitten, ihn auszufüllen und auszuwerten, fordern dann die Teilnehmer auf, sich im Raum entsprechend ihres Buchstabens zu positionieren.

Benennen Sie die Eigenschaften der Buchstaben und fragen Sie, ob sich die Teilnehmer wiederfinden. Bei einem Seminarthema wie Assessment-Center könnte es darum gehen, zu ermitteln, welche Auswirkungen die eigene Präferenz auf das Verhalten in Rollenspielen, Präsentationen und Gruppendiskussionen hat.

Da etwa bei der Einstellung zu Traineeprogrammen über Assessment-Center vor allem »mittlere Kandidaten« eingestellt werden, kann dic Empfehlung »zur Mitte« im Verhalten gehen. Einen sehr stillen und genauen Kandidaten ermuntern Sie, seine Gedanken einmal loszulassen und einfach zu sprechen. Einem sehr dominanten Kandidaten raten Sie dagegen zum Tritt auf die Bremse und zu moderierendem (statt überfahrendem) Verhalten in einer Gruppe.

Karriere & Entwicklung

Svenja Hofert

Temperament-Kurztest

Welche Eigenschaft trifft am ehesten auf Sie zu, welche kommt danach, was zuletzt? Bewerten Sie mit 4 (hohe Zustimmung) bis 1 (wenig/keine) Zustimmung. Jede Ziffer (1, 2, 3, 4) darf nur einmal vergeben sein. Los geht es.

	Punkte		Punkte
enthusiastisch		durchsetzungsorientiert	
entschlossen		konsensorientiert	
gewissenhaft		gesellig	
verlässlich		gründlich	
reserviert, zurückhaltend		hilfsbereit	
überzeugend		zielorientiert	
kompromissbereit		logisch-scharfsinnig	
aktiv-handelnd		analytisch-intuitiv	
anpassungsfähig		beherrscht	
kontaktfreudig		sympathisch	
anspruchsvoll		aufmerksam	
verhalten, kritisch		stur	
willensstark		inspirierend	
taktvoll		beständig	
mitfühlend		hartnäckig	
objektiv		akkurat	
auf den Punkt kommend		direkt	
bedächtig-fragend		durch die Blume	
kommunikativ-redend		diplomatisch	
handlungsorientiert		zurückhaltend	

4 = trifft am ehesten zu 3 = trifft am zweitbesten zu

2 = trifft am zweitwenigsten zu 1 = trifft am wenigsten zu

Tragen Sie die Punkte in der freien Spalte ein!

Hier mein Typen-Fragebogen, etwa zum Einsatz in Seminaren.

Meine Empfehlung für Sie

Ich sehe und empfehle den Einsatz eines Kurztests vor allem spielerisch. Machen Sie diesen Aspekt klar und verdeutlichen Sie, dass die Ergebnisse nicht allzu ernst genommen werden sollten. Damit nehmen Sie auch eventuellen Kritikern den Wind aus den Segeln.

Verdeutlichen Sie: Diese wie auch andere Typisierungen sind für den ersten Eindruck hilfreich – der zum Beispiel im Assessment-Center durchaus relevant ist. Und die Tatsache, dass man sich des ersten Eindrucks bewusst ist, macht offen, auch andere als die gewohnten Verhaltensweisen auszuprobieren und anzunehmen. Der »rote« Typ, zumal der testunerfahrene, empfindet sein vorpreschendes Verhalten nämlich normalerweise ebenso als »Maßstab« wie der blaue seine Detailorientierung. Hier kann man auch Rollenspiele einbauen. So setzt sich ein »Gelber« auf einen »roten« Stuhl und soll von dieser Position aus eine Diskussion steuern. Oder ein »Grüner« soll »blau« sein und ganz genau nachfragen.

96. Harrison-Paradox mit Reflexions-Fragebogen

Typ	Quelle/Urheber	Einsatzbereich	Aufwand	Nutzen
Test	Dan Harrison, Fragebogen Svenja Hofert, Quelle: www.harrisonassessments.com; deutsche Lizenz: www.my-employee.com	Personalauswahl, Personalentwicklung, Karrierecoaching, Unternehmensentwicklung	Für Auswertung und Entwicklungsgespräch pro Person mindestens zwei Stunden	Erkennen unterschiedlicher Seiten von Verhalten, Einsatz eines multifunktionalen Tools

a) Der Original-Test

Was ist das?

Ein komplexes und modulares psychometrisches Testverfahren, das derzeit vor allem im asiatischen und angloamerikanischen Markt im Einsatz ist und als Online-Assessment vorliegt. In Indonesien etwa werden rund 10 Prozent aller Mitarbeiter mit diesem Test ausgewählt.

Er beruht auf der Paradox-Theorie von Dan Harrison, die dieser bereits in den 1980er-Jahren in einer frühen Form entwickelt hat. Harrison, der als Amerikaner in Thailand lebt, ist offensichtlich kein Marketinggenie oder der europäische Markt ist ihm nicht wichtig: Jedenfalls gibt es hierzulande relativ wenige Informationen dazu und im Gegensatz zu fast allen anderen Tests kein Buch in einem Verlag, sondern nur eine Eigendokumentation. In Deutschland wird das Harrison-Paradox von Kai Wiesner von der My Employee Personalberatung (www.my-employee.de) angeboten.

Zwar beruht das Paradox auf den Gegensätzen von C. G. Jung bzw. dem MBTI (Tool 98), ist aber deutlich berufsbezogener in seiner Interpretation. Dehnbare Kategorisierungen wie »introvertiert« und »extrovertiert« finden sich hier nicht. Es ist eben auch kein Persönlichkeitstest (bei dem Merkmale weitestgehend stabil bleiben), sondern teils eine Momentaufnahme. Anderes Verhalten, so der dahinterstehende Glaubenssatz, lässt sich lernen! So sind die Ergebnisse – ähnlich etwa wie im CAPtain – nicht »fürs ganze Leben« gültig, sondern sie beschreiben im Wesentlichen die momentane Situation und die derzeitigen Möglichkeiten – und auch eventuelle Konflikte in der Arbeitssituation, für deren Lösung Harrison Anhaltspunkte bietet.

Das Harrison-Paradox basiert auf dem Gedanken, dass jeder ein Yin und ein Yang hat, also starke männliche wie weiche weibliche Seiten besitzt. Organisation etwa hat als Gegenpart Flexibilität, Analyse die Intuition. Der Online-Test ist aufgrund seiner Fragestruktur kaum zu durchschauen und somit auch nicht zu manipulieren, wodurch er für den Einsatz in Assessments prädestiniert ist. Zusätzlich werden die Fragen auf Konsistenz geprüft.

Was Sie dazu wissen sollten

Nicht nur in interkulturellen Zusammenhängen braucht man oft zwei Seiten einer Medaille, Gegensätze. Je eher ein Mensch in der Lage ist, diese zwei Seiten der Situation angemessen einzusetzen, desto erfolgreicher wird er seine Tätigkeit ausüben können.

Es ist deshalb wohl kein Zufall, dass sich das Harrison-Assessment vor allem in letzter Zeit sehr verbreitet: Die Globalisierung und die damit verbundene Arbeit in interkulturellen Umfeldern und Kontexten fordert Mitarbeitern viel ab. Wurden sie gestern für ihre Offenheit gelobt, stoßen sie heute mit der gleichen Eigenschaft an ihre Grenzen – sie ist möglicherweise in ihrem Unternehmen nicht gefragt. Gleichzeitig wird die Entwicklung von Mitarbeitern jeden Alters wichtig, denn es gibt nicht mehr genug Nachwuchs.

Der Fragebogen vermeidet sprachliche Missverständnisse und berechnet aus mehr als 8000 Rechenoperationen die individuellen Eigenschaftswerte. Da der Kandidat Aussagen in Rangfolgen schieben muss, lassen sich Antworten aus sozialer Erwünschtheit ausschließen, die sonst in Assessment-Centern häufig sind.

Wie anwenden?

Das Verfahren eignet sich nicht für Einsteiger und auch kaum für sporadische Nutzer, da es sehr viele Module enthält, stetig von Dan

Harrison weiterentwickelt wird und so eine hohe Komplexität besitzt. Ich habe das Verfahren erst vor Kurzem durch Zufall entdeckt und war erstens angetan von der Treffsicherheit der daraus abzuleitenden Schlüsse und zweitens fasziniert von der Vielfältigkeit möglicher Berichte, die ein Berater herausziehen kann.

Als Einsatzbereich für den Test bieten sich vor allem die Personal- und Teamentwicklung sowie das Karrierecoaching an. Auch für die Neuorientierung taugt es.

b) Der Reflexions-Fragebogen

Was ist das?

Ich habe aus der Paradoxidee einen Fragebogen mit 14 Paradoxen (statt 12 bei Harrison) entwickelt und diesen bei meinen Klienten und in Kursen ausprobiert. Sie finden ihn auf der DVD.

Wie anwenden?

Sie haben Kunden, die in ihrem Job weiterkommen möchten, aber z.B. die Rückmeldung erhalten haben, dass sie sich noch nicht für eine Führungsposition eignen? Der Fragebogen ist eine gute Grundlage, situativem Verhalten auf die Spur zu kommen und alternatives Verhalten zu entwickeln.

Fallbeispiel

Harald war in einem Unternehmen tätig, das vor zwei Jahren von einer chinesischen Firma übernommen worden war. Als deutscher Ingenieur schätzte er Qualität und Innovation, arbeitete dafür langsamer und am Detail. Die chinesischen Techniker, mit Fokus auf Schnelligkeit und Lösungspragmatismus, beurteilte er abschätzig. »Unfähig seien diese«, sagte er. Mit seinem Urteil hielt er nicht zurück. Bis er gefeuert wurde.

Gemeinsam gingen wir Situationen durch, in denen er mit seinen chinesischen Kollegen kommunizieren musste. Wie lief so et-

kexpa SOLUTION

	Paradox		Bereich	Situation
1	Innengeleitet	Außengeleitet	Haltung	
	Wenig empathisch	„Fähnchen im Wind"		
2	Offen und direkt	Taktvoll	Kommunikation	
	Unverblümt	Ausweichend		
3	Durchsetzen	Tolerieren	Antrieb	
	Schroff	Gleichgültig		
4	Bestimmt	Offen reflektierend	Meinung	
	Dogmatisch	Kritiklos alles annehmend		
5	Analytisch-problemlösend	Intuitiv-logisch	Denken	
	Nicht entscheidend	Unlogisch		
6	Selbstverbesserung	Selbstwertgefühl	Persönlichkeit	
	Selbstzweifel	Selbstüberschätzung		

Der von mir entwickelte Fragebogen mit Anleitung findet sich ausführlich auf der DVD.

was ab, wie gestaltete er das Gespräch? Er wertete seine Aussagen als klar und unmissverständlich. Ich bat ihn, sich in die Perspektive seines chinesischen Kollegen zu versetzen – und übernahm die Rolle von Harald. Wie fühlte er sich so, auf der anderen Seite? Zum ersten Mal wurde ihm da bewusst, dass seine Form der Direktheit unverblümt und taktlos wirkte – durchaus nicht nur im interkulturellen Kontext. Nach Harrison war seine gesamte Kommunikation bisher von der »harten« Seite dominiert. In den folgenden Sitzungen übten wir weiche Kommunikation. Die Zielvereinbarungen am Ende des Coachings hatten immer einen praktischen Inhalt zum Transfer in den Alltag, z.B. sollte er einmal einen Tag lang bewusst Situationen wahrnehmen und aufschreiben. Dann sollte er bewerten, wann es besser sei, sich »offen«, und wann besser, sich »taktvoll« und indirekt zu verhalten.

Meine Empfehlung für Sie

Mit der Gegenüberstellung der »starken« (strong) und »weichen« (gentle) Eigenschaften der Paradox-Theorie können Sie Ihre Coachees und Mitarbeiter gezielter befragen, auch wenn Sie sich nicht gleich auf das Tool zertifizieren lassen.

- Wie etwa ist die Balance zwischen Analyse und Intuition?
- Wann ist Ihr Klient organisiert, wann flexibel?
- Wie stark ist das Selbstbewusstsein, wie relevant das Streben nach Selbstverbesserung?
- Wann ist die Kommunikation offen und direkt, wann taktvoll?

Und vor allem, siehe auch die STAR-Interviewtechnik (Tool 43): In welchen Situationen handelt Ihr Klient so – und wann anders?

Vergegenwärtigen Sie sich in diesem Zusammenhang das Meta-Modell der Sprache aus dem NLP (Neurolinguistisches Programmieren). Ich gehe davon aus, dass dies Teil Ihrer Coachingausbildung war.

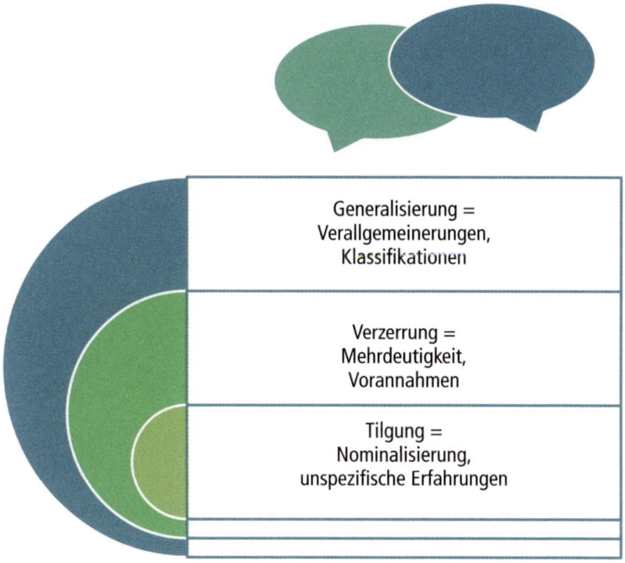

Das Meta-Modell der Sprache besagt, dass jede Aussage aus der individuellen Wahrnehmung getroffen wird – und dann noch nach außen verzerrt, generalisiert und getilgt wird.

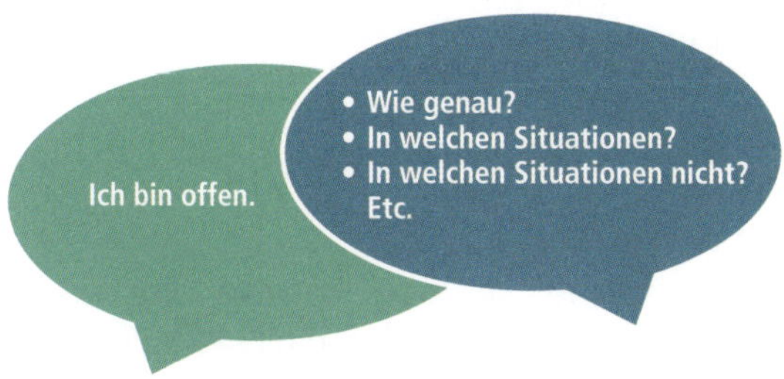

Das Harrison-Paradox hilft Ihnen, Eigenschaften zu hinterfragen, die nach dem Meta-Modell nach außen treten und nur die »halbe Wahrheit« sind.

97. Karriereanker

Typ	Quelle / Urheber	Einsatzbereich	Aufwand	Nutzen
Test	Edgar H. Schein, die Rechte an der deutschen Version hat der Verlag Looss Stadelmann (www.lalosta.de).	Präferenzen im beruflichen Kontext messen	Etwa zwei Stunden für das Auswertungsgespräch	Selbsterkenntnis für den Kunden

Was ist das?

Der Karriereanker war das allererste Tool, mit dem ich im Kontext beruflicher Beratung arbeitete – und es ist das einzige, das ich von den »Frühtools« heute noch nutze. Der Karriereanker begegnete mir erstmals als Consultant einer Outplacementberatung – in deren Handout für die Kandidaten. Ich las daraufhin Werke von Schein und begann mich mit den Veränderungen in der Arbeitswelt zu beschäftigen, die der Karriereanker beschreibt.

Ich biete Ihnen hier eine Kurzform mit eigenen Fragen an. Auch die Bezeichnungen weichen von Schein ab. So habe ich die sprachlich etwas technisch wirkende »Lebensstilintegration« in »Work-Life-Balance« umbenannt und »technisch-funktional« in »Inhalt«.

Was Sie dazu wissen sollten

Der Organisationspsychologe Edgar H. Schein entwickelte 1990 das Konzept des Karriereankers. Er geht davon aus, dass sich jeder Mensch im Laufe seines beruflichen Werdegangs »Anker« sucht, anhand derer er seine Laufbahn entwickelt. Dabei hat er sieben zentrale Richtungen gefunden: *Inhalt, Führung, Unabhängigkeit, unternehmerische Kreativität, Sicherheit, totale Herausforderung* und *Lebensstilintegration* (das ich mit Work-Life-Balance übersetze).

Dabei steht weniger die Frage nach Kompetenzen als die nach Beweggründen, Bedürfnissen, Motivationen und Zielen im Vordergrund.

Wie anwenden?

Auch Ihre Tätigkeit als Coach üben Sie vor dem Hintergrund eines Ankers aus. Typischerweise ist dies Unabhängigkeit, Work-Life-Balance und Inhalt. Untypisch wäre Sicherheit oder totale Herausforderung.

Ihrem Klienten geht es genauso. Auch er agiert vor dem Hintergrund seiner Anker. Stellen Sie dem Klienten folgende übergeordnete Fragen:

- »Unter welchen Umständen sind Sie zufrieden mit Ihrer Arbeit?«
- »Was ist Ihr persönliches Leistungsprinzip? Was und welche Umgebung, Rolle oder Funktion lässt Sie berufliche Leistungen erbringen?«
- »Welches sind Ihre inneren Werthaltungen, vor deren Hintergrund Sie Ihre Tätigkeit beurteilen?«
- »Sind Sie in einer Organisation tätig oder mit einer Aufgabe betraut, die sich mit Ihren eigenen Werten vereinbaren lässt?«

Der Fragebogen ist nützlich, wenn Sie den Einstieg in ein Karrierecoaching suchen. Die Ergebnisse liefern Anhaltspunkte, mithilfe derer Sie konkreter nachhaken und über Themen sprechen können, sie sollten nicht allein und für sich stehen bleiben.

Hat Ihr Klient hohe Werte bei »Sicherheit«, können Sie ihn etwa fragen:

- »Was bedeutet Sicherheit für Sie?«
- »Haben Sie Sicherheit früher erlebt?«
- »Oder das Gegenteil – Unsicherheit? Was bedeutet das genau für Sie?«
- »Welcher Job bietet Ihnen gefühlte Sicherheit?«
- »Was bedeutet Ihr Anker ›Sicherheit‹ für Ihre weitere berufliche Entwicklung?«

Hat Ihr Klient hohe Werte bei »Inhalt«, können Sie ihn fragen:

- »Was bedeutet eine inhaltlich befriedigende Arbeit?«
- »Um welche Inhalte geht es?«
- »Was möchten Sie gern lernen / wissen / weiterentwickeln?«
- »Was bedeutet Ihr Anker ›Inhalt‹ für Ihre Karrierepläne?«

kexpa SOLUTION

Eigene Kurzversion des Karriereankers nach Schein

Entscheiden Sie sich für jeweils eine Aussage im grauen und im weißen Kasten. Wenn mehrere Antworten zutreffen, gewichten Sie diese, z. B. 1 = A, 2 = B usw.

1.		IN	Ich träume davon, in meinem Beruf so gut zu sein, dass mein fachlicher Rat und meine Kompetenz und Expertise immer gefragt sind.
2.		FÜ	Ich bin mit meiner Arbeit vollauf zufrieden, wenn ich andere Menschen führen und leiten kann.
3.		UN	Ich träume von einer Berufstätigkeit, bei der ich meine Arbeit so durchführen und meine Zeit so einteilen kann, wie ich es für richtig halte.
4.		SI	Sicherheit und Beständigkeit sind für mich wichtiger als Freiheit und Selbstständigkeit.
5.		UK	Ich bin ständig auf der Suche nach Ideen, die mir die Gründung eines eigenen Unternehmens ermöglichen.
6.		ID	Ich empfinde meine berufliche Entwicklung als erfolgreich, wenn ich das Gefühl habe, einen wirklichen Beitrag zum Wohlergehen der Gesellschaft geleistet zu haben.
7.		HER	Ich muss schwierige Herausforderungen meistern können. Auf keinen Fall darf es zu einfach sein.
8.		LS	Ich würde eher kündigen, als meine Freizeit und mein soziales Umfeld für den Job zu opfern.
9.		IN	Ich empfinde meine berufliche Entwicklung nur dann als erfolgreich, wenn ich meine fachlichen Fähigkeiten bis zu einem hohen Niveau weiterentwickeln kann.
10.		FÜ	Ich träume von der Führung eines Unternehmens und davon, Entscheidungen zu treffen, die eine große Zahl Mitarbeiter berühren.
11.		UN	Ich bin mit meiner Arbeit vollauf zufrieden, wenn ich die uneingeschränkte Freiheit besitze, meine Aufgaben, Terminpläne und meine Arbeitsweise selbst zu bestimmen.
12.		SI	Ich würde niemals eine Aufgabe annehmen, die meine Sicherheit im Unternehmen gefährdet.
13.		UK	Für mich ist der Aufbau eines eigenen Unternehmens wichtiger, als eine Position im Management des Unternehmens eines anderen zu erlangen.
14.		ID	Ich bin mit meiner Berufstätigkeit vollauf zufrieden, wenn ich meine Fähigkeiten im Dienste anderer einsetzen kann.
15.		LS	Für mich ist es zentral, mein Leben so zu gestalten, dass der Beruf Teil davon ist, es aber nicht dominiert.
16.		HER	Ich empfinde meine berufliche Entwicklung als erfolgreich, wenn ich mit extrem schwierigen Herausforderungen konfrontiert werde.

Mit dem Karriereanker erfragen Sie ausführlich Präferenzen des Klienten.

Hat Ihr Klient hohe Werte bei »Führung«, fragen Sie ihn beispielsweise:

- »Was bedeutet Führung für Sie?«
- »Welches Handwerkszeug im Bereich der Führung besitzen Sie?«
- »Was möchten Sie lernen?«
- »Was bedeutet Ihr Anker ›Führung‹ für Ihre Karrierepläne?«

Hat Ihr Klient hohe Werte bei »Unabhängigkeit«, eignen sich folgende Fragen:

- »Was bedeutet es für Sie, unabhängig zu sein?«
- »Beschreiben Sie Situationen, in denen Sie Unabhängigkeit erlebt haben!«
- »Wie muss eine Umgebung gestaltet sein, die Ihnen das Gefühl von Unabhängigkeit gibt?«
- »Was bedeutet Ihr Anker ›Unabhängigkeit‹ für Ihre Karrierepläne?«

Hat Ihr Klient hohe Werte bei »Unternehmerische Kreativität«, können Sie ihn fragen:

- »Was bedeutet es für Sie, ein Unternehmen zu gründen?«
- »Welche Kompetenzen könnten Sie in so eine Gründung einbringen?«
- »Wann ist der richtige Zeitpunkt?«
- »Was bedeutet Ihr Anker ›unternehmerische Kreativität‹ für Ihre Karrierepläne?«

Hat Ihr Klient hohe Werte bei »Totale Herausforderung«, können Sie ihn beispielsweise fragen:

- »Was bedeutet es für Sie, herausgefordert zu sein?«
- »Was passiert, wenn Sie etwas geschafft haben?«
- »Wie muss eine Umgebung gestaltet sein, die Sie ausreichend herausfordert?«
- »Was bedeutet Ihr Anker ›totale Herausforderung‹ für Ihre Karrierepläne?«

Hat Ihr Klient hohe Werte bei »Work-Life-Balance«, stellen Sie ihm etwa folgende Fragen:

- »Was bedeutet es für Sie, eine Balance zwischen Beruf und Privatleben zu halten?«
- »Was hat für Sie neben dem Job einen hohen Wert?«
- »Wie muss eine Umgebung gestaltet sein, die Ihnen genug Balance bietet?«
- »Was bedeutet Ihr Anker ›Work-Life-Balance‹ für Ihre Karrierepläne?«

Auf diese Weise lassen sich die Ergebnisse differenzieren. Das kann eine Basis sein, um Kriterien für die Jobsuche festzulegen oder zwischen zwei Karriereoptionen abzuwägen.

Der Karriereanker eignet sich vor allem für den Einsatz mit berufserfahrenen Klienten. Berufseinsteiger sind mit den Fragen meist überfordert oder können das Erfragte noch nicht klar gewichten.

98. MBTI / Keirsey

Typ	Quelle / Urheber	Einsatzbereich	Aufwand	Nutzen
Tests	Carl Gustav Jung; Isabelle Myers und Katherine Briggs; David Keirsey (www.keirsey.com). Alleiniger Lizenzinhaber für den MBTI ist in Deutschland A-M-T. Eigener Typencheck Svenja Hofert	Persönlichkeit, Personalentwicklung	Etwa zwei Stunden für das Auswertungsgespräch	Selbsterkenntnis für den Kunden

Was ist das?

Der MBTI ist einer der bekanntesten Persönlichkeitstests, gilt aber heute teils als veraltet, da er angeblich nicht mehr weiterentwickelt wird – anders als die Big Five. Er geht zurück auf Carl Gustav Jung und wurde von Isabelle Myers und Katherine Briggs 1958 weiterentwickelt. Sie sprachen vom »Typindikator«. Er ermittelt 16 Persönlichkeitstypen, die auf gegensätzlichen Ausprägungen beruhen:

- **E**xtroveriert oder **I**ntroviert
- **S**ensitiv oder **IN**tuitiv
- **F**eeling oder **T**hinking
- **J**udging oder **P**erceiving

1978 publizierte David Keirsey das Modell des »Temperament Sorters«, das in den wesentlichen Punkten auf Myers / Briggs zurückgeht.

Inzwischen gibt es verschiedene Weiter- und Andersentwicklungen, vor allem den NeuroIPS, der die 16 Grundtypen nicht mit Fragen, sondern anhand eines visuellen Katalogs ermittelt (http://www.neuroips.com). Dabei werden neuropsychologische Erkenntnisse herangezogen. Dieser Test wird im Marketing eingesetzt, um eine zielgruppenspezifische Ansprache zu ermöglichen.

Die Zertifizierung auf den MBTI ist eine der teuersten überhaupt: Schon das erste Modul, das zur Anwendung des Tests führt, kostet zurzeit rund 3500 Euro (bei www.a-m-t.de).

Was Sie dazu wissen sollten

Wichtig zu wissen ist, dass die Testergebnisse nicht stabil bleiben müssen, sondern nur eine oder zwei Ausprägungen sehr deutlich sind. Dazu schreibt Wikipedia basierend auf einem Artikel im Consulting Psychology Journal von 2005: »Auch wenn man sich dann für einen Typ entschieden hat, dem die eigene Persönlichkeit am ehesten entspricht, kann man leicht Übereinstimmungen mit einigen anderen der 16 Typen finden und so je nach Tagesform und Situation über mehrere Typen wechseln. Bei Wiederholungen des Tests nach mehreren Wochen oder Monaten schwankt der Typ häufig.«

Bei mir selbst kamen im Laufe der Jahre mit unterschiedlichen Verfahren und Fragen diese Typen heraus: ENTP, ENFP und INTP, beim NeuroIPS auch ein INTJ. Das zeigt, dass es eine sehr große Varianz gibt – ich finde mich in allen Typen maximal zu 30 Prozent wieder. Nur mein N ist recht stabil – das passt zum überdurchschnittlichen Wert bei Offenheit in den Big Five (Übereinstimmungen sind in einigen Studien belegt) –, der Rest liegt nahe beieinander und schwankt situativ und je nach Frageset.

Wie anwenden?

Der MBTI wird Ihnen häufig begegnen. Private Hochschulen setzen ihn ein, aber auch Unternehmen, vor allem amerikanisch oder asiatisch geführte. Hier wird der Test zur Personalentscheidung herangezogen. Das finde ich persönlich etwas kritisch, denn die Dimensionen – es sind vier – sind wie gesagt nicht stabil.

Bei Kunden habe ich unterschiedliche Erfahrungen gemacht. Die ausgeprägten »N-Typen« mögen diesen Test meist sehr, er liefert ihnen die Erklärung, warum sie oft missverstanden werden.

Ergebnisse werden erstaunlich oft unterschiedlich erinnert. Viele meiner Klienten haben den Test irgendwann gemacht, aber die Buchstabenkombination vergessen. Ich frage das im Vorgespräch immer ab. Aber auch wenn der MBTI nicht gemacht worden ist: Ich

2. Stelle: S oder N – Sinnesorientiert oder Intuitionsorientiert (N: iNtuition)	
Ich bin wahrscheinlich eher **sinnesorientiert (S)**: ■ Wenn ich vor allem auf das vertraue und mich dem zuwende, was ich unmittelbar mit meinen fünf Sinnen aufnehme, also sehen, hören, schmecken, riechen, spüren oder messen kann. ■ Wenn ich vor allem auf konkrete, praktische, sachliche Informationen vertraue und meine Aufmerksamkeit auf Tatsachen und Einzelheiten, auf das praktisch Anwendbare und auf die reale Situation richte. ■ Wenn ich ein realistischer, praxisorientierter Mensch bin und mit beiden Beinen auf der Erde stehe. ■ Wenn ich alles am liebsten der Reihe nach, Schritt für Schritt erledige oder erzähle. ■ Wenn ich meine Aufmerksamkeit lieber auf das richte, »was ist«, als auf das, »was sein könnte«.	Ich bin wahrscheinlich eher **intuitionsorientiert (N)**, ■ Wenn ich bei allem, was ich sehe, höre, schmecke, rieche, spüre, schnell an verborgene Bedeutungen denke, an Assoziationen, Analogien, Muster, Theorien, an Abstraktes, an Beziehungen zu anderen Dingen und Menschen, an Symbolisches. ■ Wenn ich beim Lesen häufig »zwischen den Zeilen« lese. ■ Wenn ich meine Aufmerksamkeit vorwiegend auf künftige Dinge und Entwicklungen richte statt auf das unmittelbar Vorliegende. ■ Wenn ich eher an das denke, »was sein könnte«, als an das, »was ist«. ■ Wenn ich mich gern Fantasien und Vorstellungen zuwende, wenn ich das Abstrakte dem Konkreten, das Mögliche dem Vorhandenen vorziehe. ■ Wenn ich mich schnell neuen Einfällen zuwende und von Thema zu Thema springe, statt die Dinge der Reihe nach, Schritt für Schritt zu tun oder zu erzählen.

Sehr schöne und ausführliche Gegenüberstellungen finden Sie bei www.alfredgessl.at. Hier sind z. B. auch Paar- und Eltern-Kind-Beziehungen auf Basis des MBTI beschrieben.

wende ihn im Coaching normalerweise nicht an. Ich nutze nur mein Wissen über die verschiedenen Typen und vor allem die Polaritäten. Als Coach hilft mir der Test auch, mich selbst und meine eigene Fragetechnik zu hinterfragen.

So weiß ich als ausgeprägter »N«-Typ, also in dieser Interpretation intuitive Person, dass ich mich bei deutlichen »S«-Typen ganz besonders bemühen muss. Ich muss dort genauer erklären, spezifischer darstellen und kann diese Personen nicht so einfach auf Fantasiereisen schicken. Es fällt ihnen nämlich viel schwerer als mir selbst, Vorstellungen von der Zukunft zu entwickeln.

Einen sinnvollen Einsatz kann der Kurztest zwischen zwei Beratungsterminen, im Training oder mit kleinen Gruppen bieten, wenn es um Themen wie Persönlichkeit, Berufsorientierung, Karriereent-

Total		ISTJ 11–14 %	ISFJ 9–14 %	INFJ 1–3 %	INTJ 2–4 %
E 45–53 % S 66–74 % T 40–50 % J 54–60 %	I 47–55 % N 26–34 % F 50–60 % P 40–46 %	ISTP 4–6 %	ISFP 5–9 %	INFP 4–5 %	INTP 3–5 %
		ESTP 4–5 %	EDFP 4–9 %	ENFP 6–8 %	ENTP 2–5 %
		ESTJ 8–12 %	ESFJ 9–13 %	ENFJ 2–5 %	ENTJ 2–5 %
Females		ISTJ 7–10 %	ISFJ 15–20 %	INFJ 2–4 %	INTJ 1–3 %
E 45–55 % S 70–75 % T 24–35 % J 55–60 %	I 45–55 % N 25–30 % F 65–76 % P 40–45 %	ISTP 2–3 %	ISFP 7–10 %	INFP 4–7 %	INTP 1–3 %
		ESTP 2–4 %	ESFP 7–10 %	ENFP 8–10 %	ENTP 2–4 %
		ESTJ 6–8 %	ESFJ 12–17 %	ENFJ 3–6 %	ENTJ 1–4 %
Males		ISTJ 14–19 %	ISFJ 6–8 %	INFJ 1–2 %	INTJ 2–6 %
E 45–50 % S 65–72 % T 55–67 % J 52–58 %	I 50–55 % N 28–35 % F 33–45 % P 42–48 %	ISTP 6–9 %	ISFP 4–8 %	INFP 3–5 %	INTP 4–7 %
		ESTP 5–6 %	ESFP 3–7 %	ENFP 5–7 %	ENTP 3–7 %
		ESTJ 10–12 %	ESFJ 5–8 %	ENFJ 1–3 %	ENTJ 3–6 %

Quelle: www.capt.org: Hier kann man auch Tests auf Englisch mit persönlichem Feedback absolvieren.

wicklung geht. Während ich den DISG eher dann anwenden würde, wenn es um Wirkung in der Gruppe geht (etwa im Assessment-Center), ist der MBTI passender, wenn es um Karriereplanung und -entwicklung geht. Oder anders ausgedrückt: Wenn die Fragen »Wie ticke ich?« und »Warum verstehen mich nicht alle?« im Raum stehen.

Weisen Sie darauf hin, dass die Aussagen nur Anhaltspunkte bieten. Meine Kurzform mit 24 Aussagen erhalten Sie auf der DVD. Diese reicht für den »schnellen Blick« aus. Zum Vergleich: David Keirsey, der eine eigene Form des MBTI unter www.keirsey.com bietet, hat in seinem Buch *Versteh mich bitte* 78 Fragen.

Meine Empfehlung für Sie

Es ist schön, Verhalten einordnen zu können. Schubladendenken ist allerdings zu vermeiden. Manchmal wird die einfache Lösung des MBTI sehr gern angenommen, um sich nicht mit der Komplexität dahinter beschäftigen zu müssen. Aber nochmals sei betont: Nur eine oder zwei der Dimensionen haben eine deutliche Ausprägung, der Rest variiert. Und selbst zwei Personen gleichen Typs können höchst unterschiedlich sein. Das muss jemand wissen, der mit diesem Test arbeitet. Entsprechend vorsichtig wäre ich mit Berufsempfehlungen, die in den MBTI-Auswertungen gegeben werden und die manche daraus ableiten (siehe dazu auch meine Anmerkungen zum Harrison-Paradox, Tool 96). Ich hätte danach übrigens Ingenieurin werden müssen – kaum etwas liegt mir ferner.

Erweiterung: Typenrollen

Die Typenrollen sind meine eigene Ergänzung zum MBTI. Sie helfen dem Klienten, sichtbar zu machen, in welche Rollen er situationsbedingt schlüpfen kann oder berufsbedingt schlüpfen muss. Wie wir schon gesehen haben, ist der MBTI nicht stabil. Die Ausprägungen liegen sehr dicht beieinander, können schwanken und situativ variieren. Das Modell hilft Ihnen, mit dem Kunden die Situationen zu ermitteln, in denen er sich unterschiedlich verhält. Voraussetzung ist natürlich, dass Ihr Coachee sich lange genug mit dem Test und seinem Ergebnis beschäftigt hat. Er muss dazu die Typen-Charakteristika bereits kennen. Hier kann man sich z. B. zusätzlich bei www.typentest.de oder www.alfredgessl.at schlau machen.

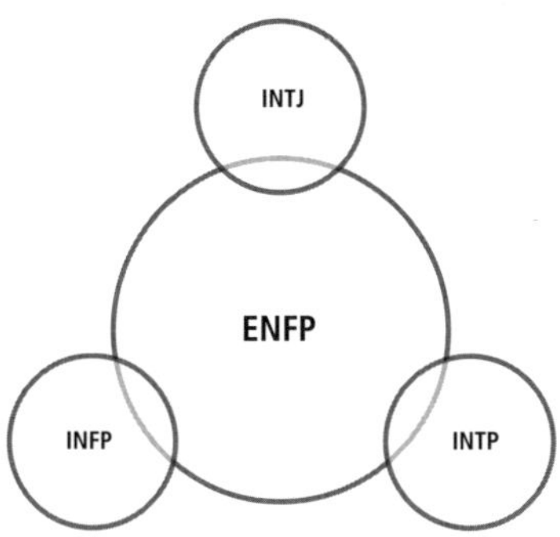

Die zentralen Rollen:
Meist sind es zwei bis vier.

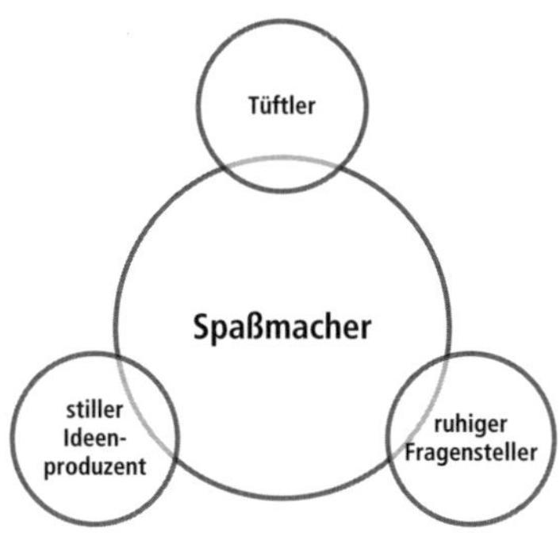

Das Ganze geht auch
ohne MBTI ...

E	I
Es gibt mir Energie, mit anderen zusammen zu sein, gern auch mit vielen Menschen.	Ich bevorzuge das Alleinsein oder das Zusammensein mit zwei, drei Personen.
Ich gehe leicht auf andere zu und spreche sie an.	Es fällt mir eher schwer, auf andere zuzugehen und sie anzusprechen.
Ich mag Small Talk.	Small Talk fällt mir eher schwer.
Ich bin gesprächig.	Ich bin (meist) nicht so gesprächig oder nur in bestimmten Situationen.
Ich genieße Geselligkeit, dabei tanke ich auf.	Ich brauche viel Zeit für mich allein.
Ich telefoniere gern und gehe sofort ans Telefon, wenn jemand anruft.	Ich telefoniere ungern und lasse auch mal den Anrufbeantworter laufen.

Zieht es Sie mehr zu I – dann sind Sie ein introvertierter Typ; bei mehr E-Antworten extravertiert. Können Sie sich nicht entscheiden, sind Sie ausgewogen bzw. ambivertiert. Es gibt etwas weniger I- als E-Typen.

S	N
Ich arbeite gern mit realistischen und praktischen Dingen.	Ich arbeite gern mit Ideen, Konzepten und Theorien.
Meine Gedanken beziehen sich oft auf die Vergangenheit und die Gegenwart.	Meine Gedanken beziehen sich oft auf die Zukunft.
Ich registriere das Jetzt und konzentriere mich auf meine Umgebung.	Mir fällt immer etwas ein, darüber vergesse ich oft das Hier und Jetzt.
Ich mag Traditionelles und wenn Dinge vorgegeben sind.	Ich mag Unkonventionelles und Ungewöhnliches.
Ich rede gern über das Hier und Jetzt.	Ich rede gern über Ideen, Vorstellungen und Möglichkeiten.
Ich konzentriere mich lieber auf Bekanntes.	Ich lerne gern neue und ungewöhnliche Dinge kennen.

Zieht es Sie mehr zu S – dann sind Sie ein Sensoriker; bei mehr N-Antworten ein Intuitiver. N-Typen machen nur etwa 25 % der Bevölkerung aus.

F	T
Ich entscheide meist nach Gefühl.	Ich entscheide nach Abwägen logisch.
Ich sage Dinge lieber durch die Blume.	Ich sage die Dinge offen und direkt.
Ich bemerke, wenn andere Hilfe brauchen oder seelischen Beistand.	Ich merke sofort, wenn etwas in sich nicht schlüssig ist und Widersprüche hat.
Ich bin nachgiebig.	Ich bin hartnäckig.
Ich denke darüber nach, wie eine Entscheidung andere beeinflusst.	Ich denke systematisch über Pro und Contra einer Entscheidung nach.
Ich denke oft an Menschen.	Ich denke oft an Dinge und wie sie zusammenhängen.

Mehr F steht für »Feeling«, mehr T für »Thinking«. Fühlende Typen sind weicher, denkende durchsetzungsorientierter und taffer.

J	P
Ich plane gern in Voraus.	Ich lasse mich gern treiben.
Ich setze systematisch um, was ich mir vorgenommen habe.	Vielleicht mache ich Pläne, aber ich halte mich selten daran.
Ich bleibe hartnäckig an einer Sache.	Ich sehe Chancen und nutze sie.
Das Leben sollte geplant und organisiert sein.	Das Leben sollte lockerer und ungeplant sein.
Ich fälle gern klare Entscheidungen.	Am liebsten halte ich mir alle Möglichkeiten offen.
Es ist ein tolles Gefühl, etwas zu Ende gebracht zu haben.	Für mich liegt der Zauber eher am Anfang.

Zieht es Sie mehr zu J – dann sind Sie ein Urteilender, bei mehr P-Antworten ein Wahrnehmender (Perceiving). Das Verhältnis in der Bevölkerung ist etwa gleich.

Die einzelnen Typen nach Jung

Wie anwenden?

Zunächst gilt es, über einen Test den Grundtyp festzustellen. Absolvieren Sie eine Langform, sehen Sie im Ergebnis klarer, wie deutlich die Ausprägungen sind. Man kann sich auch einzelne Fragen vornehmen, bei denen sich Ihr Klient nicht ganz sicher ist, und ihn dann bitten, situativ unterschiedliches Verhalten zu beschreiben. Eine denkbare weitere Situation: Ihr Klient hat den Test bei einem anderen Coach gemacht und Sie greifen das Ergebnis auf. Fragen Sie:

- »Können Sie Ihren Typ derzeit im Beruf leben?«
- »In welchen Situationen handeln Sie so?«
- »In welchen Situationen handeln Sie anders (z. B. zurückgezogener, weniger offensiv)?«
- »Was bringt Sie dazu, sich so oder so zu verhalten?«
- »Was würden Sie gern mehr entwickeln?«

Fallbeispiel

Bei mir ist vor allem das N stabil, alle anderen Dimensionen variieren ja nach Situation: So greife ich beim Entwickeln meines Unternehmens und meiner Tools auf den Grundtyp INTP (auch »Architekt« genannt) zurück. Ich nutze meine Fähigkeit, mir viel vorstellen zu können, in Möglichkeiten zu denken und zu erkennen, wie Dinge und Vorhaben ineinandergreifen. Das »Perceiving« bringt mich dazu, sehr unmittelbar Feedbacks und Reize aufzugreifen.

Im Coaching wechsle ich in den INFJ-Modus, bin der zurückgenommene »Psychologe«. Manchmal setze ich meinen E-Anteil ein – laut Big Five bin ich zu 50 Prozent intro- und zu 50 Prozent extravertiert, also ambivertiert – und bin ENFP. In diese Rolle schlüpfe ich auch in Vorträgen. Alle Rollen sind natürlich. Richtig anstrengend wäre für mich nur der dauerhafte S-Modus oder ein ständiges »J-Agieren«.

Meine Empfehlung für Sie

Das Modell kann die Grundlage für eine Karriereentwicklung bieten, etwa wenn Ihr Klient seine Rolle als ENFP (fantasievoller Unterhalter) in einem ST-bestimmten Umfeld nicht leben kann. Vielleicht könnte er sich in einer Theatergruppe ausprobieren?

99. Reiss-Profil

Typ	Quelle/Urheber	Einsatzbereich	Aufwand	Nutzen
Test, Zertifizierung in rund drei Tagen ca. 2800 Euro, pro Test ca. 125 Euro im Einkauf, Mindestabnahmen	Steven Reiss	Persönlichkeitstest	Etwa zwei bis drei Stunden für das Auswertungsgespräch	Selbsterkenntnis für den Kunden

Was ist das?

Wer bin ich? Und was passt zu mir? Wie sollte ich berufliche Entscheidungen treffen? Das sind Fragestellungen, zu denen ich das Reiss-Profil einsetze. Es ist ein Motivationstest, der 16 Bedürfnisse von Menschen in unterschiedlichen Ausprägungen erfasst. Dazu greift er auf 128 Fragen zurück, die online beantwortet werden. Die Anwendung des Reiss-Tests erfordert eine Zertifizierung in einem Drei-Tages-Seminar, das rund 2800 Euro kostet. Der Einkaufspreis der einzelnen Tests liegt derzeit bei etwa 125 Euro, verkauft werden Auswertungen an Endkunden ab rund 300 Euro.

Was Sie dazu wissen sollten

Das Reiss-Profil ist eines meiner Favoriten. Der US-Psychologe und Motivationsforscher Professor Steven Reiss hat in umfangreicher Forschungsarbeit 16 Lebensmotive ermittelt, die uns, unsere beruflichen Ambitionen und unsere Beziehungen zu anderen Menschen steuern. Nur wer sich privat und beruflich entsprechend seiner Lebensmotiv-Ausprägung entfalten darf, kann Zufriedenheit im Job und im Privatleben finden. Die Kenntnis des individuellen Profils kann deshalb eine gute Grundlage einer persönlichkeitsorientierten und ganzheitlichen Karriereberatung sein.

Ich habe zuvor mit anderen Verfahren gearbeitet – an Reiss schätze ich die Einfachheit und Flexibilität. Jeder Mensch kann seine Motive ganz unterschiedlich leben – und scheinbare Schwächen auf seine Art kompensieren. Das ist sehr spannend zu sehen. Wie kann es sein, dass jemand mit einer niedrigen (roten) Ordnung wie ich in einigen Bereichen so perfektionistisch sein kann – und so aufgeräumt?

Mein Profil würde es Ihnen erklären. Ich habe hier über mich selbst Antworten gefunden, die mir keines der Testverfahren, die ich absolviert habe, je geboten hat. Und ich entdecke immer neue Zusammenhänge. Spannend ist zum Beispiel auch, dass bei Reiss die Kategorisierung in Intro- und Extraversion nicht vorkommt. Verhalten in diesen Dimensionen kann somit sehr viel differenzierter erklärt werden.

Es gibt wohl kaum einen Test, der kommerziell vermarktet wird, es wie Reiss zu großer Bekanntheit gebracht hat und der *nicht* von einigen Experten oder auch den Medien angegriffen wird. Auch gegen Reiss liest man bisweilen das eine oder andere Statement, das aber stets aus einer bestimmten wissenschaftlichen Ecke kommt, die ein Eigeninteresse vermuten lässt.

Als Praktikerin kann ich sagen, dass ich in Hunderten von Auswertungen nicht eine einzige dabei hatte, bei der sich der Kandidat nicht wiedergefunden hätte. Sehr viele finden das Profil ausgesprochen erhellend, und besonders mögen meine Kunden es, wenn ich die Zusammenhänge zwischen den Motiven erörtere, die in der Auswertung selbst nicht thematisiert werden. Auch die Emotionen, Selbst- und Fremdbild sowie Glaubenssätze werden stets als sehr aufschlussreich angesehen.

Wie anwenden?

Ihr Coachee steht vor einer beruflichen Entscheidung, möchte neue Karrierewege gehen oder Jobkonflikte lösen. Das Reiss-Profil schafft Klarheit. Auch über die Art einer Selbstständigkeit und die Jobwahl kann es Aussagen treffen. Allerdings nie deterministisch und absolut, was mir gut gefällt. Auch in der Personalauswahl mögen treffsichere Prognosen abgeleitet werden können, wobei ich hier die Big Five, das Harrison-Paradox oder CAPtain bevorzugen würde. Denn Reiss verkörpert eben auch einen ganzheitlichen Ansatz, das Private gehört dazu – in meiner Philosophie aber nicht in den Job. Eher noch sehe ich es im Bereich der Teamentwicklung, gerade auch im Sport.

Svenja Hofert

Karriere & Entwicklung

Reiss Profile Emotionen Business

LM	Prägung	Ziel	Gefühl bei Befriedigung	Gefühl bei Frustration
MA	↑	Einfluss, Kontrolle	Macht, Triumph, »Glory«, Kontrolle, Leistungsfähigkeit	Hilflosigkeit, Ohnmacht
	↓	Tun für andere	Freude, für andere da zu sein	Frust über erzwungene Verantwortung
TO	↑	Verbundenheit	Eins sein mit anderen, Natur, Kosmos	emotionale Verlassenheit, allein sein
	↓	Selbstständigkeit	Freiheit, Autonomie	in der Falle sitzend, gefangen sein
NEU	↑	nachdenken	Wunder der Entdeckung	Verwirrung, Frust über gedankliche Leere
	↓	machen	Freude, zu machen und zu erschaffen	Unlust zu denken, Überforderung
ANE	↑	Anerkennung, Beifall	hoher Selbstwert, Selbstsicherheit, Euphorie	Unsicherheit, Selbstzweifel
	↓	Stärke emotional	Freude an der Demonstration von Selbstsicherheit	Irritation, wenn Selbsteinschätzung fehlerhaft ist
ORD	↑	Prozess- und Strukturstabilität	aufgehoben sein, Stabilität	Orientierungslosigkeit
	↓	Flexibilität	Spontaneität, Freiheit von Festlegung	gefangen im Detail
S/SP	↑	Sammeln von Gütern	Besitzer und Bewahrer sein	Sorge vor Knappheit, Verschwendung
	↓	Großzügigkeit/ Freiheit	frei von finanziellen und besitzmäßigen Verpflichtungen	gefangen von Geld, Verpflichtung aus Besitz
Z + Z	↑	Nutzenorientierung	Spontaneität, Flexibilität in Regeln, Absprachen und Inhalten	unfrei, gefangen sein in Prinzipien und Regeln
	↓	Werteorientierung	Loyalität, Integrität, moralische Überlegenheit	Schuld, Verantwortungslosigkeit, Schwäche
IDE	↑	Menschheit voranbringen	Mitleid mit den Benachteiligten	Frust über die Ungerechtigkeit für die anderen
	↓	sich selbst stärken	Freude über eigenen Vorteil	Frust über Ansprüche, die meine eigenen einschränken
BEZ	↑	Freundschaft, soziale Kontakte	Zugehörigkeitsgefühl, Spaß am »Gebraucht-Werden«	Einsamkeit
	↓	ungestört sein	Ruhe vor anderen Menschen, Genuss der Zeit für sich selbst	Frust über Small Talk etc., erzwungene Kontakte
FAM	↑	Kinder erziehen/betreuen	Erfüllung durch Liebe von den Kindern	Unerfülltheit, Leere
	↓	Unabhängigkeit	Freude über Freiheit von Fürsorgeverpflichtung	Zwang, sich um Kinder kümmern zu müssen
STA	↑	gesellschaftlicher Stand/Rang	Überlegenheit, privilegiert, elitär sein	Unterlegenheit, Ungerechtigkeit
	↓	Gleichheit	Gleichbehandlung (Egalität)	Frust über Herausgehobenheit
RAC	↑	gleich oder besser sein im Vergleich	Triumph im Sieg, Bestätigung im Vergleich, Gewinner	Ärger, Aggression, Verlierer
	↓	Harmonie	Harmonie, Ausgleich	Frust über erzwungene Konflikte
SCH	↑	Ästhetik	gefallen	Ärger über Anblick
	↓	nicht wichtig	nicht wichtig	nicht wichtig
ESS	↑	Nahrungsaufnahme	satt sein	hungrig sein
	↓	nicht vorhanden	Unabhängigkeit von Essen	essen müssen
K.AK	↑	Stärken in Kraft und Beweglichkeit	Vitalität, Stärke, Fitness	Rastlosigkeit/Unruhe, Schwäche
	↓	körperliche Ruhe	körperliche Entspannung, Faulheit	körperliche Anstrengung
RUH	↑	Sicherheit, Stabilität im Leben	ruhig, gelassen, souverän	Angst, Sorge
	↓	Risiko/Gefahr	»Spannung«, Abenteuerlust	Langeweile

Die Emotionen, die einzelne Motive auslösen, sofern sie gelebt oder nicht gelebt werden, finde ich besonders interessant. Hieraus können Sie eine Menge ableiten. Selbst wenn Sie nicht zertifiziert sind, kann diese Übersicht einen Aha-Effekt auslösen.

Auch wenn Sie sich nicht zertifizieren lassen, können Sie mit den Übersichten insofern arbeiten, als Sie sich die Bedeutungen der einzelnen Motive bewusst machen können. Für sich selbst können Sie einfach einmal die Motive gedanklich durchgehen und sich zuordnen. Wo vermuten Sie stärkere Ausprägungen? Wo schwächere?

Meine Empfehlung für Sie

Reiss basiert auf einem Ampelsystem. Die rechte Ausprägung ist grün, die linke rot, die Mitte gelb. In der Mitte liegen zwei Drittel, in den grünen und roten Ausprägungen je rund 16 Prozent. Rot, das ist ganz wichtig, ist nicht schlecht oder bedeutet keineswegs »Halt«. Es handelt sich nur um zwei verschiedene Pole.

Sie sollten Ihr eigenes Profil immer berücksichtigen, wenn Sie coachen. Es wird sich automatisch auf Ihren Stil auswirken, was Sie sich zunutze machen können. Viele Coachs und Berater haben viel »Gelb« in ihren Profilen, das heißt, sie verkörpern verschiedene Seiten und bewegen sich flexibel zwischen Polen. Dadurch kommen sie mit sehr unterschiedlichen Personen klar und können an die verschiedenen Pole andocken.

Stärkere Ausprägungen werden sich im Coaching unweigerlich bemerkbar machen. So wird ein Coach mit »roter« Neugier (ergo einer sehr praktischen, wenig an Theorie interessierten Haltung) einem »grünen« Klienten (also einem theoretisch-hintergründig Interessierten) oft nicht konzeptionell genug denken. Es könnte sein, dass der Klient nach Hintergrundwissen dürstet, während der Coach dieses nicht für relevant hält.

Ein Coach mit grüner emotionaler Ruhe könnte möglicherweise eher die Sorgenseite in seinem Klienten betonen und bei Gründungsvorhaben zu einem vorsichtigen Verhalten raten.

Zugleich sind stärkere Ausprägungen bei Ihnen ebenso wie bei Ihren Klienten aber auch Anhaltspunkte für eine mögliche Kompetenz, z. B. wird jemand mit niedriger Macht eher fürsorgliche Qualitäten, jemand mit hoher Macht eher ein leistungs- und effizienzorientiertes Verhalten mit stärkerem »Push« entwickeln.

100. Teamrollen nach Belbin

a) Selbsteinschätzung

Typ	Quelle / Urheber	Einsatzbereich	Aufwand	Nutzen
Test	Meredith Belbin, Teamrollencheck Svenja Hofert	Berufsfindung, Team-entwicklung	Ein bis zwei Stunden Auswertungs-gespräch	Basis, um die eigenen Präferenzen zu hinterfragen

Was ist das?

Auf der DVD erhalten Sie einen Kurztest mit Auswertung, der auf der Einteilung von Teamrollen nach Meredith Belbin basiert. Dieser hatte in den 1970er-Jahren beobachtet, dass Teams besonders effektiv arbeiteten, wenn die Teammitglieder unterschiedliche Rollen einnahmen, die auf persönlichen Kompetenzen und Präferenzen beruhen. Diese fasste er 1981 in einem Modell mit acht Rollen zusammen, die er später um eine neunte Rolle, die Spezialisten, ergänzte. In den Rollen spiegeln sich Kompetenzen und Verhaltensvorlieben, die auch für Einzelpersonen höchst relevant sind.

Wie anwenden?

Belbin begegnete mir schon sehr früh und ich bin immer wieder begeistert, wie gut die Ergebnisse meine Klienten beschreiben und wie sehr sich Tendenzen, etwa aus Reiss, hier in anderer Form niederschlagen. Auch wenn Belbin keinen Test konzipierte, sondern letztendlich Beobachtungen niederschrieb, sind seine Rollen wunderbare Anhaltspunkte für Präferenzen. Nicht ohne Grund schlägt sich vieles von Belbin auch im Team-Management-Rad von Margerison / McCann nieder, das die ursprünglichen acht Rollen von Belbin mit nur leicht anderer Deutung verwendet.

kexpa SOLUTION

Was sind meine Vorlieben in der Gruppe und bei der Arbeit?

Test der Teamrollen – Selbstbild

Pro Block haben Sie 10 Punkte, die Sie bitte auf die einzelnen Bereiche verteilen. Geben Sie einer Antwort 10 Punkte, wenn Sie voll damit übereinstimmen und die anderen Antworten nicht zutreffen. Sie können Antworten auch gewichten – entsprechend Ihrer inneren Zustimmung. Je mehr Sie zustimmen, desto höher sollte der Wert sein.

Dies ist kein richtiger Test, sondern ein Check, der berufliche Anhaltspunkte bietet: für die passende „Rolle", aber auch den passenden Job. Svenja Hofert hat ihn auf der Basis des Belbin-Teamrollen-Tests erstellt. Die Rollen entsprechen denen von Meredith Belbin.

1. Ich arbeite gern, denn:

A	❍ Es treibt mich die Frage: Was muss man alles berücksichtigen? Ist alles richtig?
B	❍ Ich suche praktische Lösungen.
C	❍ Ich bringe gern Wissen ein und spreche darüber.
D	❍ Ich mag es, eine gute Arbeitsatmosphäre zu schaffen.
E	❍ Ich möchte die Dinge vorantreiben!
F	❍ Ich lerne gern interessante Leute kennen.
G	❍ Ich organisiere und koordiniere gern.
H	❍ Ich arbeite gern konzentriert an Lösungen.
I	❍ Ich möchte mein Vorstellungsvormögen nutzen und Ideen entwickeln.

2. Innerhalb einer Gruppe verhalte ich mich vorwiegend/oft/am ehesten so:

A	❍ Ich lerne meine Kollegen kennen und möchte viel über sie wissen.
B	❍ Ich setze durch, was ich für richtig halte, und vertrete auch konträre Standpunkte.
C	❍ Ich suche und finde sachliche Argumente, um falsche Vorschläge und Ideen vom Tisch zu bekommen.
D	❍ Ich setze Pläne um: Wenn ich das Ziel kenne, geht es los.
E	❍ Ich bringe Ideen ein und denke die Dinge etwas anders oder weiter.
F	❍ Ich gebe meinen fachlichen Input.
G	❍ Ich knüpfe Kontakte in alle Richtungen und vernetze Menschen.
H	❍ Ich gebe mit Liebe zum Detail den Dingen den letzten Schliff.
I	❍ Ich sage, was getan werden muss und welche Entscheidungen getroffen werden sollten – und dann ran.

3. Wenn ich mit anderen etwas Gemeinsames realisiere ...

A	❍ gelingt es mir, Menschen zu steuern, ohne sie unter Druck zu setzen.
B	❍ passe ich auf, dass nicht geschludert wird.
C	❍ nehme ich die Sache gern selbst in die Hand, damit es vorangeht.
D	❍ kann man sicher sein, dass ich neue Ideen einbringe.
E	❍ bin ich immer bereit, zu unterstützen und mitzumachen.
F	❍ bin ich immer darauf aus, die richtigen Kontakte einzubringen.
G	❍ bringe ich andere mit meinem breiten Wissensspektrum der Lösung ein gutes Stück näher.
H	❍ glaube ich, dass mein Urteilungsvermögen einen wichtigen Beitrag leistet.

Fragebogen zu Teamrollen

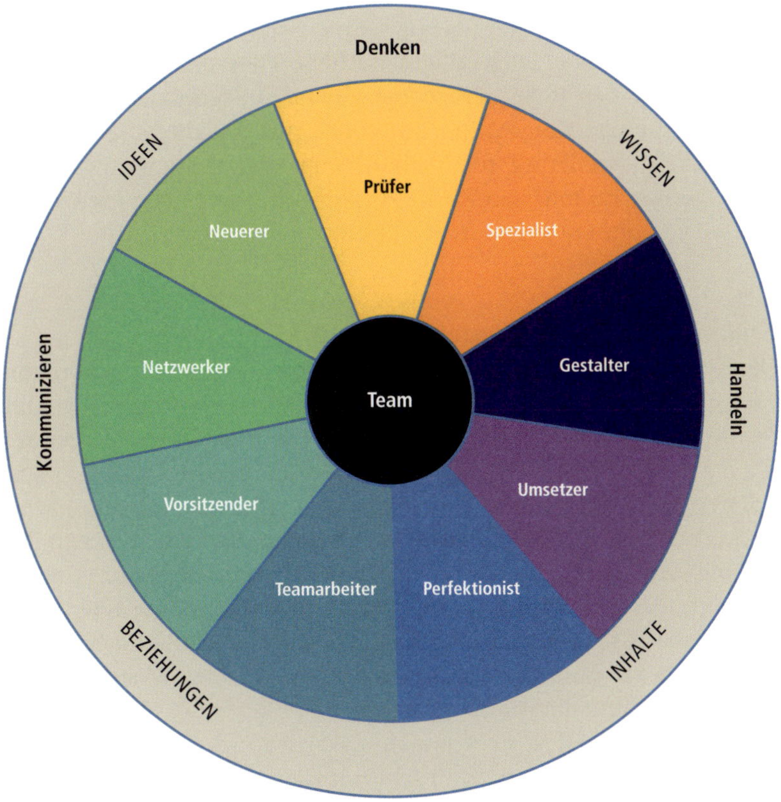

Meine Interpretation von Teamrollen

Besonders die Kombination von Rollen deutet auf berufliche Interessen und Verhaltenspräferenzen. Sie zeigt auch an, was für die einzelnen Personen besonders wichtig ist – oder wo möglicherweise ein Ungleichgewicht herrscht. Zu hinterfragen ist etwa, wenn jemand zwei Handlungsrollen präferiert und nur in der Kommunikation verhaftet ist – gerade, wenn Sie es mit jemandem zu tun haben, der alle Rollen braucht, etwa als Solounternehmer.

So geht es dem *Teamplayer* vor allem um Atmosphäre, also um die menschlichen Aspekte; Inhalt kann hier weniger wichtig sein. Der *Umsetzer* braucht Ziele, kann sich aber schlecht selbst welche setzen, während der *Gestalter* sich diese lieber selbst setzt. Die Kompetenz eines *Prüfers* (im Englischen Monitor Evaluator) kann in unterschiedlichen Zusammenhängen wichtig sein; er wird eher durch die Sache motiviert und findet leicht Ungereimtheiten heraus.

Ich nenne den Belbin-Fragebogen »Präferenzenfragebogen« und gebe ihn meinen Kunden in einer etwas ausführlicheren Form gern und aus Überzeugung zur Vorbereitung von Orientierungsterminen. Zusammen mit dem Karriereanker und Reiss habe ich so eine Grundlage, um Fragen zu stellen.

Fallbeispiele / Meine Empfehlung für Sie

Das Teamrollenformular in der von mir vorgelegten Form kann von Menschen mit und ohne Berufserfahrung verstanden und ausgefüllt werden. Achten Sie bei der Besprechung der Ergebnisse weniger auf die einzelne Rolle als vielmehr auf die Kombination der drei Rollen mit den höchsten Punktzahlen. Hat ein Klient nur umsetzungsorientierte Rollen, etwa Gestalter und Umsetzer? Fragen Sie, wie sich das auf die Arbeit auswirkt. Fehlt vielleicht Kommunikation? Außenkontakt? Ähnlich gehen Sie vor, wenn keine handlungsorientierte Rolle dabei ist. Fällt es schwer, die PS auf die Straße zu bringen? Betrachten Sie dann auch sehr niedrige Punktzahlen. Was bedeuten diese für die aktuelle Tätigkeit? Beispiel: Ein Vertriebler hat 0 Punkte bei Netzwerker. Pflegt er Kontakte? Warum nicht? Wie könnte er diese Seite, die in seinem Beruf sehr relevant ist, aktivieren? Anderes Beispiel: Ein Klient hat 0 Punkte bei Prüfer, arbeitet aber im Controlling. Welche Folgen hat das? Ist es in der derzeitigen Situation gut? Wie würde er sich verhalten, hätte er mehr vom Prüfer in sich?

b) Fremdeinschätzung

Typ	Quelle / Urheber	Einsatzbereich	Aufwand	Nutzen
Test	Meredith Belbin, Teamrollencheck Svenja Hofert	Berufsfindung, Teamentwicklung, Fremdbild	Ein bis zwei Stunden Auswertungsgespräch	Stimmen Selbst- und Fremdbild überein?

kexpa SOLUTION

Was sind meine Vorlieben in der Gruppe und bei der Arbeit?

Test der Teamrollen – Fremdbild

Geben Sie das Teamrollen-Fremdbild an drei bis zehn Personen, die Ihre Arbeit direkt beurteilen können.

Pro Block haben Sie 10 Punkte, die Sie bitte auf die einzelnen Bereiche verteilen. Geben Sie einer Antwort 10 Punkte, wenn Sie voll damit übereinstimmen und die anderen Antworten nicht zutreffen. Sie können Antworten auch gewichten – entsprechend Ihrer inneren Zustimmung. Je mehr Sie zustimmen, desto höher sollte der Wert sein.

Dies ist kein valider Test, sondern die Basis für eine genauere Analyse im Gespräch. Nutzen Sie die Auswertung als Anhaltspunkt. Falls sich Ihr Selbstbild stark unterscheidet, hinterfragen Sie die Fremdwirkung.

1. Für .... gilt:

A	❍ Er/sie hinterfragt die Dinge und findet Fehler und Ungereimtheiten.
B	❍ Er/sie sucht immer praktikable Lösungen.
C	❍ Er/sie bringt Wissen ein und spricht darüber.
D	❍ Er/sie sorgt für eine gute Arbeitsatmosphäre.
E	❍ Er/sie möchte die Dinge vorantreiben.
F	❍ Er/sie geht offen auf Menschen zu.
G	❍ Er/sie koordiniert und übernimmt gern die Führung.
H	❍ Er/sie arbeitet gern konzentriert an Lösungen.
I	❍ Er/sie ist sehr kreativ und hat immer viele Ideen.

2. Innerhalb einer Gruppe verhält sich ....vorwiegend/oft/am ehesten so:

A	❍ Er/sie spricht viel mit uns und ist auch an Privatem interessiert.
B	❍ Er/sie ist manchmal eigenwillig und vertritt auch konträre Standpunkte.
C	❍ Er/sie argumentiert gern und kommt ständig mit neuen Fragen/Thesen/Einwänden.
D	❍ Er/sie setzt Pläne um und ist sehr aktiv.
E	❍ Er/sie bringt Ideen ein und ist dabei manchmal unorthodox.
F	❍ Er/sie gibt fachlichen Input.
G	❍ Er/sie knüpft Kontakte in alle Richtungen und ist im ganzen Haus bekannt.
H	❍ Er/sie liebt Details und ist perfektionistisch in vielem.
I	❍ Er/sie sagt, was getan werden muss, und macht das auch.

3. Wenn .... mit anderen etwas Gemeinsames realisiert,

A	❍ steuert und koordiniert er/sie mit ruhiger Hand.
B	❍ passt er/sie auf, dass nicht geschludert wird.
C	❍ nimmt er/sie die Sache in die Hand und treibt an.
D	❍ hat er/sie garantiert wieder eine neue Idee.
E	❍ ist er/sie immer bereit, zu unterstützen und anzupacken.
F	❍ schaut er/sie sofort, wie er/sie seine/ihre Kontakte einbinden und nutzen kann.
G	❍ bringt er/sie sein/ihr Wissen ein.
H	❍ liefert sein/ihr Urteilungsvermögen einen wichtigen Beitrag, um zu richtigen Entscheidungen zu gelangen.
I	❍ hat er/sie garantiert alle wichtigen Fragen berücksichtigt und eingearbeitet.

Der Präferenzfragebogen zur Fremdeinschätzung

Was ist das?

Eine Variante des Teamrollen-Tests, die die Fremdsicht einholt. Diese ist vor allem im Kontext der Teamarbeit wichtig.

Wie anwenden?

Zur Selbstreflexion kann das Fremdbild sehr hilfreich sein, vor allem, wenn es von Personen stammt, mit denen man eng zusammenarbeitet und die das direkte Arbeitsverhalten beurteilen können. Werde ich so gesehen, wie ich mich selbst sehe? Wenn nein, woran könnte es liegen? Sehe ich etwas in mir, was ich nach außen gar nicht verkörpere? Bitten Sie Ihren Kunden, ein Fremdbild einzuholen, wenn er Feedback und Klarheit auch über seine Fremdwirkung sucht.

Bonus: Ausgewählte kostenlose Online-Tests

Online-Tests sind Tests, die Sie direkt im Internet absolvieren können. Die meisten dauern nur wenige Minuten, andere (so »Borakel« von der Ruhr-Universität Bochum) bis zu einer Stunde. Je nach Situation kann es sinnvoll sein, im Verlauf des Coachings auf einen guten Online-Test hinzuweisen.

Wie anwenden?

Geht es um eine Ausbildungs- oder Studienentscheidung, kann etwa der SIT (situative Interessen-Test) bei der Klärung der Richtung gut helfen. Die Einteilung gleicht dem bereits vorgestellten RIASEC-Modell, da auch hier praktische, wissenschaftliche (hier intellektuelle), konventionelle, soziale und künstlerische Richtungen unterschieden werden.

Um eine so wichtige Entscheidung wie die nach dem passenden Studiengang besser abzusichern, eignet sich »Borakel« von der Ruhr-Universität Bochum. Hier werden auch Fähigkeiten ähnlich wie in einem IQ-Test geprüft, sodass der Eignungsaspekt hinzukommt. Weitere Infos zum Umgang mit jungen Coachees finden Sie im Kapitel »Studien- und Berufswahl«. Der Test macht das in diesem Kapitel vorgestellte RIASEC-Modell noch etwas fassbarer, vor allem da die Fragen sehr praktisch und lebensnah gestellt sind. Es werden Situationen beschrieben, die man kennt. Das macht auch jungen Menschen das Ausfüllen leicht.

Deine Orientierung im Bereich	**Prozentverteilung**
realistisch	46 %
intellektuell	150 %
künstlerisch	130 %
sozial	104 %
unternehmerisch	83 %
konventionell	37 %

Die Reihenfolge deiner Interessensorientierungen ist also intellektuell, künstlerisch, sozial, konventionell, unternehmerisch, realistisch.

Beispiel aus der Auswertung

Fallbeispiel

Ein nettes Tool ist auch der HALB-Test (für handelnd, akustisch, lesend, bildlich), bei dem es ums Lernen geht. Man kann damit klarmachen, dass nicht jeder gleich lernt. Angenommen, Sie haben einen Kunden in der Praxis, der von der Theorie im Studium überfordert ist. Sie weisen diese Person auf den HALB-Test hin oder machen ihn gemeinsam. Es kommt heraus, dass handelnd und bildlich weit vorne liegen. Überlassen Sie die Deutung Ihrem Klienten, indem Sie fragen: »Finden Sie sich da wieder?« Und: »Was könnte das für Ihr momentanes Empfinden eines Zuviel an Theorienlernen bedeuten?«

Mein Ergebnis – siehe unten – zeigt, dass ich ein handelndes, akustisches Lernen bevorzuge. Ich suche im Wissen immer einen praktischen Bezug und muss Dinge ausprobieren. Bilder geben mir relativ wenig, ich habe ein schlecht ausgeprägtes visuelles Vorstellungsvermögen und höre lieber. Es stimmt also.

Deine Orientierung	Prozentverteilung
handelnd	30 %
akustisch	30 %
lesend	20 %
bildlich	20 %

Die Reihenfolge deiner Vorlieben ist also akustisches, handelndes, bildliches, lesendes Arbeiten!

Beispielauswertung: HALB

Meine Empfehlung für Sie

Nutze ich Tests, weise ich immer darauf hin, dass sie nie der Weisheit letzter Schluss sind, sondern einfach bestimmte Aspekte klären. Was man daraus macht? Als Coach ist es Ihre Aufgabe, dem Klienten zu helfen, passende Konsequenzen abzuleiten oder das Ergebnis auch schnell wieder zu vergessen.

Jeder kann Tests erstellen – nur sind diese dann nicht valide, objektiv und reliabel. Wie wissenschaftlich Ergebnisse sind, ist aber selbst unter Wissenschaftlern umstritten. Ich sehe es deshalb ganz pragmatisch: Können viele Getestete etwas mit dem Ergebnis anfangen? Finden sie sich wieder? Dann ist er brauchbar – nach genau diesen Kriterien habe ich die Tests ausgewählt.

Test	Thema	Webadresse	Kurzbeschreibung	Einsatz
Verschiedene wissenschaftliche Tests als Open-Source-Lösung	Big Five, RIASEC, Open BIS (Studienorientierung) u. a.	www.opentest.ch	Viele Tests in der Kurzauswertung (nur Normwerte) kostenlos, sonst sehr günstig	Wenn Sie sich mit den Testverfahren bereits auskennen bzw. einen Psychologie-/Wirtschaftspsychologie-Hintergrund oder Kenntnisse haben
ESV Eigenschaften Situationen Verhalten	Persönlichkeit	http://arbeitsblaetter.stangl-taller.at/TEST/ESV/	Schneller Test auf Werte wie Normgebundenheit, Belastbarkeit, Kontaktbereitschaft, Entschlussbereitschaft. Der Test ähnelt den Big Five.	Empfehlung an Kunden oder Seminarteilnehmer, die neugierig sind, sich einmal selbst zu testen
SIT Situativer Interessen-Test	Berufswahl, Studienwahl	http://arbeitsblaetter.stangl-taller.at/TEST/SIT/ auch bei www.opentest.ch	Test, der einen schnellen Check der Interessen vor allem bei jungen Leuten ermöglicht	Link-Empfehlung vor einem Coaching zur Berufswahl. Die Auswertung ist sehr kurz, allerdings könnte allein die Verteilung der Interessen einen guten Einstieg in ein Gespräch bieten.
Stresstest	Stress	http://arbeitsblaetter.stangl-taller.at/TEST/STRESS/	Schneller Test des Stresslevels	Link-Empfehlung im Nachgang an ein Coaching
Borakel – Mein Berufsweg	Berufswahl, Studienwahl	http://www.borakel.de	Sehr umfassender Test oder genauer eine Kombination aus Tests, für die man sich Zeit nehmen sollte.	Nachbereitung eines Coachings zur Absicherung der Ergebnisse. Der Test sollte auf jeden Fall besprochen werden. Die Empfehlungen geben gute Hinweise.

Fazit

Es würde mich sehr freuen, wenn Ihnen meine kleine Auswahl an Tools neue Impulse für die Arbeit gegeben hat.

In Beratungs- und Coachingprozessen geht es sehr oft um Veränderung. Dabei ist es trotz guter Tools nicht immer leicht, Menschen bei der »Stange« zu halten, sie dazu zu bringen, ihre Vorhaben auch wirklich in die Tat umzusetzen. Es könnte doch alles so schön, so leicht, so einfach sein, wenn man nur seinen Plan zielstrebig verfolgte!

Ich möchte abschließend noch eine Methode vorstellen, um die Ressourcen für Veränderung aufzuladen. Sicher ist Ihnen das Ankern aus dem Neurolinguistischen Programmieren bekannt. Dabei verbinden Sie etwa neue, positive Glaubenssätze mit einem Gefühl, einem Bild, einem Text, einem Geruch. Ich frage meine Klienten meist, was sie gerne möchten: Malen? Aufschreiben? Ein Foto auswählen? Wichtig ist, dass sie es selbst tun. Dass sie einen motivierenden, aktiven Leitsatz finden und diesen mit einem Bild verknüpfen.

Eine meiner Blogleserinnen, die sich dafür bedankt hat, dass ich mein Wissen mit anderen teile, hat mich auf das Zürcher Ressourcen-Modell (ZRM) von Maja Storch hingewiesen, das mir sehr gefällt. Es fußt auf neuesten Erkenntnissen der Hirnforschung – und es ist sehr pragmatisch, was mir gut gefällt. Außerdem lässt es sich mit allen möglichen Themen verbinden.

Angenommen, Ihr Klient möchte seine Karrierepläne verinnerlichen, damit es ihm leichter fällt, die notwendigen Schritte für eine Veränderung zu gehen. Oder er möchte bestimmte Kompetenzen entwickeln. Oder sein Zeitmanagement verbessern:

Ihr Klient sucht sich aus ausnahmslos schönen und optimistischen Fotos diejenigen aus, die bei ihm positive Gefühle zum entsprechenden Thema erzeugen. Dazu kann man eine Bilddatei vom ZRM bestellen – oder sich diese selbst anlegen.

Das Bild sollte in seiner Wirkung maximal positiv sein, auf der Plus-Minus-Skala A (unten) also möglichst bei 100 Prozent liegen.

Zu diesem Bild sammelt er dann gemeinsam mit Ihnen Assoziationen in einem Ideenkorb. Das kann ein Flipchart sein, oder Sie nehmen ein Blatt Papier. Im Anschluss sucht er aus den Ideen diejenige aus, die auf der zweiten Skala (B) die meisten positiven Gefühle auslöst. Die Idee und das Foto verschmelzen. Ich fotografiere dazu das ausgewählte Foto. Die ausgewählte Assoziation baue ich mit einem Bildbearbeitungsprogramm ein und übergebe es beim nächsten Termin.

Mein Bild ist übrigens ein glücklich lächelnder Bär auf einem Baumstamm. Er schaut sich die Umgebung an und hat gar keinen Stress. Sie glauben nicht, wie sehr mich der Gedanke daran schon entspannt hat.

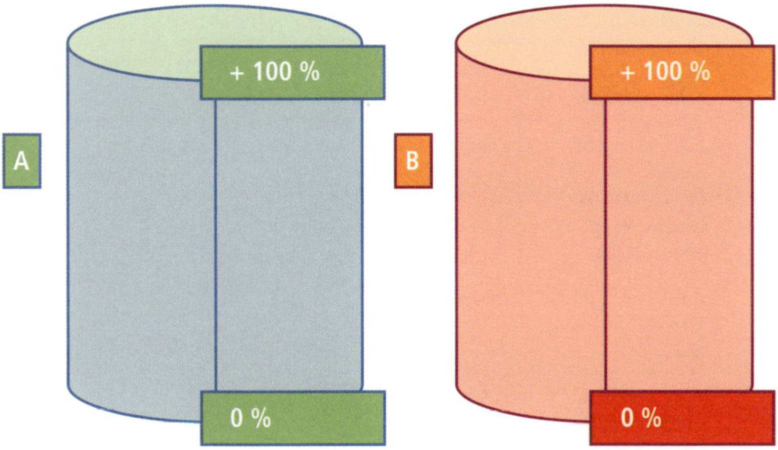

Bilanz: Wie positiv wirkt das Bild (A) und wie positiv die Assoziationen (B)?

Die Tools in der Übersicht

Nr.	Ich möchte …	Name	Auf DVD	Seite	Dateiname
1	wissen, wo ich selbst stehe und welche Kunden ich am besten anspreche	Berateranalyse nach Spiral Dynamics	X	17	1_Wertepass_Person.PDF
2	mein eigenes Angebot schärfen	Beratungsfokus und Phasenmodell		26	
3	wissen, wie ich mich zwischen Coaching und Beratung bewege und einfachere Auftragsklärung	Coaching-Beratungs-Kontinuum mit Bilderrahmen		30	
4	Formulierungen kennenlernen, um dem Klienten darzulegen, wo wir gerade stehen	Coaching- und Beratungs-Formulierungshelfer	X	37	4_Coaching_Beratungshelfer.PDF
5	visualisieren, welche Prozessschritte nötig sind	Designthinking		38	
6	meine Angebote durch ein professionelleres Vorgespräch besser platzieren	Kundenbedarfs-erkenner		42	
7	eine Erinnerung an die vergangenen Coachingtermine haben	Merkzettel	X	45	7_Merkzettel.PDF (beschreibbar im Acrobat Reader) 7_Merkzettel.doc
8	wissen, ob Fragebögen für mich sinnvoll sind	»Mit oder ohne Fragebogen«-Entscheidungshelfer		46	
9	mein Coaching strukturieren	Post-it-Methode		48	

Nr.	Ich möchte …	Name	Auf DVD	Seite	Dateiname
10	schneller in einen Termin einsteigen und mich vorbereiten	Prozessbeschleuniger-Fragebogen	X	51	10_Fragebogen.PDF (beschreibbar im Acrobat Reader) 10_Fragebogen.DOCX
11	mein Angebot klar ausrichten	Positionierungshelfer	X	54	11_Positionierungs-helfer.PDF (beschreibbar im Acrobat Reader) 11_Positionierungs-helfer.DOCX
12	Feedback für mein Coaching	Prozess-Evaluierung	X	57	12_Prozess-Evaluierung.PDF (beschreibbar im Acrobat Reader) 12_Prozess-Evaluierung.DOC
13	wissen, wie ich mein Coaching kalkuliere	Stundensatz-Kalkulationshelfer		59	
14	einen Lebenslauf mit Blick auf Schlüssel-erlebnisse und -faktoren analysieren	Berg-Tal-Lebenslauf		65	
15	einen Leitfaden zur strukturierten Befragung im Rahmen einer Neuorientierung parat haben	15-Fragen-Kaffee-Interview	X	67	15_Kaffetrinken-Fragebogen.PDF (beschreibbar im Acrobat Reader)
16	Stationen einer beruflichen Neu-orientierung vordenken und rück-blickend einordnen	Heldenreise		70	
17	Interessen bewusst machen	Interessenreise		75	
18	Fantasie für einen neuen Lebensplan anregen	Lebensdrehbuch		79	

Nr.	Ich möchte …	Name	Auf DVD	Seite	Dateiname
19	Stärken bewusst machen	Kompetenzreise		82	
20	erkennen: Wo steht der Kunde? Wie lange wird die Neuorientierung dauern?	Standortfinder	X	85	20_Standortfinder. PDF (beschreibbar im Acrobat Reader)
21	erfassen, wo mein Klient gerade steht und was er bereits gedacht hat	Neustart-Reflexion		88	
22	alle für eine Neuorientierung wichtigen Faktoren 360 Grad erfassen	Powerkreislauf		90	
23	Kunden durch vier Phasen führen	Traumkarrieren-Zyklus		92	
24	die Dauer des Coachingprozesses einschätzen	Veränderungsdauer-prognosetool		99	
25	Ursachen von Unzufriedenheit orten, bei der Orientierung helfen	Unternehmens-versteher		100	
26	erkennen: Wo steht der Kunde? Wie groß ist sein Handlungsdruck?	Unzufriedenheits-messer		103	
27	Wege in die Zukunft zeigen, Visionen anregen	Zukunftswerkstatt		104	
28	mir klarer werden, wo ich bei der Beratung und im Coaching junger Leute ansetze, welche Schritte sinnvoll sind	EKM-Prozess (Explore, Know-how, Measure)		109	

Nr.	Ich möchte …	Name	Auf DVD	Seite	Dateiname
29	die Recherche meines Kunden unterstützen, ihm ein Hilfsmittel geben	Job-Interview	X	112	29_Job-Interview.PDF
30	mit einer kleinen Gruppe Selbsterfahrung üben, Mini-Assessment-Center	Potenzialcamp		114	
31	systematisch ausarbeiten, was relevant für eine Berufs- oder Studienentscheidung ist	5 Stufen zur Klarheit	X	115	31_Berufsstudienziel-findung.PDF (beschreibbar im Acrobat Reader)
32	Kriterien für die Studienwahl systematisieren	RIASEC-Studienorientierung	X	117	32_Riasec-Fragebogen.PDF (ankreuzbar/beschreibbar im Acrobat Reader)
33	Zukunftsplan entwickeln und präsentieren	Videopräsentation »Meine Zukunft«		122	
34	eine Dramaturgie für die Bewerbung entwickeln	Aufmerksamkeitsbringer		127	
35	Formulierungshilfe für Bewerbung und Vorstellungsgespräch bieten	Begriffsbox für Wissensberufe		130	
36	Hilfe bei der Systematisierung des Bewerbungsvorhabens leisten	Bewerbungs-Projektmanagement	X	131	36_Bewerbungsprojekte.xlsx (mit automatischer Sortier- und Bewertungsfunktion) 36_Bewerbungsprojekte.xls (ohne)
37	Ideen, um Ziele zu erreichen, unterstützen	Brückenbauer		133	

Nr.	Ich möchte …	Name	Auf DVD	Seite	Dateiname
38	realistische Einschätzung für Bewerbungserfolg ermöglichen	Einladungsquotenkalkulator		135	
39	Klienten an einem Bild Abläufe verdeutlichen	Golfspiel		137	
40	ungewöhnliche Bewerbungsideen kreieren	Guerilla-Taktik		139	
41	mit Klienten Selbstanalyse von Bewerbungen üben	Headhunter-Brille		141	
42	Hilfe beim Bewerbungscoaching leisten	Scharfmacher für die Bewerbung mit Kenntnis-Uhr		143	
43	pragmatische Hilfe haben, um Vorstellungsgespräche zu coachen und moderne Fragetechniken zu zeigen	Vorstellungsgesprächs-Feedback mit STAR-Interviewtechnik	X	147	43_Vorstellungsgespraech-Formular.PDF
44	Selbstständigen beim Wachsen helfen	ABC-Analyse	X	153	44_ABC-Analyse.xlsx (mit Funktion) 44_ABC-Analyse.xls (ohne)
45	Selbstständigen beim Wachsen helfen	Lieblingskundenprinzip		154	
46	Coaching zur Geschäftsidee bieten	Kühlschrank-Check		156	
47	ganzheitliches Coachen von Gründern und Wachstumsinteressierten	Gründungs- oder Wachstumsprojekt nach SlowGrow-Prinzip		159	
48	Tipps für schlaue Akquise bieten	5 x 5 Empfehlungen		162	

Nr.	Ich möchte …	Name	Auf DVD	Seite	Dateiname
49	ganzheitliches Coachen von Gründern und Wachstumsinteressierten	4-Manager-Methode		163	
50	einen Angestellten oder Selbstständigen zur Marke Ich und Positionierung coachen	3 Marken-Kerne		166	
51	Maßnahmen fürs Akquisecoaching entdecken	Pull-oder-Push-Test	X	170	51_Pull oder Push-Fragebogen.PDF (ankreuzbar)
52	ein Konzept, um konkrete Schritte zu vereinbaren	Projekttreppe		173	
53	eine Idee systematisch betrachten	SWOT-Analyse	X	174	53_Swot-Analyse.xlsx 53_Swot-Analyse.xls
54	einen Kunden durch eine Persönlichkeitsentwicklung führen	Entwicklungsquadrat		179	
55	Motivationen für Führung finden	Führungs-Planetensystem		182	
56	Möglichkeiten für Handlungen aufzeigen	Handlungsdreieck		184	
57	jungen Menschen Karrieremöglichkeiten verdeutlichen	Laufbahnbalkon		186	
58	Hilfe zur Beurteilung von Mitarbeitern bieten	Mitarbeiter-Evaluierungstool		188	
59	Karrieren entwickeln und Zusammenhänge im offenen Brainstorming visualisieren	Personal Canvas und Personal Canvas Business		191	
60	mit Kunden gemeinsam strategisch denken	Spieltheorie		194	

Nr.	Ich möchte …	Name	Auf DVD	Seite	Dateiname
61	das richtige Umfeld analysieren	Spiral Dynamics fürs Unternehmen	X	197	61_Wertepass_Unternehmen.PDF
62	Möglichkeiten moderner Führung aufzeigen	Von-unten-Führung		201	
63	Entscheidungshilfe bieten	Entscheidungsmatrix	X	207	63_Entscheidungsmatrix.xls (kein xlsx, da keine erweiterte Funktion außer Berechnung)
64	Karrieren planen	Karrierehaus		210	
65	realistische Einschätzung bieten	Konzernkarrierefaktor		215	
66	Karriere erfahrener Fachkräfte planen	T-Shape-Karrieremodell		217	
67	Kompetenzen analysieren	Kompetenzatlas	X	223	67_Kompetenzatlas.PDF (beschreibbar)
68	Faktoren für die Jobsuche definieren	Jobschlüssel		229	
69	Stärken und Schwächen im Fach- und Persönlichkeitsprofil finden	Personal SWOT	X	230	69_Personalswot.xlsx 69_Personalswot.xls
70	nächste Schritte aller Art planen	Soll-Ist-Planung		232	
71	Verhandlungen trainieren	Teppichhandel		235	
72	ermitteln, was jemanden treibt, Dinge zu tun	Antreiberkonzept	X	239	72_Antreiberkonzept.PDF
73a	Kreativität fördern	Büroklammerexperiment		242	

Nr.	Ich möchte …	Name	Auf DVD	Seite	Dateiname
73b	Kreativität fördern	Textmarker-Experiment (der kürzeste Persönlichkeitstest der Welt)		243	
74	Charisma üben	Charisma-Kasten		246	
75	Einflussbereiche bestimmen	Circle of Influence		249	
76	über Arten zu denken reflektieren	Denkstrukturmodell		251	
77	Verhalten verstehen	Grundformen der Angst		253	
78	die Power meines Klienten bestimmen und anfeuern	Energielevelmessung		256	
79	ganzheitlich coachen	5 Identitätssäulen und 7 Säulen der Zufriedenheit		260	
80	verdeutlichen, wann es Zeit ist zu handeln, Blockaden lösen	Raum-Modell		266	
81	eine ganzheitliche Standortanalyse durchführen	Lebenskompass		268	
82	die Widerstandskraft stärken	Resilienz-Fragebogen und -Stärkung	X	272	82_Resilienz.PDF
83	deutlich machen, worauf mein Klient sich konzentrieren sollte	Ressourcen-Konzentrator	X	275	83_Ressourcen-konzentrator_sechs-stufig.xlsx 83_Ressourcen-konzentrator_vier-stufig.xls
84	das Selbstbewusstsein meiner Klienten stärken	Rücken stärken		278	

Nr.	Ich möchte …	Name	Auf DVD	Seite	Dateiname
85a	eine schnelle Persönlichkeitsanalyse durchführen	Riemann-Thomann-Modell		279	
85b	Dissonanzen im Team zeigen	Riemann-Thomann-Kreuz für Teams		284	
86	die Selbstwahrnehmung stärken	Selbst- und Fremdbild	X	287	86_Selbstbild-Fremdbild.DOCX 86_Selbstbild-Fremdbild.PDF (beschreibbar)
87	die Selbstwirksamkeit stärken	Selbstwirksamkeitsstärkung	X	291	87_Selbstwirksamkeit.PDF (beschreibbar)
88	Handeln auslösen	Transaktionsanalyse nach Eric Berne		293	
89	kreatives Denken fördern	Walt-Disney-Methode		295	
90	Werte bestimmen	Wertescheibe	X	298	90_Wertescheibe.PDF
91	eine Standortanalyse machen	Work-Life-Bilanz	X	301	91_Worklifebilanz.xlsx (mit Funktion »farbig«) 91_Worklifebilanz.xls (ohne Funktion)
92	meinen Kunden in Lebensthemen coachen	Big 5 for Life		304	
93	einen seriösen Test ohne hohe Zertifizierungskosten	Bochumer Inventar		309	
94	ein seriöses Verfahren für die Personalauswahl und -entwicklung	Big-Five-Kurz-Fragebogen für Tendenzeinschätzung	X	312	94_Fragebogen_nach_bigfive_neo.PDF
95	einen spielerischen Schnelltest für Gruppen	Temperamente-Fragebogen	X	315	95_temperamente_kurztest.PDF 95_temperamente_auswertung.PDF

Nr.	Ich möchte …	Name	Auf DVD	Seite	Dateiname
96	Stärken und Handlungsspielräume sehen und entwickeln	Reflexionsfragebogen / Paradoxe	X	320	96_Paradoxe Eigenschaften_fragebogen. PDF (beschreibbar)
97	einen schnellen Check für Präferenzen	Karriereanker	X	326	97_Fragebogen_nach_Schein.PDF (beschreibbar, Auswertung integriert)
98	Denkweisen verstehen	MBTI / Keirsey	X	331	98_Typenfragebogen_nach_Jung.PDF (beschreibbar, Auswertung integriert)
99	Motivationen erkennen	Reiss-Profil	X	339	99_Motivations_Reflexions_Uebersicht. PDF (beschreibbar)
100	verständlich machen, was die perfekte Rolle für meinen Klienten bezogen auf das Team ist	Teamrollen nach Belbin, Selbst- und Fremdbild	X	343	100a_teamrollen-kurz_selbstbild.PDF 100b_teamrollen-kurz_fremdbild.PDF 100_Teamrollen_auswertung.PDF

Anmerkung für meine Leser:
Sie dürfen alle meine Tools in Ihrem Coaching einsetzen, solange Sie den Urheberhinweis in den Dokumenten belassen. Eine Ausnahme besteht bei den Dokumenten, die ich als änderbare DOC-Dateien mitgebe, da diese vor allem dazu bestimmt sind, Ihre Coachingpraxis zu optimieren, und einen individuellen Spielraum lassen.

Auf der DVD finden Sie überwiegend beschreibbare PDFs. Diese lassen sich in jedem Acrobat Reader bearbeiten und natürlich auch ganz normal ausdrucken.

Excel-Dateien liegen normalerweise in zwei Formaten vor, für ältere und neuere Versionen. Bitte beachten Sie, dass ältere Versionen (xls) normalerweise weniger Funktionen enthalten.

Literatur

Empfohlene ergänzende Literatur von Kollegen

Don Edward Beck / Christopher Cowan: *Spiral Dynamics*, Kamphausen, Bielefeld 2007

Elisabeth Heinemann: *Jenseits der Programmierung. Mit T-Shaping erfolgreich in die IT-Karriere starten*, Hanser, München 2010

David Keirsey: *Versteh mich bitte*, Prometheus, Wuppertal 1990

Rainer Krumm u.a.: *Unternehmen verstehen. Das Graves-Value-System in der Praxis*, Gabler, Wiesbaden 2010

Rainer Krumm: *9 Levels of Value System*, Werdewelt, Haiger 2012

Björn Migge: *Handbuch Coaching und Beratung*, Beltz, München 2007

Hilarion G. Petzold: *Integrative Therapie in 3 Bänden*, Junfermann, Paderborn 2004

Lars Lorber: *Menschenkenntnis. Der große Typentest*, Beltz, München 2013

Christopher Rauen, *Handbuch Coaching*, Hogrefe, Göttingen 2005

Steven Reiss: *Wer bin ich und was will ich wirklich?* Redline, Heidelberg 2009

Gerhard Roth: *Persönlichkeit, Entscheidung und Verhalten*, Klett-Cotta, Stuttgart 2011

Stefanie Stahl, Melanie Alt: *So bin ich eben! Erkenne dich selbst und andere*, Ellert & Richter, Hamburg 2005

Maja Storch: Ressourcen aktivieren mit dem Unbewussten. Manual und ZRM-Bildkartei, Huber, München 2010

John Strelecky: *The Big Five for Life: Was wirklich zählt im Leben*, dtv, München 2009

Martin Wehrle: *Die 100 besten Coaching-Übungen*, ManagerSeminare, Bonn 2010

Empfohlene ergänzende Literatur von mir

Svenja Hofert: *Karrierekünstler*, erscheint bei Campus, Frankfurt/New York 2014

Svenja Hofert: *Am besten wirst du Arzt*, Campus, Frankfurt / New York 2012

Svenja Hofert: *Guerilla-Bewerbung*, Campus, Frankfurt / New York 2012

Svenja Hofert: *Praxisbuch für Freiberufler*, 4. Auflage GABAL, Offenbach 2012

Svenja Hofert: *Das SlowGrow-Prinzip. Lieber langsam wachsen als schnell untergehen*, GABAL, Offenbach 2011

Svenja Hofert: *Existenzgründung für Berater, Trainer, Coachs*, 2. Auflage GABAL, Offenbach 2011

Svenja Hofert: *30 Minuten Anschreiben*, GABAL, Offenbach 2009

Svenja Hofert: *30 Minuten Vorstellungsgespräch*, GABAL, Offenbach 2009 (auch als Hörbuch)

Register